Handbuch für eine aktive und systematische Mitarbeiterkommunikation

Praxium-Verlag
Kalchbühlstr. 50
CH-8038 Zürich
Tel. + 41 44 481 14 64
Fax. + 41 44 481 14 65
www.praxium.ch

Louis Gfeller

Handbuch für eine aktive und systematische Mitarbeiterkommunikation

Grundsätze, Erfolgsvoraussetzungen, Instrumente, Vorlagen und Praxistipps für eine professionelle interne Unternehmenskommunikation mit Berücksichtigung neuer und klassischer Medien und vielen Fallbeispielen und Arbeitshilfen für eine erfolgreiche Umsetzung

Praxium-Verlag, Zürich

Der Autor
Louis Gfeller war viele Jahre Leiter Public Relations in einem grossen Schweizer Unternehmen und dort auch für die interne Kommunikation verantwortlich. Heute ist er freischaffender Kommunikationsberater mit Spezialisierung im Change Management und der internen Online-Kommunikation und berät Unternehmen in der Schweiz und im deutschsprachigen Ausland in Kommunikationsfragen.

ISBN: 978-3-9523246-0-8

1. Auflage 2007

Umschlaggestaltung: Wilber's Grafik & Druckservices, Basel

Inhaltsverzeichnis

Vorwort

Die modernen Kommunikationsinstrumente in ihrer bald unüberschaubaren Vielfalt, wie SMS, Fax, Mobiltelefone, Voice-mail-Systeme, E-Mails, Messaging Systeme u.m., lassen uns bisweilen glauben, wir seien dem Ziel der perfekten und allumfassenden Kommunikation sehr nahe. Doch dem ist bei weitem nicht so. Wir können uns zwar immer komfortabler und ortsunabhängiger immer mehr Kommunikationsinstrumenten bedienen, kennen aber oft die elementarsten Verhaltens- und Kommunikationsregeln nicht oder ignorieren sie. Dies gilt für Mitarbeitergespräche und die Kommunikationskultur ebenso wie für die Konzepte, Koordination und Effektivität der internen Unternehmenskommunikation als ganzes.

Und: "Nur" informieren reicht in modernen Unternehmen schon lange nicht mehr, um den Wissensstand, die Motivation, die Unternehmensidentifikation und die Leistungsqualität der Mitarbeiter zu sichern und zu erhalten. Die Voraussetzung für Bindung und Identifikation ist eine sich konsequent an den Bedürfnissen der Mitarbeiter orientierte Kommunikation. Und da gelten (fast) die gleichen Regeln wie in der Kommunikation mit Markt und Kunden auch: eine schlüssige zur Unternehmenskultur passende Strategie, Glaubwürdigkeit, verständliche Botschaften, Sprache und Themen, die Wahl der richtigen Kommunikationskanäle und -massnahmen in einem kommunikationsfördernden Verbund und nicht zuletzt attraktiv aufgemachte und zum Lesen anregende Informations- und Kommunikationsmaterialien. Erfolgreiche Kommunikation ist zudem keine Einbahnstrasse. Erst die Bereitschaft zu Dialog und Austausch und Führungskräfte mit entsprechenden Sozialkompetenzen, einem glaubwürdigen Menschenbild und Führungsstil schaffen das notwendige Vertrauen, welches die Basis für Identifikation und Bindung ist. Zentrale Bedeutung haben dabei nicht die Technologie von Mitarbeiterportalen und Intranets, sondern auf einem positiven und auf Respekt basierenden Menschenbild geführte Mitarbeitergespräche und die Kommunikationsfähigkeiten der Führungskräfte.

Besonders wichtig zu bedenken: Die besten ausgereiftesten technologischen Intranet-Systeme, E-Portale, Kommunikationsnetze und modernsten Kommunikationskonzepte sind zum Scheitern verurteilt, wenn dahinter nicht Grundwerte wie Vertrauen, Respekt, Gesprächsbereitschaft und Empathie stehen und gelebt werden – um nur einige wenige Beispiele zu nennen.

Autor und Verlag 2007

Grundsätzliches und Erfolgsvoraussetzungen

Mitarbeiterkommunikation im Unternehmen

Die Bedeutung der Mitarbeiterkommunikation

Wenn ein Unternehmen auf eine einschneidende Veränderung zusteuert, haben die Mitarbeiter Fragen: Warum müssen wir uns verändern? Welche Folgen sind damit verbunden? Wird es mich persönlich betreffen? Warum so und nicht anders? Was müssen wir Neues lernen?

Im Rahmen der Mitarbeiterkommunikation müssen diese und viele andere Fragen im Unternehmensalltag beantwortet werden, damit die angestrebten Veränderungsziele erreicht werden, zum Beispiel effizientere Prozesse, mehr Vertriebsstärke oder mehr Innovationskraft. Die Mitarbeiterkommunikation ist in Change-Prozessen integraler Bestandteil der Veränderung, weil die Veränderung Wissen, Identifikation und Engagement der Mitarbeiter voraussetzt. Mitarbeiter müssen neue Arbeitsprozesse verstehen und unterstützen, Leistungsträger müssen gehalten und für die Veränderung mobilisiert werden.

Neueste Untersuchungen zeigen, dass leitende Angestellte zu einem hohen Prozentsatz (nämlich zwischen 50 und 80 Prozent) mit dem Thema interner Kommunikation befasst sind. Der Erfolg eines Unternehmens hängt stark davon ab, wie offen und reibungslos die innerbetrieblichen Kommunikationsprozesse ablaufen.

Aus zahlreichen Studien und Untersuchungen geht hervor, dass die Motivation der Mitarbeiter und vor allem die Identifikation mit dem Unternehmen im Vordergrund steht. Dabei lautet der Grundtenor: "Angesichts knapper Budgets und hohem Wettbewerbsdruck rückt der Unternehmenskommunikation verstärkt in den Fokus der Kommunikationsverantwortlichen. Nur wenn die Mitarbeiter dem Unternehmen folgen, kann es Erfolg haben. Dazu benötigt es Kommu-nikation, die es dem Mitarbeiter ermöglicht, Werte, Ziele und Ideen mit dem Unternehmen zu teilen". Den Trend zur inhaltlichen Qualifizierung der Mitarbeitermedien belegt auch die organisatorische Zuständigkeit für die Mitarbeiterkommunikation: 36 Prozent der befragten Unternehmen verfügen bereits über einen eigenen Manager für Interne Kommunikation, bei 35 Prozent der Firmen sind die Leiter PR und Öffentlichkeitsarbeit für die Inhouse Communication verantwortlich.

Ganzheitliche Aufgaben der Kommunikation

Kommunikation ist mehr als nur die termingerechte Verteilung von Rundschreiben oder generalstabsmässige Organisation von Mitarbeiterinformationen. Jede Kommunikation zielt letztlich auf eine gewünschte Verhaltensänderung des Empfängers ab. Deshalb ist Information, im weiteren Sinne verstanden, vor allem immer auch

Verständigung, Austausch, Sensibilisierung, Bewusstseinsmachung, Verständnisförderung und Einbezug. Klar verdeutlicht dies der folgende Prozess von "Hürden", die Informationen nehmen müssen, um letztlich dann die effektiven Ziele zu erreichen:

- Gesagt ist noch nicht gehört
- Gehört ist noch nicht verstanden
- Verstanden ist noch nicht einverstanden
- Einverstanden ist noch nicht getan
- Getan ist noch nicht beibehalten

Die Rolle des Unternehmens im Kommunikationsumfeld

Unternehmen stehen heute durch ein enges Interessengeflecht in Beziehung zu unterschiedlichen Anspruchsgruppen. Ob Mitarbeiter, Investoren, Kunden, Politik oder (mediale) Öffentlichkeit: Was immer das Unternehmen entscheidet, wirkt sich unmittelbar auf ihre jeweiligen Interessen aus. Deshalb ist es für Unternehmen von zunehmend erfolgskritischer Bedeutung, wie sie von ihren Stakeholdern wahrgenommen und beurteilt werden.

Vor diesem Hintergrund kommt dem professionellen Management von Themen und Inhalten eine zentrale strategische Bedeutung zu. Im Kern geht es darum, Aufmerksamkeit und Glaubwürdigkeit für die Vermittlung der eigenen Botschaften zu erlangen und eine gezielte Steuerung der Kommunikation zu gewährleisten.

Die Auswahl und Aufbereitung relevanter Themenfelder bildet die inhaltliche Grundlage für alle weiteren Kommunikationsmassnahmen. Ein stringentes Themenmanagement sorgt dafür, dass jenseits von nackten betriebswirtschaftlichen Kennzahlen und hochkomplexem, technischem Managementjargon strategisch wichtige Themenfelder vom Unternehmen kommunikativ besetzt werden – und zentrale Anliegen ihre Adressaten auch erreichen.

Einflussfaktoren der Unternehmenskommunikation

Bei der Kommunikation generell und der Mitarbeiter- und Unternehmenskommunikation im Besonderen muss man sich mehrerer Einfluss- und Erfolgsfaktoren bewusst sein, welche die Wirkung beeinflussen. Es sind dies

Absicht und Ziel

Jede Kommunikation zielt letztlich auf eine Veränderung ab. Dies kann lediglich den Informationsstand betreffen (Kommunikation der Unternehmensziele oder Geschäftszahlen) oder aber tief greifenden Einfluss auf das Verhalten und Mitarbeiter selber nehmen (Personabbau, Reorganisationen mit Teamveränderungen). Deshalb ist es bei jeder Kommunikationsmassnahme äusserst wichtig, sich über das Ziel und die erwünschte Wirkung im klaren zu sein und zielkonform zu kommunizieren.

Zielgruppen
Hier geht es um die Adressaten. Dies können die Geschäftsleitung, Führungskräfte verschiedener Ebenen, Fachpersonen, kaufmännisches Personal oder Dienstleister des Unternehmen sein. Medienwahl, Inhalt und Sprache sollten sich an der jeweiligen Zielgruppe orientieren.

Medienwahl
Ob eine flüchtige E-Mail-Meldung mit wenigen Zeilen oder eine von der Geschäftsleitung einberufene persönliche Informationsveranstaltung mit anschliessenden Einzelgesprächen – wie über ein Ereignis informiert, hat grossen Einfluss auf die Beachtung, die zum Ausdruck kommende Relevanz und die Wirkung. Deshalb sollte das Kommunikationsinstrument immer mit Bedacht und auf Ziel, Inhalt und Zielgruppe ausgerichtet, gewählt werden.

Inhalt
Der Inhalt ist entscheidend. In seiner Aufbereitung ist die Verständlichkeit, die Struktur, das erwartete Ziel, die Lesefreundlichkeit wichtig. Die bekannten Ws helfen hier meistens weiter, wesentliche Aspekte nicht zu vergessen und eine Information sinnvoll zu strukturieren (Wer-Wann-Wo-Wie-Warum). Grosse Bedeutung muss auch der *Relevanz* (ist dieser Aspekt notwendig oder verwirrt er eher, da das Hintergrundwissen fehlt) und dem *Involvement* (wird die Art und Weise, wie der Mitarbeiter von der Information konkret betroffen ist oder wird, beachtet) beigemessen werden.

Aufbereitung, Sprache und Tonalität
Dies wird wiederum stark vom Informationsziel und der Zielgruppe beeinflusst. Hier geht es darum, verständlich, offen, glaubwürdig, lösungsorientiert und adressatenbezogen zu kommunizieren. Die Aufbereitung spielt ebenfalls eine Rolle, ob ein Rundschreiben beispielsweise in einem faktenorientierten Report mit fünf Textseiten oder in Form einer grafisch aufgemachten Präsentationsfolien-Sammlung daherkommt, hat einen wesentlichen Einfluss auf die Verständlichkeit.

Erfolgskontrolle oder Rückmeldung
Wurde die Information verstanden? Wie wird das Mitarbeitergespräch aufgenommen? Wurde das Ziel – zum Beispiel die Neuausrichtung der Unternehmensstrategie nachvollziehen zu können – erreicht? Wie gross ist die Wahrscheinlichkeit der gewünschten Verhaltensände-

rung, zum Beispiel bei veränderter Bedienung neuer Technologien? Solche und mehr Fragen sind wichtig – und sie können mit Erfolgskontrollen oder Rückmeldungen beantwortet werden. Telefonische Stichproben, persönliche kurze Folgegespräche, Beobachtung des Verhaltens, Befragung zum Thema sind einige konkrete Beispiele.

Die richtige Prioritätensetzung ist entscheidend
Bei Kommunikations- und Informationsfragen wird technischen, instrumentellen und formellen Aspekten meistens zu viel Bedeutung beigemessen. Doch Kommunikation lebt von Menschen und Inhalten und nicht von Medienträgern und Technologien. Die folgenden Beispiele bzw. jeweils überbewerteten Punkte veranschaulichen dies.

Technologie Es ist die Intranet-Technologie, welche zum Hauptpunkt erkoren wird und IT-Leitung und Management wenden Dutzende von Stunden zur Evaluation des perfekten Systems auf, anstatt sich noch stärker um die Akzeptanz, die Bedürfnisse und das inhaltliche Konzept Gedanken zu machen. Vor allem auch der Miteinbezug schon in der Entscheidungs- und Realisierungsphase ist erfolgsentscheidend für die spätere Nutzungs-Akzeptanz eines Intranets.

Organisation Anstatt den Redaktionsplan, engagierte Mitarbeiter, die Orientierung der Inhalte an deren Bedürfnissen, spannende Rubriken zum Diskussionspunkt zu machen, zieht man es vor, Kosten und Herstellungsverfahren in den Vordergrund zu rücken. Doch matchentscheidend sind die ersteren Aspekte.

System Man bemüht sich um ein ausgeklügeltes Kommunikations- und Informationskonzept mit einer modernen Infrastruktur und investiert riesige Summen auch in Beraterleistungen. Doch der zentrale Faktor einer wirklich erfolgreichen Kommunikation sind Führungskräfte und ein Management, welches vom Menschenbild und von den Sozialkompetenzen her zu kommunizieren versteht. Dies beginnt bei der Rekrutierung fähiger kommunikativer Kaderleute und endet bei notwendigen personellen Massnahmen, wenn diese den Anforderungen nicht gerecht werden.

Planung Eine Mitarbeiter-Informationsveranstaltung möchte man perfekt vorbereiten. Ziel, Zeitpunkt, Mitarbeitergruppen, Präsentationsmethode, die Abstimmung der internen und externen Kommunikation und mehr wird detailliert geplant. Doch die essenziellen Fragen werden unterschätzt oder schon gar nicht thematisiert: Welche Befürchtungen lösen wir damit aus – sind unsere Argumente auch für nicht betriebswirtschaftlich geschulte Mitarbeiter nachvollziehbar – welche Sicherheiten geben wir und so fort.

Die nachfolgende Tabelle fasst die wesentlichen Qualitätsaspekte zusammen und kann ein Hilfsmittel oder eine Grundlage sein für eine Befragung, Situationsanalyse oder Qualitätskontrolle der Kommunikation in Ihrem Unternehmen.

Leistungsebene		
Medienqualität		**Inhaltsqualität**
Qualität, Anzahl, Beschaffenheit von Medien wie Mitarbeiterzeitschrift, Newsletter, Rundschreiben, E-Mail-Letter usw.		Aktualität, Aufmachung, Verständlichkeit, Aufbereitung, Rubrizierung, Glaubwürdigkeit, Impact und Attraktivität der Inhalte und Themen.
Distribution und Effizienz Wie schnell und kostengünstig werden Informationen produziert, wie effizient verteilt und wie ist der Zugriff und die Archivierung gewährleistet und organisiert.		**Aufbereitung und Design** Attraktivität und Ansprechbarkeit der Informationen in Aufmachung, Strukturierung und Sprache in Bezug auf Verständlichkeit und Akzeptanz.
Mix und Koordination Das Aufeinanderabstimmen verschiedener, namentlich digitaler und klassischer Medien zur Vertiefung und Akzeptanz- und Impact-Steigerung		**Themenwahl und Sprache** Wie spannend und mitarbeitergerecht ist das Themenmanagement (MA-Zeitschrift, Veranstaltungen usw.) und wie verständlich, spannend und aktivierend die Sprache

Wirkungsebene		
Nutzung/Wirkung		**Wissen/Motivation**
Wie häufig und intensiv werden die Medien und Kanäle genutzt und wie stark bzw. zielkonform ist deren Wirkung auf Wissen, Verhalten, Verständnis usw.?		Wie gross und nachhaltig ist der Beitrag zur Wissensentwicklung und -verbesserung, zur Motivation und zur Mitarbeiterbindung als ganzes?
Beachtung und Nutzung Wie lange, wie oft, wie intensiv wird - zum Beispiel - ein Intranet oder ein Infobrief genutzt, gelesen, aufgerufen, zitiert, nachgefragt und welches sind die Gründe.		**Wissensbeitrag** Wie zielgerichtet und nachhaltig wird Wissen vermittelt, verbessert und weiterentwickelt und in welchen Bereichen geschieht das (Führung oder Leistungserbringung).
Wirkungsqualität Wie stark, wie aktivierend, wie nachhaltig und wie motivierend und umsetzungsstark wirkt und ist die Kommunikation und Information bei den einzelnen Mitarbeitergruppen.		**Motivationsbeitrag** Wie schnell und mit welcher Akzeptanz werden Informationen verinnerlicht und in der Praxis mit dem gewünschten Effekt genutzt bzw. in Verhalten und Leistung umgesetzt.

Problemfelder und Herausforderungen in der Praxis

Interessanterweise sind es immer wieder ähnliche Problemstellungen, welche die interne Kommunikation erschweren oder deren Wirkung beeinträchtigen. Wir haben diese nachfolgend kurz zusammengefasst:

Der Trend des Worklife-Balance

Work-Life-Balance gewinnt an Bedeutung und hat zur Folge, dass Arbeit und Freizeit nicht mehr losgelöst betrachtet, sondern im Gesamtzusammenhang verstanden werden. Die meisten Arbeitnehmer arbeiten um zu leben und nicht umgekehrt und Freizeit und Familie stehen oft im Vordergrund. Eine geschickte Mitarbeiterkommunikation versteht es, diesen Umstand in die Kommunikation miteinzubeziehen.

Wissensstand und Identifikation

Der Wissensstand, die Vorbildung und die Identifikationsbereitschaft von Mitarbeitern ist sehr unterschiedlich. Nicht alle Mitarbeiter sind in der Lage oder bereit dazu, unternehmerische Strategien und Handlungsweisen zu verstehen. Dies sollte stets in die Überlegungen miteinbezogen werden, vor allem wenn es um Anliegen des Change Managements und Veränderungen mit weitgehenden betriebswirtschaftlichen Zusammenhängen und Auswirkungen wie Auslagerungen, neue Technologien geht.

Vorbildwirkung und Glaubwürdigkeit von Führungskräften

Loyalität und uneigennütziges Engagement für das Unternehmen sollten in der Führungsetage sichtbar vorgelebt werden. Das vorbehaltlose Verhalten gemäss kommunizierten Anliegen und Anforderungen ist äusserst wichtig. Steht dieses Verhalten nicht im Einklang mit der Kommunikation und Führungspraxis, verliert interne Kommunikation schnell an Glaubwürdigkeit und Akzeptanz.

Überforderung durch Change Management

Managementveränderungen und damit verbundene Richtungswechsel erfolgen in immer schnelleren Zyklen. Die Orientierungslosigkeit und Zukunftsängste der Mitarbeiter nimmt so deutlich zu. Veränderungen werden oft boykottiert und ausgesessen. Dies verstärkt die Ansprüche an eine professionelle und wirksame Kommunikation zusätzlich, welche vor allem auch psychologische Aspekte miteinbezieht und unterschiedliche Bedürfnisse und Befürchtungen von Mitarbeitergruppen kennt.

Machtgefüge und Hierarchien als Kommunikationsbremsen

Ein Unternehmen ist keine politische Einrichtung, dennoch werden Zensur und Kontrolle in der internen Kommunikation oft eingesetzt. Wird zu stark kontrolliert und eingeschränkt und spielen Hierarchien und Kompetenzgerangel eine zu grosse Rolle, folgt schnell ein Gefühl der Machtlosigkeit, das demotiviert und interne Kommunikation unglaubwürdig macht.

Ängste und Unsicherheiten bei Veränderungen

Veränderung, welcher Art auch immer, verbinden Mitarbeiter oft mit Erhöhung der Zielvorgaben, mehr Stress und Leistungsdruck, Entlassungen, Rationalisierungen, Outsourcing und Automatisierung , also Prozessen, bei denes sie aus ihrer Sicht automatisch die Verlierer sind. Deshalb sind Mitarbeitergespräche, der permanente Dialog, die Fähigkeit des Zuhörens von Führungskräften mit Sozialkompetenzen – um nur einige Beispiele zu nennen – sehr wichtig, um ein Sensorium für solche Veränderungsängste zu entwickeln. Zudem geht es oft darum, nebst "Facts und Figures" und unternehmerischen Aspekten den Nutzen, die Vorteile und die Chance von Veränderungen für Mitarbeiter ebenso einzubeziehen.

Fehlerkultur und Eigenverantwortung

Arbeitsleistungen werden zu selten objektiv und ganzheitlich gemessen, bewertet und belohnt. Eine Lobkultur gibt es nicht, Anerkennung ist für zu viele Führungskräfte ein Fremdwort und Fehler werden nicht als positive Lernimpulse aufgefasst, sondern als Scheitern dargestellt und vertuscht oder offensiv bestraft. Eigenverantwortung und Engagement werden so behindert. In einer solchen Kultur und Atmosphäre ist jede noch so perfekt geplante und organisierte interne Kommunikation im vornherein zum Scheitern verurteilt.

Fehlendes Verständnis für Zusammenhänge und Abläufe

Interne Abläufe sind nur ungenügend strukturiert, Organigramme zu kompliziert, der Mitarbeiter hat keinen Überblick über das Unternehmen, die Verantwortlichkeiten sind unklar und es bilden sich Inseln und scheinbar autonome Gruppen. Gemeinsamkeiten, das Verständnis für Zusammenhänge und die verbindenden Ziele bleiben auf der Strecke. Dies führt dazu, dass Informationen oft nicht verstanden oder gar falsch verstanden werden. Deshalb ist es wichtig, Abläufe und unternehmerische Zusammenhänge permanent zu verbessern und zu erklären und dabei vor allem den unterschiedlichen Wissensstand und die abweichende Vorbildung von Mitarbeitergruppen in differenzierteren Informationen zu berücksichtigen.

Die Grundpfeiler: Sozialkompetenzen und Inhalte

Wir neigen im von Technologie und Effizienzdruck geprägten Zeitalter dazu, formalen, äusseren und technischen Aspekten auch in der internen Mitarbeiterkommunikation zu viel Gewicht zu verleihen. Instrumente, Pläne, Ziele, Medien, Produktion stehen im Vordergrund und verdrängen die wirklich wesentlichen Qualitäts- und Erfolgsaspekte wirksamer und glaubwürdiger Kommunikation. Und dies sind auch heute noch Werte wie Vertrauen und Mitarbeiterrespekt und Inhalte.

Sozialkompetenzen und Mitarbeiterorientierung

Darunter ist die Glaubwürdigkeit, die Vertrauensbasis, die respektierende Mitarbeiterorientierung ebenso gemeint wie die Sozialkompetenzen der Führungskräfte und das Wesen der Unternehmenskultur. Fehlt hier nur ein wesentlicher Teil, zum Beispiel die Vertrauensbasis der Mitarbeiter in Führungskräfte, versagt das perfekteste Kommunikationsmanagement und der technisch ausgeklügeltste Kommunikationsapparat. Hinter allen Kommunikationsaktivitäten stehen menschliche Werte und Fragen, welche immer auch Sehnsüchte, Ängste, Grundwerte, Chancen, Gefahren und vieles mehr enthalten. Nur wenn das Verständnis dafür, also auch soziale und psychologische Aspekte und die Vertrauensbasis und Sozialkompetenzen stimmen, kann Kommunikation letztlich erfolgreich und wirksam sein.

Inhalte und Botschaften

Welche Auflösung, welche Verteilungsart, wie viele Bilder und Grafiken, die Wirkung des Designs, der Kostenaufwand und mehr Fragen dieser Art stehen auch in Kommunikationsbemühungen stark im Vordergrund. So berechtigt solche Aspekte sind – allzu oft vergessen gehen dabei die Inhalte. Fragen wie:

- Verstehen uns die Mitarbeiter bei dieser Mitteilung?
- Stehen deren Anliegen und Ängste wirklich im Vordergrund?
- Vermitteln wir genug Zuversicht und Erfolgsglaube?
- Kann man unsere Motive und Absichten nachvollziehen?
- Sind die Argumente von allen Mitarbeitern nachvollziehbar?

werden zu selten gestellt und sind eng mit den Inhalten, der Formulierung, der Wortwahl, der Relevanz verbunden. Deshalb sollten nicht Versandart, Übermittlungsgeschwindigkeit, Papiergewicht und dergleichen, sondern ganz einfach dem Inhalt, also der Wirkung, dem Verständnis, der Sorgfalt das grösste Augenmerk geschenkt werden.

Zweck und Aufgabe der internen Kommunikation

Eine geplante, systematische und mitarbeiterorientierte Kommunikation erzielt auf zwei Ebenen klare Vorteile. Einerseits wird damit die *Qualität der Leistungserbringung* in Bereichen wie Produktivität, Qualitätsstandards, Unternehmenszielerreichung, Koordination u.m. verbessert. Andererseits dient eine gute Unternehmenskommunikation *der Motivation und der Förderung der Identifikation der Mitarbeiter* mit dem Unternehmen. Hier sind dann Bereiche wie Arbeitsklima, Vertrauensbildung und Motivation angesprochen.

Identifikation mit dem Unternehmen

Die Identifikation von Mitarbeitern mit Ihrem Unternehmen hat einen grossen Einfluss auf die Motivation, das Verständnis unternehmerischer Aktivitäten und Ausrichtungen und die Bereitschaft und das Interesse überhaupt, sich darüber gründlich und gewissenhaft zu informieren. Arbeitgeber-Auszeichnungen, neue bekannte Grosskunden oder soziales Engagement und die ausführliche und die Presse miteinbeziehende Aktivitäten und Informationen sind besonders dazu angetan, die Identifikation von Mitarbeitern mit dem Unternehmen zu erhöhen.

Motivation und Arbeitsklima

Mehrere Untersuchungen bestätigen, dass ein unmittelbarer Zusammenhang besteht zwischen der Kommunikationskultur, der Intensität und einer guten Informationslage einerseits und der Motivation, Zufriedenheit und dem Arbeitsklima andererseits. Schlecht informierte Mitarbeiter oder fehlende und mangelnd Kommunikation gehen oft einher mit Unzufriedenheit, Demotivation und einem schlechten Arbeitsklima. Dies hängt unter anderen Aspekten wohl damit zusammen, dass begabte Führungskräfte und Unternehmen mit einem positiven Menschenbild immer auch kommunikativ sind und auf einen guten Informationsstand der Mitarbeiter besonderen Wert legen. Ferner reduziert rege Kommunikation Missverständnisse, gibt die Möglichkeit, über Probleme offen und klar zu reden und bietet die Chancen, Kolleginnen und Kollegen als Menschen näher und authentischer wahrzunehmen und zu erleben.

Fallbeispiel: Motivierendere Mitarbeiterkommunikation

Ausgangslage
Die Motiva AG ist ein Unternehmen, welches sich für seine Mitarbeiter überdurchschnittlich engagiert. Dies zeigt sich vor allem in der Personalentwicklung, in der freien und vertrauensbasierenden Unternehmenskultur, in den zahlreichen HR-Dienstleistungen und in innovativen Arbeitszeitmodellen. In der internen Kommunikation stellt man aber je länger je mehr erhebliche Defizite fest. Eine Projektgruppe unter der Federführung der HR-Leitung geht diesem Problem nach.

Problemkreise
Nach einer gründlichen Analyse stösst man auf folgende Mängel und Probleme: Zu wenig Dialog und Interaktivität, zu trockene Informations- und Kommunikationsvermittlung und -aufbereitung, wenig Mitgestaltungsmöglichkeiten der Mitarbeiter und erhebliche Planungs- und Organisationsmängel.

Zielsetzungen
Darauf basierend einigt man sich auf folgende Zielsetzungen und Schwerpunkte zur Verbesserung der Situation:

- Mehr symbolhafte und sozial ausgerichtete Team-Events
- Vertiefung mit Berichten Artikeln, Aushängen, Reports
- Verstärkter Einbezug von Kaderleuten und Geschäftsleitung
- Unbedingte Kontinuität und wenn möglich Institutionalisierung
- Priorisierung des Teameffektes und der Zusammengehörigkeit
- Symbolwerte schaffen (Handlungen, Gegenstände, Visuelles)
- Konsequente Förderung des Dialoges und des gegenseitigen Austausches

Massnahmenplan
Zwischen der Personalabteilung, der Marketingleitung und der Geschäftsleitung und je drei interessierten Mitarbeitenden und Kaderleuten definierten Zielsetzungen einigt man sich auf das folgende Massnahmenpaket:

- Erfolge und Fortschritte regelmässig feiern und kommunizieren
- Mitarbeiter-Events mit aktuellem Symbolgehalt
- Wir-Gefühl stärken mit sozialen Aktivitäten
- Das Bewusstsein für die Teamleistung stärken
- "Welcome Days" für neu eintretende Mitarbeiter
- Mit Diskussionen und Fragerunden den Dialog fördern
- Mitarbeiterklausuren fernab des Geschäftsalltages
- Veranstaltungsserien unter bestimmtem Jahresmotto und -thema
- Regelmässiges Feedback zu allen Informationen und Veranstaltungen
- Wesentlich aktiveres Mitgestalten der Mitarbeiterzeitschrift

---

Qualität der Leistung und Produktivität

Genaue Instruktionen, regelmässiges und sorgfältiges Informieren über Neuerungen, das Aufzeigen von Hintergründen und Argumenten von Geschäftsleitungsentscheidungen, die klare und einfache Information über Abläufe, Aufgaben, Verantwortungen und Kompetenzen hat – um nur einige Beispiele zu nennen –, einen oft entscheidenden und erheblichen Einfluss auf die Qualität der Leistung und die Produktivität von Mitarbeitern. Davon ist auch das Funktionieren der Organisation und eine gute Koordination von Aktivitäten betroffen.

Vertrauen und Glaubwürdigkeit

Wer gut, regelmässig und offen kommuniziert und informiert, signalisiert damit, dass ihm das Wohlbefinden seines Gegenübers wichtig ist. Er beweist zugleich, dass er den Gesprächspartner ernst nimmt und als einen wichtigen Teil der gemeinsamen Beziehung und – im Falle von Unternehmen – der Leistungserbringung betrachtet. Vertrauen und Glaubwürdigkeit sind überall, wo es um menschliche Beziehungen geht, das wichtigste Fundament, auf dem alles andere aufbaut. Sind in einem Unternehmen die Kultur der Menschenorientierung, die regelmässige und engagierte Kommunikation der Führungskräfte und das Angebot von Personal-Dienstleistungen – um einige wichtige Beispiele zu nennen - ausgeprägt, ist die Kommunikation und Information ein weiterer wichtiger Bestandteil und macht solche und mehr vertrauensbildende Elemente überhaupt erst erkenn- und erlebbar.

Konfliktvorbeugung und Konfliktregelung

Nicht nur in privaten Beziehungen sondern ebenso in Unternehmen gibt es Konflikte, und zwar offene und verdeckte. Eine ehrliche, offene und auf Respekt basierende Kommunikation sollte Konflikte nicht nur lösen, sondern sie nach Möglichkeit erkennen, bevor sie entstehen oder Leistungen und Beziehungen belasten. Konfliktherde und Konfliktquellen gibt es viele:

- Beziehung Führungskräfte, Geschäftsleitung und Mitarbeiter
- Missverständnisse durch unklare oder fehlende Kommunikation
- Nicht kommunikative oder unfähige Führungskräfte
- Generationen- und Geschlechterkonflikte
- Abweichende Auffassungen zu Unternehmenszielen und -zwecken
- Unbefriedigende Arbeit und Aufgaben ohne Herausforderungen

Auf Strategien und Möglichkeiten der Konfliktbewältigung gehen wir in einem anderen Kapitel ein.

Personalentwicklung und Mitarbeiterförderung

Die Förderung von Mitarbeitern in der Aus- und Weiterbildung und in der Laufbahnplanung und Massnahmen im Kadernachwuchs sollte ein zentrales Anliegen jedes Unternehmens sein. Hier ist nicht nur eine regelmässige und systematische Kommunikation (Bedarf, Planung, Begründung, Praxistransfer, Erfolgskontrolle) sondern auch eine menschenbejahende und respektbasierende Gesprächskultur äusserst wichtig.

Imagepflege durch Kommunikation

Die Public Relations bringt es auf den Punkt: "Tue Gutes und rede darüber". Dieser Grundsatz gilt, wenn auch in weniger marketingbasierender Manier, genau so für ein Unternehmen. Wenn die HR-Abteilung neue Personaldienstleistungen anbietet, die Geschäftsleitung trotz stagnierender Branchenentwicklung Lohnerhöhungen bietet oder die Fachpresse neue Produkte lobt, sollten solche Ereignisse kommuniziert, diskutiert und thematisiert werden. Dieser Aspekt hat sehr viel mit Motivation und Identifikation mit dem Unternehmen zu tun. Der Grund ist einfach: Wer auf seinen Arbeitgeber stolz ist, sich gut betreut und miteinbezogen fühlt, ist motivierter und identifiziert sich stärker mit "seinem" Unternehmen.

Die Arten und Richtungen des Kommunikationsflusses

Die nachfolgende Übersicht zeigt, welche Kanäle und Arten von Kommunikation es in einem Unternehmen gibt und in welchen Richtungen diese fliessen kann. Elektronische Medien (Intranet, E-Mail, Weblogs) verändern dieses Kommunikationssystem allerdings zunehmend in eine hierarchieunabhängigen hin zu einer mehr informellen Art der Kommunikation. Einhergehend mit der generellen Abnahme der Bedeutung der Hierarchie und dem Unternehmer-Anspruch an Mitarbeitende führt dies dazu, dass eine Dezentralisierung "Entmachtung" des mittleren Kaders betreffend Wissensbesitz und deren Verfügungsgewalt stattfindet.

Die Folgen schlechter interner Kommunikation

Die Erfahrungen aus der Betriebspraxis zeigen bedenkliche Folgen einer unzureichenden Kommunikation:

- Doppelbearbeitung von Aufgaben
- Verlust an produktiver Arbeit, wenn Informationen fehlen
- Keine optimale Verantwortungsbereitschaft
- Keine ausreichende Motivation der Mitarbeiter
- Sich verschleppende Prozesse bewirken späte Entscheidungen
- Widersprüchliche Kommunikation nach aussen und erhöhtes Risiko einer fehlerhaften Kundenbetreuung und einer Imageschädigung
- Fehlende Abstimmung zwischen Abteilungen und Bereichen
- Innere Kündigung der Mitarbeiter

Ohne ein Gegensteuern treffen alle diese Faktoren das Unternehmen am Lebensnerv – der Produktivität und damit der Wettbewerbsfähigkeit. Ziel der internen Kommunikation ist neben der Information die Förderung der Identifikation mit dem Unternehmen und die Steigerung von Arbeitszufriedenheit, Motivation und Loyalität. Neben der Verbesserung des Betriebsklimas wird auf diesem Wege auch eine Erleichterung der Arbeitsprozesse erreicht.

Eine gute interne Kommunikation zeigt letztlich auch ein Menschenbild des Unternehmens, das von Mitarbeitenden mit feinem Gespür wahrgenommen wird. Eine funktionierende und kontinuierliche Kommunikation signalisiert Mitarbeitenden, dass sie einbezogen und ernst genommen werden, dass sie ein wichtiger Teil des Unternehmens als Ganzes sind und dass dieses Wissen und diese Informationen und die daraus resultierende Einbindung und Teilnahme am Unternehmensgeschehen für den Erfolg mitentscheidend sind.

Kommunikationsarten und Kommunikationsflüsse		
Art/Typ	**Fluss**	**Definition/Beispiel**
Externe Kommunikation		Sie umfasst die Kommunikation mit externen Partnern und Zielgruppen wie Behörden, Kunden, Lieferanten, Investoren.
Interne Kommunikation		Die im Unternehmen mit und für Mitarbeiter ablaufende Kommunikation aller Mitarbeitergruppen, Abteilungen und anderen Organisationseinheiten.
Formale Kommunikation		Alle Kanäle und Inhalte, die organisiert und gewollt sind und bestimmte Ziele erreichen sollen.
	Top Down	Kommunikation von oben nach unten, d.h. von Vorgesetzten an Mitarbeiter und vom Management an Kaderleute, zuweilen über die Hierarchiestufen.
	Bottom Up	Mitarbeiter informieren ihre Vorgesetzten aktiv und aus eigener Initiative oder nach Vorgaben, z.B. über den Erfolg eines Messebesuchs oder den Ausgang einer Pressekonferenz.
	Querinformation	Mitarbeiter informieren sich gegenseitig nach Bedarf unabhängig von Hierarchien, Vorgaben und Kanälen. Eine genau so bedeutsame Kommunikationsform wie die formale Kommunikation.
Informelle Kommunikation	**positiv**	Ähnlich wie oben, Informationsaustausch über alle Instanzen hinweg, kann für Führungskräfte auch Kontrollinstrument oder Pulsfühler sein.
	negativ	Bei schlechtem Arbeitsklima, Unsicherheit oder fehlender Kommunikation und Information brodelt die Gerüchteküche oder werden Halbwahrheiten verbreitet.

Formular zur Beurteilung eingesetzter Medien						
Skala: 1 sehr schlecht/trifft gar nicht zu bis 6 sehr gut, trifft voll und ganz zu						
Rundschreiben	1	2	3	4	5	6
Themenwahl ist interessant						
Spricht mich an und interessiert mich						
Verständlich und motivierend geschrieben						
Umfang entspricht meinen Bedürfnissen						
Erscheinungshäufigkeit finde ich gut						
Kommentare und Präzisierungen in Stichworten:						
Schwarzes Brett	1	2	3	4	5	6
Hier finde ich das Wichtigste in Kürze						
Finde ich aktuell						
Gute Mischung Menschen/Geschäftliches						
Informiere mich täglich, bzw. regelmässig						
Infos sind gut und interessant aufbereitet						
Folgende Rubriken und Themen fehlen, bzw. können ausgebaut werden:						
Newsletter	1	2	3	4	5	6
Interessante Themenwahl						
Spricht mich an und interessiert mich						
Verständlich und motivierend geschrieben						
Umfang entspricht meinen Bedürfnissen						
Erscheinungshäufigkeit finde ich gut						
Kommentare und Präzisierungen in Stichworten:						

Mitarbeiterzeitung	1	2	3	4	5	6
Interessante Themenwahl						
Spricht mich an und interessiert mich						
Verständlich und motivierend geschrieben						
Umfang entspricht meinen Bedürfnissen						
Erscheinungshäufigkeit finde ich gut						
Unsere MA-Zeitschrift ist auch kritisch						
Zeige Sie gerne auch Familie/Lebenspartner						
Finde MA-Zeitschrift auf Papier gut						
Fände MA-Zeitschrift per E-Mail auch gut						
Folgende Rubriken und Themen fehlen, bzw. können ausgebaut werden:						

Intranet	1	2	3	4	5	6
Ist bedienerfreundlich						
Ist aktuell						
Hat spannende Rubriken/Themen						
Informiere mich damit regelmässig						
Die Pflege der Daten ist gut						
Die Dialogmöglichkeiten überzeugen mich						
Sollte ausgebaut werden						
Kommentare und Präzisierungen in Stichworten und bei Ausbau-Wunsch Art des Ausbaus und Bedürfnisse						

Mitarbeiterbefragung als Bestandsaufnahme

Eine Mitarbeiterbefragung zum Stand der internen Kommunikation ist eine sehr empfehlenswerte Massnahme. So orientiert man sich an den Bedürfnissen von Mitarbeitern, motiviert und sensibilisiert sie für die Thematik und allfällige Änderungen und stellt sicher, dass Massnahmen und Neuerungen zielgerichtet vorgenommen werden.

Eine Mitarbeiterbefragung zur internen Kommunikation und Information kann folgende Themenkreise enthalten, die je nach Betriebsgrösse, vorhandener Infrastruktur und finanziellen und personellen Ressourcen unterschiedlich sein können:

- Zufriedenheit mit den einzelnen Medienarten
- Beachtung der Medienarten
- Bevorzugte Kommunikationsformen (Gespräch, Event, Infobrief)
- Nutzenstiftung für die tägliche Arbeit
- Inhaltliche Wünsche und Interesse
- Konzept und Rubrik der Mitarbeiterzeitschrift oder des Intranets
- Konkrete Verbesserungswünsche
- Umfang und Frequenz von Informationen und Publikationen
- Verständlichkeit und Sprache
- Relevanz und Betroffenheit von Informationen
- Qualität und Nutzen von Mitarbeitergesprächen
- Kommunikation mit Vorgesetztem

Nachfolgend finden Sie eine Mustervorlage, die Sie individuell mit obigen Themenkreisen ergänzen können.

Muster-Mitarbeiterbefragung zu interner Kommunikation

Bevorzugte Medien

Kreuzen Sie bitte untenstehend jene drei Medien in unserem Unternehmen an, welche Sie am meisten beachten und mit denen Sie sich am liebsten informieren.

- ❑ Mitarbeiterzeitschrift
- ❑ Schwarzes Brett
- ❑ E-Mail-Newsletter
- ❑ Intranet
- ❑ Geschäftsjahresbericht
- ❑ Monatliches News-Telegramm

Grund: ______________________________

Art der Kommunikation

Kreuzen Sie bitte untenstehend jene zwei Arten der Kommunikation und Information an, die Sie am meisten vorziehen

- ❑ Mitarbeiterzeitschrift
- ❑ Das persönliche Gespräch
- ❑ Workshops und Diskussionen
- ❑ Informationsveranstaltungen
- ❑ Intranet und/oder E-Mail
- ❑ Schriftliche Kurzinformationen

Andere: ______________________________

Rubriken-Präferenzen der Mitarbeiterzeitschrift

Kreuzen Sie bitte untenstehend jene drei Rubriken unserer Mitarbeiterzeitschrift an, die Sie am meisten interessieren und die Sie regelmässig lesen.

- ❑ News in Kürze
- ❑ Neue Mitarbeiter
- ❑ Abteilungs- und MA-Portraits
- ❑ Interview des Monats
- ❑ Wussten Sie, dass....
- ❑ Weiterbildungsagenda

Andere Rubriken oder Vorschläge: ______________________________

Kommunikation mit Vorgesetzten

Kreuzen Sie bitte untenstehend an, wie zufrieden bzw. unzufrieden Sie mit der Kommunikation mit Ihrem Vorgesetzten sind

- ❑ sehr zufrieden
- ❑ im grossen und ganzen zufrieden
- ❑ unzufrieden
- ❑ meistens zufrieden
- ❑ knapp zufrieden
- ❑ äusserst unzufrieden

Grund: ______________________________

Welche Eigenschaften der persönlichen Kommunikation mit Ihrem Vorgesetzten sind Ihnen am wichtigsten

Kreuzen Sie bitte untenstehend jene drei Eigenschaften und Merkmale an, die Ihnen am wichtigsten sind und beim Grund dann, welche und ob diese zu Ihrer Zufriedenheit ausfallen bzw. vorhanden sind.

- ❑ Einfühlungsvermögen
- ❑ Interesse an Privatthemen
- ❑ Ehrlichkeit und Offenheit
- ❑ Förderung meiner Talente/Stärken
- ❑ Respekt und Achtung
- ❑ Anerkennung und Lob
- ❑ Einbezug in Entscheidungen
- ❑ Akzeptanz von Kritik

Grund: ______________________________

Bedürfnis nach einem Intranet

Wie sehr wären Sie an einem Intranet in unserem Unternehmen interessiert? (Erläuterungen im Beiblatt)

- ❑ sehr interessiert
- ❑ keine Meinung
- ❑ gar nicht interessiert
- ❑ interessiert
- ❑ nicht besonders interessiert
- ❑ nur interessiert, wenn:

Grund: ______________________________

Rubriken-Bedürfnis bei einem Intranet

Kreuzen Sie bitte untenstehend an, welche der Rubriken/Gefässe/Themen und Funktionen Sie bei einem Intranet am ersten interessieren würden.

- ❑ News in Kürze
- ❑ Weiterbildung
- ❑ Unternehmenswissen
- ❑ Mitarbeiterportraits
- ❑ Elektronisches "schwarzes Brett"
- ❑ Verwaltung/Organisation
- ❑ Erfahrungs-, Know-how-Austausch
- ❑ Archiv und Dokumentation
- ❑ Mitarbeiterhandbuch/Leitfäden
- ❑ Diskussionsforen
- ❑ Fakteninformationen für die Arbeit
- ❑ Befragungs-Teilnahmen

Anderes: ______________________________

Rubriken-Präferenzen der Mitarbeiterzeitschrift

Kreuzen Sie bitte untenstehend jene drei Rubriken unserer Mitarbeiterzeitschrift an, die Sie am meisten interessieren und die Sie regelmässig lesen.

- ❑ News in Kürze
- ❑ Neue Mitarbeiter
- ❑ Abteilungs- und MA-Portraits
- ❑ Interview des Monats
- ❑ Wussten Sie, dass....
- ❑ Weiterbildungsagenda

Andere Rubriken/Vorschläge: ______________________________

Beurteilung der Mitarbeiterzeitschrift

Kreuzen Sie bitte untenstehend an, welche vier der unten genannten Eigenschaften für unsere Mitarbeiterzeitschrift am meisten zutreffen

- ❑ informativ
- ❑ objektiv
- ❑ unterhaltsam
- ❑ kritisch
- ❑ einseitig
- ❑ zu unkritisch
- ❑ aktuell
- ❑ glaubwürdig
- ❑ lebendig
- ❑ umfassend
- ❑ langweilig
- ❑ geht zu wenig auf Interessen ein

Anderes: ____________________

Rubriken-Präferenzen des Newsletters

Kreuzen Sie bitte untenstehend jene drei Rubriken unseres Newsletters an, die Sie am meisten interessieren und die Sie regelmässig lesen.

- ❑ News aus dem Unternehmen
- ❑ Branchen News
- ❑ Kunden-News
- ❑ Konkurrenz-News
- ❑ Das Unternehmen in der Presse
- ❑ Facts und Figures

Andere Rubriken/Vorschläge: ____________________

Informationsbedürfnis Unternehmensgeschehen

Informationen zu welchen Bereichen und Aspekten des Unternehmensgeschehens interessieren Sie am meisten

- ❑ Kunden und Märkte
- ❑ Organisation/Abläufe
- ❑ Abteilungen und Menschen
- ❑ Geschäftsgang
- ❑ Innovationen
- ❑ Das Unternehmen in der Presse

Andere: ____________________

Stärken/Schwächen der schriftlichen Kommunikation

Kreuzen Sie bitte untenstehend an, welches die Stärken (mit einem +) und die Schwächen (mit einem -) unserer schriftlichen Kommunikation allgemein sind

- ❑ Verständlichkeit
- ❑ Aufmachung
- ❑ Themenwahl
- ❑ Illustration
- ❑ Meine Interessen betreffend
- ❑ Lesefreundlichkeit

Anderes: ____________________

Konzept des Kommunikationsmanagements

Elemente zur Entwicklung einer Kommunikationsstrategie

Eine Situationsanalyse ist ein systematischer Beginn für ein Kommunikationsprogramm. Sie zeigt, wo man steht, welche Stärken und Schwächen bestehen und wie die Prioritäten gesetzt werden sollten. Mit ihrer Hilfe kann man entscheiden, woran zuerst gearbeitet werden muss und welche Ressourcen man dafür benötigt. Sie bewirkt, dass man messbare Ziele setzt und ermöglicht ein Benchmark, um den Fortschritt zu verfolgen. Eine handfeste Situationsanalyse erzielt auch die Aufmerksamkeit des Managements, das gewohnt ist, Kernprozesse des Geschäfts laufend zu messen und die Daten entsprechend auszuwerten. Die Datenerhebung sollte eine Mischung aus formellen und informellen Messkriterien sein. Sie kann durch Umfragen, Diskussionen, Interviews, Mitarbeitergesprächen, Fokusgruppen oder auch Statistiken erfolgen.

Um einer Desorientierung durch Informationsüberflutung entgegenzuwirken, bietet sich ein Themenmanagement in Abstimmung mit der Unternehmensleitung an. Mit Hilfe der Kommunikationsstrategie wird die Organisation auf die wichtigsten Bedürfnisse des Unternehmens und seiner Mitarbeiter ausgerichtet. Dazu sind prägnante Botschaften notwendig, die klar und eindeutig die Geschäftsstrategie und die Rolle der Mitarbeiter vermitteln.

Auch die Botschaften sind explizit mit den Unternehmenszielen zu verbinden. Das Themenmanagement schafft eine sinnvolle Verbindung zwischen dem, was die Mitarbeiter wissen müssen, und dem, was sie hören wollen; es priorisiert und konzentriert Informationen. Die Kernfragen, bzw. der Hauptnutzen kann dabei oft auf einige wesentliche Anforderungen reduziert werden.

- Was ist passiert oder wird passieren?
- Weshalb passiert dies, welches sind die Hintergründe?
- Was habe ich persönlich oder im Team davon?
- Wie kann ich selber dazu beitragen?

Die Bereitstellung einer dem Veränderungsprozess angepassten Infrastruktur ist eine gut und überdacht zu organisierende Herausforderung, denn Mitarbeiter müssen oft schnell und zeitgleich informiert werden. Die Beschleunigung der Informationsprozesse, z.B. durch die elektronische Kommunikation, verlangt zugleich auch eine Steigerung der inhaltlichen Anforderung. Langwierige Abstimmungsprozesse und Absicherungen durch die Hierarchiestufen werden durch die Realität der Ereignisse in der Regel eingeholt. Die Herausforderung an das Kommunikationsmanagement ist es, sinnvolle Kommunikation überhaupt möglich zu machen. Dabei ist die persönliche Kommunikation und damit die Einbindung des Managements in den Prozess vorrangig. Denn auf der einen Seite wird so die grösste Glaubwürdigkeit erzeugt, die Mitarbeiter können Fragen stellen und dadurch die Richtigkeit der Nachricht besser einschätzen. Andererseits können durch die persönliche Kommunikation falsche Wahrnehmungen korrigiert werden.

Zu einer erfolgreichen internen Kommunikation gehört das Einholen und die Auswertung eines permanenten, strukturierten Feedbacks. Dies unterstützt die eigene Argumentation und stärkt die Glaubwürdigkeit der Kommunikation. Man hat konkrete Informationen darüber, was die Mitarbeiter wünschen, wo welche Lücken und Informationsbedürfnisse bestehen, was sie wissen müssen und auf welchem Kanal sie dies erhalten wollen. Dies kann konkret bei einer Umfrage bewirken, dass man sich für Zielvereinbarungen intensivere Schulungen oder Vorbereitungen wünscht oder persönliche Mitarbeitergespräche als notwendig erachtet werden, um die Laufbahnentwicklung individueller zu fördern und zu planen. Man weist Fakten vor, die die Entscheider überzeugen, warum etwas so und nicht anders kommuniziert werden sollte. Und man kann negative Ergebnisse voraussagen, wenn die Bedürfnisse der Zuhörerschaft ignoriert werden.

Die Messung von Kommunikationsleistung kann aber auch dazu führen, dass man das Budget reduzieren und gleichzeitig die Kommunikation verbessern kann. So etwa in einer Entscheidung, die Mitarbeiterzeitschrift nur noch digital zu produzieren und zu distribuieren. Überhaupt führt eine effektive Wirkungskontrolle dazu, Defizite und Optimierungspotentiale zu erkennen, dadurch die Effizienz und Effektivität der internen Kommunikation zu optimieren und mit ihrer Hilfe eine Lern- und Entwicklungsperspektive zu gewinnen.

Arten von Kommunikationszielen

Man kann Kommunikationsziele grundsätzlich in drei Kategorien einteilen:

- Informationsziele
- Wissensziele
- Verhaltensziele

Diese sollten in sich dann genauer und spezifischer definiert werden. So kann dies bei einem Wissensziel zum Beispiel sein, dass man erwartet, dass 80% der Mitarbeiter die Gründe und Vorteile einer neuen Strategie verstehen und nachvollziehen können und das Kader bei Zielvereinbarungen in der Lage ist, die neue Strategie so gut zu kennen, dass sie auf operative Ziele heruntergebrochen werden kann.

Arten der Mitarbeiterinformation

Es können drei Arten der Mitarbeiterinformation unterschieden werden: die Information von "oben nach unten", von "unten nach obern' sowie die Querinformation. Im Folgenden werden diese drei Bereiche genauer erklärt.

Information von "oben nach unten"

Die Information von "oben nach unten" (top down) stellt den quantitativ grössten Teil der innerbetrieblichen Information dar. Sie zielt auf eine erfolgsorientierte Gestaltung des Arbeitsablaufs. In diesem Zusammenhang lassen sich drei Arten von Informationen unterscheiden:

- was der Mitarbeiter wissen muss
- was der Mitarbeiter wissen soll
- was der Mitarbeiter wissen möchte

Zu den Informationen, die der Mitarbeiter wissen muss, zählen vor allem Verordnungen und Vorschriften, Informationen, welche die Arbeitszeit, die Unfallverhütung und die innerbetriebliche Vereinbarungen betreffen sowie alle für die Arbeiten notwendigen Anweisungen und dazugehörige Erklärungen.

Informationen die der Mitarbeiter wissen sollte, können durch z.B. Mitarbeiterzeitschriften oder ein Intranet vermittelt werden, aber auch durch Betriebsbesichtigungen bei Lieferanten und Kunden. Natürlich müssen bei einer umfassenden Mitarbeiterinformation auch die Informationswünsche der Mitarbeiter in bestimmtem Masse berücksichtigt werden, wie z.B. personelle Nachrichten wie Jubiläen, Beförderungen und Einstellungen. Diskussionen bei Betriebs- oder Abteilungsversammlungen, Mitarbeiterbefragungen, Mitarbeitergespräche oder Feedback-Möglichkeiten auf Mitarbeiterzeitungen sind ein Mittel, die Informationsbedürfnisse von Mitarbeitern eruieren zu können.

Information von "unten nach oben"

Um korrekte und breit abgestützte Entscheidungen treffen zu können, benötigen die Führungskräfte und die Unternehmensleitung relevante Informationen auch von den Mitarbeitern. Durch die heute zur Verfügung stehenden Informationstechnologien wird dies erleichtert. Doch diese allein stellt einen reibungslosen Informationsfluss nicht sicher, der Führungsstil und die damit verbundene Kommunikationskultur, die Gefässe, Kanäle und Möglichkeiten, aktive Förderungen und die 'Formulierung klarer Erwartungen und Ziele gehören ebenso dazu. Auch die Information von "unten nach oben" (bottom up)lässt sich in drei Gruppen unterteilen:

- was die Geschäftsleitung wissen muss
- was die Geschäftsleitung wissen soll
- was die Geschäftsleitung wissen möchte

Die Unternehmensleitung muss über alle Störungen und Abweichungen von Anweisungen, Reglementen und wichtigen Regeln informiert werden. Dies betrifft vor allem das Personal, aber auch Material und Maschinen, Fehlentscheidungen der Führungskräfte oder von Mitarbeitern und meist als Folge davon Beschwerdebriefe von Kunden und Behörden. Je nach Unternehmenskultur ist aber auch die Personalentwicklung oder die Nutzung von Chancen bei Innovationen ein wichtiger Bereich.

Die Unternehmensleitung sollte über Stimmungen und Meinungen im Betrieb informiert sein. Dies kann über Vertrauenspersonen wie z. B. Sekretärinnen und/oder über neutrale Stellen wie z. B. dem Personalleiter geschehen. Auf Veranstaltungen wie Jubiläen und Betriebsfesten ist es der Geschäftsleitung jeweils ebenfalls möglich, ihre Informationswünsche zu decken.

Die Querinformation

Die Querinformation wird auch horizontale Information genannt. Sie bezeichnet Kontakte zu verschiedenen Ebenen innerhalb grosser Bereiche, aber auch zwischen Linien- und Stabsabteilungen. Informationen auf gleicher Ebene entsprechen der Kommunikation unter hierarchisch Gleichgestellten. Diese Mitarbeiter sind in verschiedenen Abteilungen des Unternehmens tätig und benötigen solche Querinformationen, um sich einen Überblick über die Zusammenhänge der Arbeit der einzelnen Abteilungen zu verschaffen. Entsprechende Informationen werden oftmals bei Zusammenkünften und Besprechungen ausgetauscht.

Instrumente der Unternehmenskommunikation

Medien und Informationsmittel

- Mitarbeiterzeitschriften
- E-Mail-Newsletter
- Intranet
- Mitarbeitergespräche
- Veranstaltungen
- Meetings
- Erfahrungsaustauschgruppen
- Workshops

Mitarbeitergespräche	Notizen/Vermerke
Jahres-, bzw. Qualifikationsgespräch	
Personalentwicklungsgespräch	
Zielvereinbarungsgespräche	
Monatsgespräch mit Linienvorgesetztem	
Generelle Open door policy	
Informationsmeetings und Kaderveranstaltungen	
Halbjährliche Informationen durch die Geschäftsleitung	
Wöchentliche Abteilungsbesprechungen	
Monatliches Abteilungsleiter-Meeting	
Quartalsinformationen durch die Geschäftsleitung	
Führung und Kommunikations-Workshops	
Monatliche Erfahrungsaustausch-Veranstaltungen	
Kader-Retraite	

Mögliche Informationsveranstaltungen und -gefässe		
Die Neuen:	Neue Mitarbeiter stellen sich vor	
Tag der offenen Tür:	Abteilungen stellen sich vor	
Monats-Apero:	Feier eines Erfolges/Ereignisses	
That's my Job:	Mitarbeiter stellen ihre Jobs vor	
Klagemauer:	Frühzeitige Problemerkennung	
We proudly present:	Externe Referenten und Standpunkte	
Outdoor-Happening:	Symbolhandlungen in Natur	

Fallbeispiel: Projekt Medienverbund

Ausgangslage

Die Velmera GmbH ist intern und extern ein sehr kommunikationsfreundliches Unternehmen. Man setzt zahlreiche Medienformen und Kommunikationskanäle ein, sieht aber, dass viele Doppelspurigkeiten bestehen, Synergien nicht genutzt werden und die Medienwahl dem Zufall überlassen wird, anstatt diese zu koordinieren und zu systematisieren.

Zielsetzungen

Nach einer gründlichen Analyse einigt man sich auf folgende Zielsetzungen:

- Planung in der Wahl und im Einsatz der Medienformen
- Konzentration auf die Medienplattformen mit starker Beachtung
- Mehr Nachhaltigkeit und Vertiefung mit Verbundmassnahmen
- Nutzung von Sparpotentialen durch Konzentration auf digitale Medien
- Förderung der interaktiven Möglichkeiten und aktive MA-Mitgestaltung

Massnahmenplan

Diese zwischen der Personalabteilung, der Marketingleitung und der Geschäftsleitung und je drei interessierten Mitarbeitenden und Kaderleuten definierten Zielsetzungen einigt man sich auf das folgende Massnahmenpaket:

Medienverbund

Schwerpunkt-Themen werden monatlich in Intranet-Diskussionsforen vertieft, Referenten eingeladen und Newsletter mit Web-Vertiefungen sensibilisiert für das Thema. Mit einer neu geschaffenen Informationsveranstaltung "Questions & Answers" werden zweimonatlich Mitarbeiterfragen von der Geschäftsleitung und externen Fachleuten beantwortet. Eine Zusammenfassung folgt in der MA-Zeitschrift und im Intranet. Informationsveranstaltungen mit Unterhaltungswert verstärken die Thematik als jeweiligen Schlusspunkt zusätzlich.

Straffung der Medienplattformen

Nach den Kriterien von Beachtungs-, Kosten- und Unterhaltungsaufwand verzichtet man auf drei Medien und wechselt auf digitale um. Davon betroffen sind unter anderen Rundschreiben nur noch in E-Mail-Form und der Verzicht auf das Schwarze Brett.

Interaktivität und aktive Mitgestaltung

Die Themen der Informationsveranstaltungen wählen Mitarbeiter nun neu via Intranet. Im Anschluss daran ist jeder Mitarbeiter zu einem Feedback verpflichtet. Vertiefungen und weitere Informationen werden nach MA-Bedürfnissen vorgenommen.

Das Wesen ganzheitlicher Kommunikation

In vielen Unternehmen wird immer wieder die Erfahrung gemacht, dass das althergebrachte Verständnis von Kommunikation und Information nicht mehr ausreicht, um einen Veränderungsprozess kommunikativ zu steuern. Begeisterung? Kann das eine Broschüre leisten? Neues Lernen? Geht das auf einer Grossveranstaltung? Wohl kaum. Deshalb sollte der klassische Ansatz der internen Kommunikation weiterentwickelt und gefasst werden.

Der Instrumentenkoffer der internen Kommunikation wird ergänzt, unter anderem durch "Präzisionsinstrumente" für Intervention, Schulung und Dialog. Die Instrumente werden sehr streng von ihrer Wirkung her beurteilt und eingesetzt. "Was soll wann bei wem erreicht werden?" Grundlage dafür sind Analysen der Unternehmenskultur sowie Erkenntnisse von Organisationspsychologie und Kommunikationsforschung.

Weiterhin werden die Kommunikationsmassnahmen ganzheitlich konzertiert, bauen aufeinander auf, verstärken sich gegenseitig und erzeugen Kommunikationsdruck. Ausserdem müssen zwingend alle kommunikativ relevanten Aktivitäten im Unternehmen zusammengedacht und zusammengebracht werden.

Erfüllt ein interner Kommunikationsplan alle diese Merkmale, kann das Ziel der vielfältigen und vernetzten Aktivitäten, Kommunikationsdruck aufzubauen und damit Energie für eine Veränderung von Denk- und Verhaltensmustern bei Mitarbeitern und Führungskräften zu erzeugen, erreicht werden. Nachfolgend fassen wir die wichtigsten Merkmale einer ganzheitlichen Kommunikation zusammen:

Ganzheitliche Kommunikation ist interdisziplinär

Was sich in Unternehmen organisatorisch schwer abbilden lässt, ist Grundlage für *Internal Campaigning*: multidisziplinäres Denken über Fachabteilungsgrenzen hinaus. Neben den Instrumenten der internen Kommunikation sind Workshop-, Schulungs- und Coaching-Formate ebenso wie interne Marketinginstrumente gefragt. Häufig ist ein Eingriff in erprobte Prozesse und Arbeitsabläufe nötig, um der kommunikativen Aufgabenstellung wirklich gerecht zu werden.

Ganzheitliche Kommunikation vernetzt

Die ganzheitliche Kommunikation beruht auf Vernetzung. Interessengruppen, Fachabteilungen, interne und externe Experten werden zusammengebracht. Widersprüchliche Interessen werden diskutiert, unterschiedliche Ansätze und Meinungen ausgetauscht.

Ganzheitliche Kommunikation emotionalisiert
Veränderung kann nur bewirkt werden, wenn die Zielgruppen nicht nur auf rationaler Verstandesebene, sondern auch emotional erreicht werden. Diese Einsicht hat allerdings in der Praxis meistens wenig Chancen, bei Entscheidern durchzudringen. Das Fehlen der emotionalen Komponenten macht interne Kampagnen aber oft wirkungslos oder wird von Mitarbeitern schon gar nicht beachtet und verstanden.

Ganzheitliche Kommunikation lässt einsickern
Die ganzheitliche Kommunikation bedient sich innerhalb eines definierten Zeitraums immer wieder neuer und anderer Instrumente und Themen, um die Kernbotschaften nachhaltig in eine Organisation "einsickern" zu lassen. Diese Vielfalt der Mediennutzung verstärkt die Wirkung, Beachtung und Erreichung nachhaltig und führt dadurch auch eher zu erwünschten Veränderungen und geänderten Einstellungen.

Ganzheitliche Kommunikation ist anschlussfähig
Das zentrale Ziel der ganzheitlichen Kommunikation ist "Wirksamkeit". Wer interne Zielgruppen via Campaigning erreichen will, muss deshalb wissen, wie sie denken. Ein intern durchdachtes Kommunikationssystem ist immer anschlussfähig an vorhandene Denkweisen. Das ist notwendig, damit es Köpfe und Herzen erreicht.

Verstärkung der Wirkung und Verständlichkeit
Wir werden heutzutage immer intensiver und häufiger auf immer mehr Kanälen und Medien von Informationen überhäuft. Dies hat zur Folge, dass die Aufnahmefähigkeit und Beachtung beim Empfänger sinkt und der Sender einen immer höheren Aufwand treiben muss, um seine Informations- und Kommunikationsziele zu erreichen und sicherzustellen, dass sie überhaupt angekommen und zur Kenntnis genommen worden sind. Ein Weg zur Verstärkung der Wirkung und Verständlichkeit von Informationen und der Kommunikation ist die mehrfache Nutzung und Variierung folgender Faktoren:

- Einsatz und Kombination diverser Kanäle und Medienträger
- Unterschiedliche Zeitpunkte und Followups
- Differenzierung von Sprache, Stil und Niveau
- Aufbereitung wie Kompaktheit, Visualisierung und Verständlichkeit

Einsatz und Kombination diverser Kanäle und Medienträger
Der Einsatz und die Kombination diverser Kanäle, Plattformen und Medienträger erhöht die Wahrscheinlichkeit der Kenntnisnahme, erlaubt verschiedene Aufbereitungsarten der Informationen, gestattet allenfalls ein Feedback, kann die Information portionenweise transportieren und das Verständnis durch unterschiedliche Zeitpunkte erhöhen.

Praxisbeispiel Ein Unternehmen informiert über den Zukauf eines Betriebes. Mit einer *E-Mail* wird auf ein wichtiges *Rundschreiben* hingewiesen, das am nächsten Tag genauer informiert. Dann findet eine *persönliche Informationsveranstaltung* mit Fragerunde statt und im *Intranet* werden dann alle Aspekte nochmals zusammengefasst und visualisiert. Bei diesem Beispiel sind also insgesamt vier Medien involviert.

Unterschiedliche Zeitpunkte und Followups

Dies sind weitere Möglichkeiten, die Wahrnehmung und das Verarbeiten zu verbessern. Dadurch kann aber auch das Verständnis verbessert werden und durch ein Followup, wenn es beispielsweise persönlich oder per E-Mail erfolgt, sichergestellt werden, dass die Information angekommen und verstanden wurde.

Praxisbeispiel Der Betrieb XY informiert über mehrere neue Personal-Dienstleistungen und neue Worklife-Balance Services. In der Mitarbeiterzeitung werden Mitarbeiter für das Thema sensibilisiert. Zwei Tage später wird ein Rundschreiben versandt und am nächsten Tag mit persönlichen privat adressierten Briefen auch die Familie miteinbezogen. Persönliche, stichprobenweise telefonische Followups, geben Sicherheit, dass die Informationen verstanden worden sind.

Differenzierung von Sprache, Stil und Niveau

Bei wichtigen Informationen kann dieser Aufwand durchaus gerechtfertigt sein. Eine Differenzierung kann nach Kaderleuten, Angestellten und Hilfskräften erfolgen oder Abteilungen, Funktionen und Hierarchieebenen unterscheiden. Eine Rolle spielen können dabei unterschiedliche Auswirkungen, (Fusion, Reorganisation) der Fachaspekt (Investitionen bei der IT-Infrastruktur bezüglich Fachjargon) oder der Umfang einer Informationen (bei Information zu strategischer Neuausrichtung, Detailinformationen) und bei Angestellten eher praktische Auswirkungen und Aspekte wie die Verständlichkeit.

Praxisbeispiel Ein Unternehmen möchte über eine Fusion mit komplexen Hintergründen informieren. Sowohl in der persönlichen Informationsveranstaltung wie in der schriftlichen wendet man sich in Niveau, Beispielen, Begründungen und Stil an drei verschiedene Zielgruppen in unterschiedlichen Formen. Es sind dies Führungskräfte, kaufmännisches Personal und Experten und Arbeiter und Hilfskräfte, die man in Sprache, Stil und Niveau unterschiedlich ansprechen möchte.

Aufbereitung wie Kompaktheit und Visualisierung

Die Aufbereitung hat einen wesentlichen Einfluss auf das Verständnis und die Wirkung von Information und Kommunikation. Gerade Medien wie das Intranet gestatten schnelle und kostengünstige Visualisierungen komplexer Sachverhalte.

Praxisbeispiel

In einem mittelständischen Unternehmen wird über eine neue Produktionsanlage informiert. Dabei erscheint eine Textinformation mit Anwendungsbeispielen in der Mitarbeiterzeitung. Von dort wird ins Intranet auf eine Fotoreportage für visuell orientierte Mitarbeiter hingewiesen. Ein Rundgang zur Besichtigung orientiert sich an kinästhetisch veranlagte Mitarbeiter, die dort auch Bestandteile, Produziertes und Detaileinrichtungen anfassen und bedienen können.

Befragung zur Nutzung betrieblicher Informationsquellen			
Besten Dank, wenn Sie uns nachstehend jene Informationsquellen und Kommunikationsinstrumente nennen, die Sie gerne und wie häufig nutzen. Damit helfen Sie uns, die Kommunikation im Unternehmen, im Interesse von uns allen zu verbessern und das Informationsangebot besser auf Ihre Wünsche auszurichten.			
Instrument/Quelle und Nutzung	**oft, regelmässig**	**ab und zu**	**selten bis nie**
Rundschreiben			
E-Mail-Nachrichten			
Mitarbeiterzeitung			
Intranet			
Schwarzes Brett			
Abteilungsbesprechungen			
Informationsveranstaltungen			
Persönliche Gespräche Face to Face			
Flugblätter			
Berufsverbände			
Geschäftsbericht			
Personalabteilungs-Angebote			
Kolleginnen und Kollegen			
Express-Kurzmitteilungen			
Aktennotizen			
Einfache Memos			
Ihre Bemerkungen und Begründungen			

Stärken häufig eingesetzter Informationsinstrumente				
	Dialogfähigkeit	Distributionsaufwand	Nachhaltigkeit	Gestaltbarkeit
Mitarbeiterzeitung			X	X
E-Mail		X		
Schwarzes Brett				X
Informationsveranstaltung	X		X	X
Abteilungs- Teaminformation	X		X	X
Rundschreiben			X	
Intranet		X		X
Gespräch	X	X	X	
Diskussions- oder Fragerunde	X	X	X	
Flyer				
Memo oder Aktennotiz				
Mitarbeiter-Handbuch			X	X
Detaillierte Erläuterung zu den obigen Angaben				

Fallbeispiel: Konzept betrieblicher Kommunikation

Das nachfolgende Musterkonzept gibt hinsichtlich Struktur, Thematik, Aufbau und Prioritäten einige konkrete Anregungen für Ihre eigene betriebliche Praxis.

Musterkonzept zur internen Unternehmenskommunikation

"Interne Kommunikation ist Ausdruck von Mitarbeiterorientierung". Diese Aussage hat uns bei der Erarbeitung dieses Konzeptes bei den Recherchen beeindruckt. In ihr sehen wir den zentralen Nutzen und den hohen Stellenwert gerade für uns als mitarbeiterorientiertes Unternehmen.

Bedeutung und Stellenwert der Kommunikation

Die Identität unseres Unternehmens ist in hohem Masse abhängig von der Akzeptanz und der Identifikation der Mitarbeiter mit den Zielen des Unternehmens. Letztendlich kann Identifikation nur dann entstehen, wenn die Überlegungen des Managements mit allen Mitarbeitern kommuniziert und diskutiert werden und ein ganzheitlicher Informationsstand sichergestellt ist. Damit erhält die interne Kommunikation eine völlig neue und entscheidende Bedeutung, die über das Verständnis der klassischen Kommunikation hinausgeht und letztlich zu einer neuen internen Kommunikationskultur führt: Kommunikation muss zuerst intern gelebt werden, um sie nach aussen tragen zu können.

Sinn und Zweck der Mitarbeiterkommunikation

Instrumente, mit denen man vorbeugen und auch gegensteuern kann, sind neben einer guten Führungsarbeit und einer motivierenden Firmenkultur: regelmässige Informationsveranstaltungen, gemeinschaftliche Aktivitäten und nicht zuletzt die gut gemachte Hauszeitung oder Mitarbeiterzeitung. Wir sind uns der ganz einfachen Tatsache bewusst: Nur gut informierte Mitarbeiter sind gute Mitarbeiter.

- Wer informiert ist, kann mitdenken und Initiative ergreifen
- Wer mitdenkt, entwickelt Verantwortung und Identifikation
- Wer mitverantwortlich ist, bemüht sich um Erfolg und Weiterentwicklung

Zielsetzungen und Grundsätze

Die Mitarbeiterkommunikation verfolgt in unserem Unternehmen folgende Ziele und wird durch folgende "Spielregeln" und Rahmenbedingungen sichergestellt:

Das persönliche Gespräch und die persönliche Kommunikation stehen immer und konsequent im Mittelpunkt unserer Kommunikationsanstrengungen und -prioritätensetzungen.

Aufrichtigkeit und Ehrlichkeit gegenüber allen Mitarbeitenden ist die Grundlage für eine glaubwürdige Mitarbeiterkommunikation und Respekt und Würdigung der Leistung und Persönlichkeit aller Mitarbeitenden ein Grundpfeiler

Wir erachten in unserem Unternehmen Anerkennung und zielorientierte Führung als wichtigste Grundlage der Motivation. Dies setzt kommunikationsfähige Führungskräfte und eine entsprechende Rekrutierung und permanente Schulung voraus.

Die persönliche und leistungs- und qualifikationsbezogene Weiterentwicklung und Förderung aller Mitarbeitenden ist ein weiteres Kernziel unserer Mitarbeiterkommunikation.

Mitarbeiter sind keine Befehlsempfänger, sondern an der Leistungserbringung unseres Unternehmens beteiligte Partner. Ihre Erfahrungen, Einstellungen und Meinungen fliessen in betriebliche Entscheidungen und Aktivitäten ein.

Wir legen grossen Wert auf einen effizienten und aktuelle und wichtige Informationen sicherstellenden und den Dialog fördernden Medienverbund. Dieser Verbund der Medien spielt vor allem zwischen Print-, Dialog- und elektronischen Medien eine übergeordnete Rolle.

Das Erscheinungsbild sämtlicher Instrumente von der Veranstaltungseinladung über die Mitarbeiterzeitschrift bis zum E-Mail-Newsletter soll unserem Corporate Design entsprechen und konsequente Wiedererkennungsmerkmale enthalten.

Die MASTER AG verfügt über eine Vielzahl von Kommunikationsmedien, worüber Informationen zur Motivation der Mitarbeiter zu Nachhaltigkeit verbreitet werden, die oftmals durch die o.g. Beauftragten angeregt werden. Im folgenden seien die wichtigsten für die interne Kommunikation genannt:

Die Kommunikationsmedien

MASTER AG-intern
ist die Mitarbeiterzeitung der MASTER AG. Sie wird an alle Mitarbeiter sowie an Pensionäre verteilt oder versandt. MASTER AG-intern erscheint zehnmal jährlich in einer Druckauflage von derzeit 300 Exemplaren. Hier erscheinen regelmässig Artikel oder Informationen, welche vor allem die Aspekte der Leistungserbringung, der Unternehmensidentifikation, unserem Image als Arbeitgeber, der Worklife-Balance und der Mitarbeiterbindung umfassen.

Infoscreen
Werktäglich von 8:00 bis 16:00 Uhr werden auf einem Grossbildschirm vor der Kantine der MASTER AG Unternehmens-Neuigkeiten aus dem In- und Ausland gezeigt. Die täglich wechselnde Präsentation ist auch immer aktuell im Intranet zu sehen: Von dort können sich die Mitarbeiter auch direkt auf Links zu den Hinweisen und Veranstaltungen "weiterklicken". Beiträge zu allgemeinen unternehmensrelevanten Themen (unsere Identität, Grundorientierung, Code of Conduct) oder aktuellen Sonderthemen wie z.B. nachhaltige Stadtentwicklung, Sonderaktionen z.B. Wettbewerbe die von den Umwelt- oder Gesundheitsbeauftragten organisiert werden.

Das News-Portal
umfasst die MASTER AG NEWS, die elektronische Variante der Mitarbeiterzeitung MASTER AG-intern mit wichtigen Themen zu und aus dem Unternehmen MASTER AG, und die Presseschau, die täglich aktualisierte Berichte und Meinungen, die sich im weitesten Sinne mit dem Thema internationale Zusammenarbeit und nachhaltige Entwicklung befassen. Priorität haben Artikel, in denen die MASTER AG auftaucht. Aufgenommen werden aus ökonomischen Gründen ausschliesslich digital verfügbare Meldungen. Da nachhaltige Entwicklung für die MASTER AG von zentraler Bedeutung ist, berichten die genannten Medien regelmässig zu diesem Thema.

Das Intranet
ist das zentrale interne Informations- und Kommunikationsinstrument der MASTER AG. Es ist die Kommunikationsplattform für den schnellen Austausch zwischen Inland und Ausland und muss deshalb für alle Mitarbeiter überall erreichbar sein. Es eröffnet den schnellen, zielgerichteten Zugriff auf arbeitsplatzrelevante Informationen jeglicher Art für alle Mitarbeiter des Unternehmens. Hier finden sich auch Dokumente zur Unternehmensidentität, Websites von den Beauftragten und das Schwarze Brett, die private Tausch- und Infobörse der MASTER AG Mitarbeiter.

Aufgaben, Verantwortlichkeiten und Kompetenzen
Eine Mitarbeiterkommunikation kann nur dann dauerhaft und qualitativ zufriedenstellend verlaufen und praktiziert werden, wenn sie von allen tatkräftig und mit Überzeugung mitorganisiert und getragen wird. Die folgenden Aufgaben, Verantwortlichkeiten und Kompetenzen sollen hierfür eine Grundlage schaffen.

Verantwortung
Die gesamte in diesem Konzept skizzierte Mitarbeiterkommunikation wird in unserem Unternehmen von der Personalabteilung koordiniert, betreut, organisiert und überwacht.

Assistenz und Mithilfe
Ihr zur Seite stehen die Marketingleitung, die Public Relations-Mitarbeiterin und im Bereich elektronischer Medien Mitarbeiter der IT-Abteilung. Die Erarbeitung von Inhalten, Distributions- und Produktionsaufgaben werden von interessierten Mitarbeitern des gesamten Unternehmens sichergestellt. Für noch zu bestimmende Anlässe wird jeweils für die Dauer eines Jahres eine Abteilung bestimmt, die mit ihren Mitarbeitenden mitorganisiert und tatkräftig mithilft.

Erfolgskontrolle
Die Qualitäts- und Erfolgskontrolle sämtlicher Massnahmen und Instrumente der Mitarbeiterkommunikation in unserem Unternehmen wird von der Personalleitung in Zusammenarbeit mit einem noch zu bestimmenden Mitglied der Geschäftsleitung wahrgenommen und ausgeführt.

Budget
Im Rahmen eines Jahresbudgets von CHF. 5000.- können für bestimmte Aufgaben (Grafik, Konzepte, Software, Redaktionelle Beiträge) auch externe Berater oder Freelancer beigezogen werden. Für Sonderanlässe wie den Outdoor-Happening werden separate Budgets erstellt, die von der Geschäftsleitung bewilligt werden.

Erfolgskontrolle und Leistungsbeurteilung

Erfolgskontrolle und Leistungsbeurteilung der internen Kommunikation gibt nicht nur Auskunft über die Leistung und Qualität der eingesetzten Medien, sondern vor allem über deren Wirkung beziehungsweise Erfolg bei Empfängern und Mitarbeitern.

Als Ergebnis sollten Unternehmen individuelle Einzelauswertungen und Empfehlungen vor dem Hintergrund ihrer Unternehmenssituation erarbeiten. Mit Hilfe dieser Informationen ist es möglich die Performance der Kommunikation auch mit Unternehmen der gleichen Branche zu vergleichen. Die Leistung der internen Kommunikation wird so vor dem Hintergrund der spezifischen Kommunikationsanforderungen im Unternehmen errechnet. Zu beachtende Faktoren der Erfolgskontrolle und Leistungsbeurteilung sind bei einer systematischen und ganzheitlichen Analyse die folgenden:

Nutzung

Wie häufig werden bestimmte Medien, Veranstaltungen und Gefässe genutzt, und dies in welcher Qualität und mit welchem Resultat? Die Frage der Nutzungsart und Nutzungsintensität kann für eine Kommunikationsplanung entscheidend sein, um zu bestimmen, welche Informationen und Kommunikationsarten zum Beispiel nach Dringlichkeit, Relevanz, Mitarbeitergruppen, Motivationswirkung unter welchen Aspekten der Nutzung betrachtet werden sollten.

Akzeptanz

Die Akzeptanz entscheidet über die Wirkung und Erreichung von Kommunikationszielen. So können die traditionelle Mitarbeiterzeitschrift oder gut etablierte Informationsveranstaltungen eine sehr hohe Akzeptanz aufweisen und Intranets eher mittelmässig ausfallen. Unter Umständen kann eine Analyse der Akzeptanz nach Mitarbeitergruppen (Kaderleute, Fachexperten, nichtkaufmännisches Personal usw.) zu unterschiedlichen Resultaten führen und sinnvoll sein.

Wissensstand

Mit welchen Medien und in welcher Kommunikationsform kann und konnte der Wissensstand bis anhin am nachhaltigsten gesichert, verbessert oder gehoben werden? Hier sollten die Wissensbereiche (Führung, Allgemeinbildung, Arbeitsinstruktionen), die Ziele und die Relevanz gemessen und analysiert werden.

Aktualität

Die Aktualität ist eine organisatorische und produktionstechnische Frage der inhaltlichen Qualität. Auch der Zugang – in einem weiteren

Sinne die Organisation und das Wissensmanagement als ganzes –und die Archivierungsqualität von Informationen haben einen Einfluss.

Gestaltung

Im Zeitalter der Informationsüberflutung und der zunehmenden Medienvielfalt kommt der Gestaltung, also dem Informationsdesign, eine wichtige Rolle zu. Hier sind Unterscheidungen zwischen den Medienformen (digitale Medien und Printmedien), deren Wirkung und die Kosten zu beachten. Zudem ist die Thematik und die Mitarbeiterempfängegruppe ebenfalls ein Kriterium, welches die Gestaltungsfrage beeinflusst.

Inhalt

Nach wie vor aber kommt dem Inhalt – nach Technologie und Gestaltung – die grösste Bedeutung zu. Die Verständlichkeit, die Begriffswahl, das Verhältnis von Text und Bild, die Sprache, die Kompaktheit und die Ausrichtung auf Medienstärken und –schwächen sind nur einige Beispiele. Hier sollten regelmässig, anhand von Checklisten, Kontrollen und Befragungen durchgeführt werden, um die inhaltliche Qualität sicherzustellen. Die Wirkung der internen Kommunikation kann mithilfe von

- Befragungen
- Online-Panels
- Workshops
- Fokus-Gruppen
- Experteninterviews
- schriftliche Befragungen
- Expertenbeurteilungen

erhoben und gemessen werden. dabei ist vor allem die Ausrichtung auf Mitarbeiter und deren Befragung von Bedeutung und nicht technische oder formale Aspekte.

Kontrollblatt für Informations- und Kommunikationsmassnahmen

Beschreibung/Begründung der erwünschten Massnahme:

....

....

....

Zielgruppen:

O Abteilungsebene O Kader O gesamte Belegschaft O inkl. Angehörige O Andere:

....

Frequenz:

O täglich O wöchentlich O monatlich O halbjährlich O jährlich O andere:

....
.

Funktion:..

Ziel: ....

Mögliche Medien- und Mitteilungsformen

❑ Print ❑ Intranet

❑ E-Mail ❑ Mitarbeiterzeitschrift

❑ Rundschreiben ❑ Persönliche Mitteilungen

❑ Informationsveranstaltung ❑ Mitarbeitergespräch

❑ Schwarzes Brett ❑ Beilage Gehaltsabrechnung

❑ Neue Publikation/Plattform:...

Wichtige Realisierungspunkte

Einbettung in bestehendes System möglich, wenn ja, in welches

....

Kosten und Budget - dafür vorhanden, wenn ja, Rahmen:

....

Kongruent mit der Unternehmenskultur- und Philosophie

....

Mit bestehender Infrastruktur realisierbar

....

Notwendigkeit interner externer Mithilfe betr. Organisation und Realisation

....

Zeit- und Mitarbeiterbedarf

....

Bewertung interner Kommunikationsinstrumente			
Für diverse Kommunikationsziele, -themen und –anliegen gibt es unterschiedliche Instrumente. Um deren Einsatz optimal bestimmen zu können, hilft diese Checkliste bei deren Bewertung.			
Geprüfte Medien: .... **Kriterium**	gut, geeignet	ungewiss, prüfen	ungeeignet
Ist schriftliche, bzw. Textinformation möglich?			
Sind Visualisierungen möglich?			
Dialogfähigkeit			
Feedback-Möglichkeit			
Distributionsgeschwindigkeit			
Produktions- und Distributionsaufwand			
Aktualisierungsmöglichkeit und -aufwand			
Auch für externen Einsatz geeignet			
Auch für digitale Medien übertragbar bzw. zu konvertieren			
Kosten- und Personalaufwand			
Individuelle zielgruppenspezifische Ansprache möglich?			
Aufwand der Informationsaufbereitung			
Erstellungsaufwand bis zur Information			
Erreichungsmöglichkeit externer Mitarbeiter			
Auch ohne externe Hilfe professionell gestaltbar?			
Höhe des Beachtungsgrades			
Impact und Wirkung			
Anderweitige Mehrfachnutzung (digital oder in MA-Zeitschrift)			

Anforderungen an die schriftliche Kommunikation

Die Bedeutung des Corporate Writings

CW ist weit mehr als schnell ein paar Zeilen zu schreiben – es umfasst den gesamten schriftlichen Auftritt eines Unternehmens nach innen und nach aussen. Dabei geht es darum, für alle Kommunikationstrumente, Informationsstile, Anlässe usw. einen strategischen und authentischen Schreibstil zu finden, der der heutigen Zeit angepasst und der Kultur des Unternehmens entspricht und damit das Image nachhaltig prägt und das Mitarbeitervertrauen fördert und stärkt.

Damit Mitteilungen, Rundschreiben, Mitarbeiterzeitschriften-Beiträge, E-Mail-Botschaften, Aushänge und viele andere Formen schriftlicher Information und Kommunikation ankommen, verstanden werden, zum Handeln anregen, Interesse und Akzeptanz finden, gilt es, gewisse sprachliche und stilistische Regeln zu berücksichtigen.

Sprachliche und stilistische Anforderungen

Die nachfolgenden Punkte zeigen in Kürze die wichtigsten Regeln schriftlicher Kommunikation mit anschliessenden Mustervorlagen und Beispielen aus der Betriebspraxis.

Versprechen Betreff oder Überschrift

etwas Spannendes, Aussergewöhnliches, Interessantes, Spezielles, Persönliches, Dringendes, was die Mitteilung einmalig oder besonders macht und die Empfänger in deren persönlichem Umfeld anspricht und "abholt"?

Werden die Empfänger persönlich angesprochen

in der Anrede und im Einleitungssatz – in dem eine für sie typische Situation eingegangen wird. Werden die Angesprochenen weder mit zu hohen noch zu tiefen Ansprüchen und Erwartungen konfrontiert?

Veranlasst die Formulierung der Einleitung

zum Weiterlesen, aber vermeidet sie das vorzeitige Verraten wichtiger Informationen der Kernbotschaft? Sie darf weder zu trocken und pauschal, noch zu schreierisch und werbemässig ausfallen, sondern muss primär informieren, ansprechen und Interesse wecken.

Erweckt die Mitteilung den Eindruck,

dass der Informationsgegenstand interessant ist und dass es sich um eine den Leser betreffende und für ihn relevante Information handelt? Wird diese direkte, den Empfänger der Mitteilung einbeziehende und involvierende Form der Information, auch mit für den Leser nachvollziehbaren Beispielen angereichert?

Sind die Aussagen glaubwürdig

und alle aufgestellten Behauptungen und Mitteilungen überprüft und überprüfbar? Sind sie für Ihre Unternehmenskultur typisch und für den Charakter des Informationsgegenstandes aussagekräftig? Wichtig ist unter Umständen auch die differenzierte Ansprache unterschiedlicher Mitarbeitergruppen.

Ist die Mitteilung so formuliert

als wenn Sie direkt und persönlich mit dem Mitarbeiter sprechen würden und diesen für die Sache auf eine ehrliche und glaubwürdige Art interessieren und seine Aufmerksamkeit gewinnen möchten? Aktuelle Ereignisse, Beispiele aus dem Erfahrungsalltag der angesprochenen Mitarbeitergruppe oder eine deren speziellen Bedürfnisse (Alter oder Geschlecht, Abteilung, Funktion im Unternehmen, Arbeitspensum) berücksichtigende Aspekte ermöglichen dies.

Ist die textliche Umsetzung

in möglichst vielen Aussagen, ganz besonders aber in der Nutzenargumentation, zielgruppengerecht? Der besondere Nutzen einer Mitteilung kann je nach Thema und Informationsgegenstand in der Arbeitsplatz-Sicherheit, in den attraktiven Aus- und Weiterbildungsmöglichkeiten oder in der Vielfalt der Aufgabenstellungen liegen.

Wird in der "Sprache" der Zielgruppe

geschrieben, sind die Anforderungen allgemeinverständlich, klar und nicht vollgespickt mit englischen Modewörtern, Fachvokabular und wenig bekannten Termini? So fällt es zum Beispiel kaufmännisch nicht geschultem Personal schwerer, Begriffe wie

"Bilanzanalyse" oder "Absatzinstrumente" zu verstehen.

Wird eine bildliche Sprache

mit anschaulichen Beispielen verwendet? Löst der Text bei den Angesprochenen bildliche Vorstellungen aus, kann er sie schnell in eine betreffende Situation versetzen oder die Auswirkungen und Zielsetzungen der Mitteilung oder Botschaft vorstellen und diese nachvollziehen? So kann eine trockene und betriebwirtschaftlich formulierte strategische Neuausrichtung mit einem einfachen nachvollziehbaren Beispiel aus dem Arbeitsalltag und Erfahrungshorizont der Mitarbeiter stammenden Vergleich sofort verständlicher sein.

Ist die Gestaltung

der Information ansprechend, d.h. allfällige Text- und Bildelemente harmonisch, die Struktur durch Absätze und Überschriften sofort und gut erfassbar und erkennbar? Zu achten ist auch auf das Corporate Design (Schriftart, Logo, Sprache, Claim usw.). Nur schon Tabellen, Absatzpunkte, Rahmentexte, ein auf die wichtigsten Punkte eingehendes Fazit oder spezifische Handlungsanweisungen fördern die Verständlichkeit und Lesbarkeit eines Textes erheblich. Wichtige Aussagen textlicher Art können durch Formatierungen wie Zentrierung, Fettdruck, Nummerierung oder Pfeilzeichen hervorgehoben oder zumindest mit Überschriften oder Abständen gekennzeichnet werden.

Sind die Aussagen klar

und Anforderungen, Erwartungen und Tätigkeiten einfach formuliert, kommen sie schnell und ohne Umschweife auf den Punkt? Werden zum Beispiel Allgemeinaussagen wie "Belastbarkeit" und "Flexibilität" oder unbekannte Anglizismen (Return on Investment oder Shareholder Value) vermieden? Gerade, wenn es um Handlungsanweisungen oder erwartete Reaktionen geht, ist Klarheit und Verständlichkeit besonders wichtig (Was, Wer, Wann, Warum, Wo und Womit)

Werden die informierten Mitarbeiter

klar zum Handeln aufgefordert und informiert, was Sie von Ihnen erwarten und wer für welche Handlungen oder Aktivitäten zuständig ist? Dazu gehören konkrete Handlungsanweisungen, die Information zu nächsten erfolgenden Schritten oder Auswirkungen.

Schwer lesbare Wortungetüme

wie Mitarbeitervergütungssystem und Kommunikationssteuerungs-Prozess sind schwer lesbar und schwierig zu verstehen und machen eine Information schwerfällig. Besser ist: Wort in Einzelbestandteile auflösen: System zur Vergütung von Mitarbeitern. Oder eine einfachere Aussage mit Hilfe eines Beispiels wählen.

Fachausdrücke,

die der Mitarbeiter-Zielgruppe nicht geläufig sind, sollten vermieden werden. Besser ist: erklären oder ersetzen. Fachausdrücke können allerdings auch ein Mittel sein, bewusst Fachleute oder Experten anzusprechen, die gewisse Termini kennen und sich so die Fachkompetenz und direkte Ansprache zu belegen.

Allerwelts- und Füllwörter wirken schwerfällig

natürlich, selbstverständlich, wohl, eigentlich, beinahe, geradezu, auch, Bereich. Besser ist: ersatzlos streichen. Direkt formulieren an einem Beispiel: "Im Rahmen Ihres Traineeprogramms lernen Sie verschiedene Abteilungen kennen". Besser dagegen klingt: "Während Ihres Traineeprogramms lernen Sie verschiedene Abteilungen kennen".

Schachtelsätze vermeiden

Besser ist: Satzgrenze von maximal 20 Wörter beachten. Eine Regel, die besonders für Online-Texte zu beachten ist. Kurze, prägnante und klare Sätze sind lesbarer, informativer und verständlicher. Haben Sie in einem Satz mehr als ein Komma gesetzt? Besser ist: komplexe Satzkonstruktionen in mehrere Sätze auflösen, was besonders für Online-Texte gilt.

Substantivierungen

Wimmelt es in Ihrem Text von Substantiven? Solche Ansammlungen von Hauptwörtern erschweren die Lesbarkeit von Texten unnötig und wirken schwerfällig und antiquiert. Ersetzen Sie sie durch die entsprechenden Verben. Statt "Ihnen obliegt die Verwaltung des Budgets" besser: "Sie verwalten das Budget".

Nebulöse, allgemeingültige Aussagen

Die präzise und konkrete Formulierung und Nennung von Anforderungen entscheiden wesentlich über das Verständnis einer schriftlichen Information und deren Akzeptanz. Deshalb ist es von grosser Bedeutung, Anforderungen, generelle Erwartungen, unternehmerische Zusammenhänge präzise, charakteristisch, stellenspezifisch und konkret zu formulieren.

Keine gestanzte Sprache

Standard-Formulierungen, die in jedem Rundschreiben anzutreffen sind, bleiben wirkungslos. Graue, langweilige und fade Formulierungen im "Unternehmens-Amtsdeutsch" fallen auf das Image des Betriebes zurück und erwecken den Eindruck, dass es diese Information nicht wert ist, sie individuell und ansprechend zu verfassen und zu kommunizieren.

Gegenwart statt Zukunft

Mehr Überzeugungskraft erreicht man mit der Gegenwart statt der Zukunft oder Vergangenheit. Was in der Zukunft liegt, wird im Futur geschrieben und wirkt weniger glaubhaft. Die Gegenwart wirkt direkter, authentischer, aktueller, lebhafter. Zwischen Zeitformen kann durchaus auch ein Wechsel stattfinden, um die Spannung oder Aufmerksamkeit zu erhöhen und zu verstärken.

Beweisbare Informationen

Behaupten Sie nur, wenn Sie es auch beweisen können: Ein Bombardement von Behauptungen wirkt unglaubwürdig. Verbinden Sie Neuerungen oder Argumente mit Beweisen. Beweise können

Fakten, Beispiele, Tests, Anwendungsbeispiele und Kundenaussagen sein.

Auf Fremdwörter und Fachbegriffe verzichten

Fremdwörter, technische Begriffe, Fachausdrücke werden zu oft verwendet und verunsichern den Leser. Bemühen Sie sich vor allem in den Bereichen Ihrer Leistung oder Spezialisierung, sich in die Lage des Laien oder unerfahrenen Kunden zu versetzen.

Direkte Rede ist authentisch

Zitate und die direkte Rede wirken glaubwürdig: Meinungen, Kommentare, Äusserungen von Kunden und Fachleuten bringen Leben, Glaubwürdigkeit und Echtheit in einen Beitrag und geben ihm menschliche und authentische Züge.

Die aktive Form wirkt direkter und aktivierend

Wie Sie eine Aussage positiver gestalten: Sie können etwas "passiv" oder "aktiv" ausdrücken. Die passive Form sagt nicht "wer etwas tut", sondern "wem etwas widerfährt". Es teilt also Vorgänge mit, nicht Handlungen und wirkt so unpersönlich. Beispiel: "Unsere Geschäftsleitung unternimmt viel, um ... " ist besser als "Es wird viel unternommen.."

Fragen haben eine magische Anziehungskraft

Stellen Sie Fragen und geben Sie Antworten: Fragen haben eine besondere Faszination, sie machen neugierig und wecken Interesse - ein sehr Erfolg versprechender Stil, die Aufmerksamkeit zu gewinnen und die Lesbarkeit zu fördern.

Metaphern und bildhafte Vergleiche

Dies sind Mittel, die Wunder wirken können, weil sie Bilder entstehen lassen und die Vorstellungskraft stärken. Was wirkt stärker: "Das Leben ist interessant" - oder "das Leben ist für mich wie eine spannende und abenteuerliche Entdeckungsreise..."?

Anregende Zusätze

Texte sollen eine animierende und anregende Wirkung auf den Leser hervorrufen. Es gibt verschiedene Arten der Stimmulanzien, z.B. Ausrufe, wörtliche Rede, rhetorische Fragen zum Mitdenken, lebensnahe Beispiele, direktes Ansprechen des Lesers, Reizwörter, persönliche Sichtweisen und Erlebnisse.

Äussere und innere Gliederung

Eine gute Gliederung und Ordnung von Texten ist eine wichtige Grundvoraussetzung für deren Einprägung. Es wird zwischen innerer und äusserer Gliederung unterschieden. Innere Ordnung: Der Text besitzt eine innere Folgerichtigkeit oder einen logischen Aufbau. Die Informationen werden in einer sinnvollen Reihenfolge dargeboten. Äussere Gliederung: Textaufbau durch Formatierungen d.h. zusammengehörige Teile werden übersichtlich gruppiert mittels Absätze, zwischen Bemerkungen und Hervorhebungen (Schriftart; Schriftgrösse usw.).

Anforderungen an die Verständlichkeit

Ob Mitarbeiterzeitung, Intranet oder eine Präsentation – Sachinformation mit emotionalem Engagement kommt besser an und ist nachhaltiger als trockene Sachinformation. Mit Wahrheit und Klarheit – jedoch nicht erst dann, wenn nichts anderes mehr geht – lassen sich Menschen sogar für die Akzeptanz unangenehmer Wahrheiten gewinnen. Jedenfalls ist die Chance dafür grösser als mit einer verschleiernden Sprache, die für den Mitarbeiter entweder eine Management-Neudeutsch-Fremdsprache oder gekünstelte, unehrliche Diplomatie ist. Wo Mitarbeiter statt mit echter Information letztlich mit Desinformation abgespeist werden, brodelt zuerst die Gerüchteküche – als Nächstes wird die Motivation beeinträchtigt. Daraus folgt: Insbesondere in Zeiten permanenter Veränderungsprozesse muss die elitäre Fachsprache des Managements in die Alltagssprache des Mitarbeiters übersetzt werden. Gelingt es, mit dieser Übersetzungsarbeit die Verfahren und Ziele notwendiger Veränderungen für Mitarbeiter verständlich und nachvollziehbar zu machen, zeigt die Kommunikation mit dem Mitarbeiter auch die gewünschte Wirkung.

Mitarbeiter-Kommunikation ist ein Führungsinstrument und umfasst alle Medien von der Mitarbeiterzeitung bis zum Intranet. Dabei sollte man sich der unterschiedlichen Wahrnehmungsqualität der verschiedenen Medien stets bewusst sein. Neue Medien wie das Intranet ermöglichen durch schnelle Information und ein ebenso schnelles Feedback zwar einen dialogähnlichen Austausch. Das Manko bei der digitalen Kommunikation ist jedoch der Mangel an kommunizierbarer Emotion. Unterschiedliche Medien stellen zudem unterschiedliche Anforderungen an einen Text. Ein guter Text ist immer individuell abgestimmt auf die Zielgruppe, den Kommunikationsanlass und auf das eingesetzte Medium und zielt vor allem in der Sprache des Angesprochenen auf seinen Nutzen und seine Verständniswelt ab.

Der Aufbau schriftlicher Mitteilungen

Die Bedeutung der AIDA-Formel

Die AIDA Formel kommt zwar vor allem in der Werbung und PR zum Einsatz, ist aber vom Prinzip her eine ebenso taugliche Hilfe, wenn es um den erfolgreichen Aufbau interner Mitteilungen und Rundschreiben geht, mit der eine logische und sich an Leserverhalten und Bedürfnissen von Mitarbeitern orientierende Struktur erreicht werden soll.

Attention	Aufmerksamkeit erregen
Interest	Interesse wecken
Desire	Bedürfnis wecken
Action	Handlung auslösen

Das nachfolgende Raster veranschaulicht diese Systematik anhand konkreter betriebsinterner Beispiele.

Die AIDA Formel zur Beachtung von Informationen		
Attention Aufmerksamkeit erregen		Dies kann ein Hinweis auf eine aktuelle Situation oder ein aktuelles Anliegen aller Mitarbeiter sein. - Arbeitsplatz - Branchenentwicklung - Informationen mit Einfluss auf Privatleben - Berufliche Weiterentwicklung
Interest Interesse wecken		Dies kann ein Thema sein, welches Mitarbeiter persönlich, in ihrer Weiterentwicklung, ihrer Zukunft oder Arbeitsplatzsicherheit betreffen. - Arbeitsplatzsicherheit - Gehalt oder Boni - Weiterbildung - Freizeitvorteile
Desire Bedürfnis wecken		Die Frage, wie Mitarbeiter dazu motiviert werden können, aktiv zu werden oder eine Änderung zu verstehen und welche Vorteile ihnen daraus erwachsen: - Anpassung an Fusion - Domizilwechsel - Neuer Vorgesetzter - Neue Technologie
Action Handlung auslösen		Dies kann das Beachten weiterer Informationen, der Besuch einer Folgeveranstaltung oder das Erlernen neuer Abläufe oder Fertigkeiten sein. - Information - Kursbesuch - Umschulung - Job Rotation

Die sieben W's für Klarheit und Vollständigkeit

Beachten Sie folgende Punkte hinsichtlich der Struktur und des geordneten und journalistengerechten Aufbaus Ihrer Mitarbeitermitteilungen in den folgenden einfachen, aber wichtigen Hauptbereichen:

Wer	hat etwas zu sagen, wen betrifft es?
Was	wird gesagt (Thema, Gegenstand, Anlass) ?
Wo	findet Information, Veränderung usw. statt?
Warum	schreibt man die Mitteilung (Hintergründe, Bezug)?
Wann	findet das Ereignis oder die Veränderung statt?
Wie	geht das, z.B. in Schritten oder Phasen, vor sich?

Es empfiehlt sich beim Verfassen von Mitteilungen im Allgemeinen folgender, einfach einzuhaltender Aufbau:

Betreff:	Ein informativer, aussagekräftiger Betreff
Absender:	Wer verfasst die Information, wen betrifft sie und von wo kommt sie
Vorspann:	Einleitung mit 3-4 Zeilen, Zusammenfassung des dann folgenden Textes
Mitteilung:	Die eigentliche Mitteilung, zum Beispiel nach dem Aufbau der oben gezeigten sieben W's
Handlung:	Von wem wird bis wann welche Handlung, Reaktion mit welchem Ziel und aus welchem Grund erwartet?
Referenz:	Kontaktdaten wie Telefon, E-Mail, Name, Funktion, Erreichbarkeit und evtl. Hinweis auf Mehrinformationen

Beginnen Sie im ersten Viertel einer Mitteilung mit dem Wichtigsten, da Sie dem Leser bzw. Mitarbeiter so die Kürzung "von unten her" vereinfachen und erleichtern.

Mustervorlagen von Mitarbeitermitteilungen

Die nach der Tabelle folgenden kommentierten Beispiele sollen die oben erwähnten Punkte und Regeln mit Mitteilungen aus der Betriebspraxis illustrieren und veranschaulichen.

Wahl der Medien für bestimmte Kommunikationsaufgaben						
Thema/Instrument	Persönliches Gespräch	Informationsveranstaltung	Intranet/E-Mail	Mitarbeiterzeitschrift	Anschlagbrett	Rundschreiben/Memo
Unternehmensziele und -ereignisse						
Geschäftsgang und Geschäftsbericht						
Personelle Veränderungen						
Mitarbeiterbeurteilung/Zielvereinbarung						
Reorganisationen						
Administratives und Reglemente						
Marketinginformationen						
Konkurrenzinformationen						
Branchenneuigkeiten						
Instruktionen/Anweisungen						
Neueintretende Mitarbeiter						
Kundeninformationen						
Sicherheit und Gesundheit						
Neue Technologien						
HR-Dienstleistungen						
Finanzielles und Lohn						
Aus –und Weiterbildung						
Arbeitsplätze und Ergonomie						

Internet-Nutzung

Trotz der Thematik verzichtet diese Mitteilung auf Fachausdrücke wie Internet-Access oder Browserfeatures sondern verwendet ausschliesslich verständliche Begriffe. Für weitere Fragen ist eine Kontaktperson genannt und Beispiele veranschaulichen das Gesagte.

Sehr geehrte Mitarbeiterinnen und Mitarbeiter

Wie Sie wissen, haben wir seit kurzem in unserem Betrieb das Internet allen Mitarbeitern zugänglich gemacht. Es ist heutzutage ein unverzichtbares Medium zur effizienten Recherche und Informationsbeschaffung.

Allerdings setzt dieses Angebot auch eine massvolle und korrekte Nutzung Ihrerseits voraus. Allzu viele Websites verführen zu privaten Surftouren, die aber ebenso Geld kosten wie die geschäftliche Nutzung. Es ist nicht die Mentalität unseres Unternehmens, ihre besuchen Websites zu kontrollieren, vielmehr zählen wir auf Ihr Verantwortungsbewusstsein.

Wir bitten Sie deshalb, den Internetanschluss nur für betriebliche Aufgaben und Zwecke zu gebrauchen und von privaten "Netzstreifzügen" abzusehen. Beachten Sie aber: Den SBB-Fahrplan für eine Wochenend-Reise zu besuchen oder für einige Minuten in einen Veranstaltungskalender zu sehen, liegt natürlich, wie beim Telefonieren auch, im Toleranzbereich.

Wenden Sie sich bei Fragen an unseren Herrn Muster. Er ist Ihnen bei allen das Internet betreffenden Fragen behilflich. Wir rechnen mit Ihrer verantwortungsbewussten und seriösen Nutzung des Internets und danken Ihnen dafür.

Die Personalabteilung

Zusätzliche Arbeitsstunden

Diese Mitteilung zeigt, wie Massnahmen klar begründet werden können, signalisiert Verständnis für problematische Situationen und verfängt sich nicht in komplizierten betriebswirtschaftlichen Termini.

AN:	Alle Mitarbeiter
VON:	Geschäftsleitung und Personalabteilung
DATUM:	10. Dezember 20XY

Zusätzliche Arbeitsstunden

Die veränderte Wirtschaftslage hat dazu geführt, dass wir in unserer Branche den Arbeitsanfall im Rahmen der zur Zeit geltenden Arbeitszeiten nicht mehr bewältigen können. Da die Kontinuität des Auftragseinganges jedoch unsicher und schwierig prognostizierbar ist, müssen wir aus sozialen und kostenmässigen Überlegungen das steigende Arbeitsvolumen mit zusätzlichen Arbeitsstunden angehen.

Wir bitten Sie, für diese mit Sicherheit nur vorübergehende Massnahme um Ihr Verständnis. Über die Zeitpläne, die betroffenen Mitarbeiter und weitere organisatorische Details informieren wir Sie in den nächsten Tagen.

Wo immer familiäre, gesundheitliche oder kapazitätsmässige Situationen eine solche Mehrleistung nicht oder begründetermassen nur unter erschwerten Bedingungen zulassen, besprechen wir dies selbstverständlich mit den betreffenden Mitarbeiter(inne)n.

Wir bitten Sie, im Sinne einer Vorinformation schon heute, diese unabdingbare Massnahme zur Kenntnis zu nehmen. Wir versichern Ihnen, dass Sie auf jeden Fall mit den in unserem Betrieb in solchen Situationen üblichen Gegenleistungen rechnen können.

Mit freundlichen Grüssen

Personalabteilung

Geschäftsleitung

Krankheits-Absenzen

Diese Mitteilung zeigt in klaren Schritten und präzisen Anleitungen auf, was weshalb genau zu machen ist und weshalb dieses Anliegen von Bedeutung ist.

AN: Alle Mitarbeiter

VON: Personalabteilung

DATUM: 10. Dezember 20XY

Betrifft: Krankheitsabsenzen

Leider kommt es immer wieder vor, dass im Falle von Krankheitsabsenzen die Regelungen unseres Betriebes in Vergessenheit geraten oder etwas locker gehandhabt werden. Deshalb möchten wir Ihnen im Sinne einer einheitlichen Regelung folgende Punkte in Erinnerung rufen:

Informieren Sie im Krankheitsfalle so früh wie möglich Ihren Vorgesetzten telefonisch.

Am dritten Tag der Krankheit ist immer ein Arztzeugnis erforderlich. Lassen Sie dieses so früh wie möglich per Post der Personalabteilung zukommen.

Informieren Sie Ihren Vorgesetzten mindestens ein Mal wöchentlich über Ihre voraussichtliche Absenz.

Bei Unfällen - auch privat in Ihrer Freizeit - ist immer auch die Nichtbetriebs-Unfallversicherung betroffen. Benachrichtigen Sie bitte auch dann die Personalabteilung.

Für die Beachtung dieser Regelungen danken wir Ihnen. Betrachten Sie dies nicht als Misstrauen Ihnen gegenüber; es dient lediglich einer einfacheren administrativen Abwicklung und Entlastung unserer Personalabteilung von unnötigen Arbeiten und Nachfragen.

Mit freundlichen Grüssen

Leiter Personal

Personaladministration

Einführung Vorschlagswesen

Eine nicht unbedingt einfach zu kommunizierende Thematik. Doch mit konkreten, für jedermann nachvollziehbaren Beispielen und verständlichen Begründungen, gelingt dies. Eine Folgeinformation vertieft die Thematik und schafft zusätzliche Sicherheit.

Liebe Mitarbeiterinnen und Mitarbeiter

Produktivität, Sorgfalt, Effizienz, Präzision – dies alles sind wichtige Merkmale und Voraussetzungen betrieblicher Leistungen und sie müssen gepflegt und weiterentwickelt werden. Doch die Essenz für eine dauerhafte Entwicklung sind

Innovationen, Ideen und Verbesserungen

Es verhält sich ähnlich wie mit Ihnen als Mensch und Person: Mehr Fitness, schöne Ferien und Geschenke sind wichtig und gehören zum Lebensgenuss – doch die wirklich bleibenden und Sie weiterbringenden Veränderungen sind neue Freundschaften, neue Hobbys, neue Lebensziele...

Nun aber genug der Einleitung – wir von der Geschäftsleitung offerieren Ihnen ein neues Vorschlagwesen. Was heisst das konkret? Wir befassen uns systematisch mit Ihren Innovationen, Ideen und Verbesserungen, prüfen und besprechen diese, realisieren sie, wenn immer möglich, schnell und - belohnen Sie dafür, und zwar im Rahmen zwischen CHF 200.– und CHF 1500.–. Für wirtschaftlich besonders gewinnbringende Ideen, z.B. im Neuprodukte-, Kundengewinnungs- oder Kostensenkungsbereich, ist die Grenze gegen oben offen. Wir informieren Sie in den nächsten Tagen detailliert über den organisatorischen Ablauf. In der Hauszeitung schildern wir das neue Vorschlagwesen anhand eines praktischen Beispiels und werden darin auch immer alle Mitarbeiter und ihre Vorschläge nennen.

Geld ist eine Seite - Ihr Engagement, Ihr Ideenreichtum, Ihre Freude an Leistung und Erfolg und Ihre betriebliche Identifikationsbereitschaft ist allerdings der wahre "Humus", auf dem neue Ideen und Verbesserungen wachsen.

Mit freundlichen Grüssen

Die Personalabteilung

Einladung zu Qualifikationsgesprächen

Qualifikationsgespräche sind oft mit Unsicherheiten und Ängsten verbunden. Genau dies zu verhindern, ist die Absicht dieser Mitteilungen, und zwar nicht mit Allgemeinplätzen, sondern mit konkreten Schilderungen der Konzeption der Zukunfts- und Zielorientierung.

AN:	Alle Mitarbeiter
VON:	Geschäftsleitung und Personalabteilung
DATUM:	11. Oktober 20XY

Einladung zu Qualifikationsgesprächen

Erstmals führen wir dieses Jahr in unserem Betrieb Qualifikationsgespräche durch. Sie dienen nicht der schulmässigen Benotung von Leistungen und sind auch nicht zu verwechseln mit Lohngesprächen. Sie dienen vielmehr folgenden Zielsetzungen:

Qualifikationsgespräche erlauben Ihnen und Ihrem Vorgesetzten eine Standortbestimmung bezüglich Leistung und Verhalten. Sie sollen auch ein Instrument zur gemeinsamen Zielvereinbarung und Massnahmenplanung für das folgende Jahr sein. Diese Gespräche geben Ihnen die Gelegenheit, sich gegenseitig in vertiefter Form über Probleme, Wünsche, Chancen und Absichten zu unterhalten.

Das Ziel ist zur Hauptsache, die Form der Zusammenarbeit und Sie als Mitarbeiter im Einklang mit den betrieblichen Zielen in persönlicher und fachlicher Hinsicht weiter zu entwickeln. Nicht die Fragestellung "Was lief in der Vergangenheit alles falsch" sondern "Mit welchen Hilfsmitteln, Massnahmen und gegenseitigen Vorstellungen können wir Ihre Zukunft und die des Betriebes besser und effektiver meistern", steht im Vordergrund.

Jeder von Ihnen erhält in den nächsten Tagen detaillierte Vorbereitungsunterlagen und Termine. Die Gespräche selber werden im Laufe des Monats November stattfinden.

Leiter Personal

Personaladministration

Interne Stellenausschreibung

Diese Stellenausschreibung ist in den geschilderten Anforderungen sehr klar und konkret. Auch die Handlungsaufforderung, was bei Interesse zu unternehmen ist, wird klar und unmissverständlich formuliert.

In der Abteilung Revision ist zum <Datum> die Stelle einer Sekretärin neu zu besetzen. Die Sekretärin ist dem Abteilungsleiter der Revision direkt unterstellt. Sie soll den Abteilungsleiter von Verwaltungs- und Routinearbeiten entlasten und ihn bei der Erfüllung seiner Aufgaben unterstützen. Im einzelnen sind u.a. die folgenden Aufgaben zu erfüllen:

- Bearbeitung der Eingangspost und weitgehend selbständige Erledigung der Ausgangspost.
- Empfang und gegebenenfalls Weiterleitung eingehender Telefonate und Beantwortung von Routinefragen.
- Führen des Terminkalenders des Abteilungsleiters und Festlegen von Besuchs- und Besprechungsterminen für Besucher, Mitarbeiter der eigenen Abteilung und von anderen Abteilungen.
- Vorbereitung von Besprechungen, Führung und Auswertung des Protokolls.
- Führen eines Kontrollplans und Vorbereiten der Kontrollen des Abteilungsleiters.
- Vorbereitung der Reisen des Abteilungsleiters und Erledigung der Reisekostenabrechnungen.
- Aufbereiten und Führen von Meldungen und Statistiken.
- Vertretung des Abteilungsleiters bei dessen Abwesenheit.

Falls Sie Interesse an der Stelle haben oder sich vorab mit weiteren Informationen versorgen wollen, so wenden Sie sich bitte bis zum <Datum> telefonisch – oder im Falle einer Bewerbung schriftlich – an Herrn <Name>. Die Entscheidung über die Besetzung der Stelle fällt bis zum <Datum>.

Einladung zu Mitarbeiterbeurteilungs-Information

Diese Mitteilung bemüht sich mit konkreten Beispielen und Fakten um das Verständnis der Mitarbeiter. Die Mitarbeiter werden in ihren zentralen persönlichen Interessen angesprochen, womit auch das Interesse und die Aufmerksamkeit gesichert sind. Die Kick-off-Veranstaltung vertieft wiederum und gibt zusätzliche Sicherheit.

Liebe Mitarbeiterinnen und Mitarbeiter

auch dieses Jahr finden wieder Mitarbeiterbeurteilungen statt. Sie haben zum Ziel, Ihre Stärken zu fördern, gemeinsam Ziele zu formulieren und wo notwendig Defizite beiseite zu räumen. Sie wissen es aus den zurückliegenden Jahren: Wir praktizieren keine "Schulnotenvergabe" und Top- und Besten-Listen. Wir wollen gemeinsam unsere Leistungsmöglichkeiten und -voraussetzungen optimieren und Massnahmen treffen, um die Unternehmensziele erreichen zu können. Davon ist nicht nur das Unternehmen, sondern auch Ihre Person – denken Sie etwa an Laufbahnplanung, Talentförderung, Persönlichkeitsentwicklung, um nur einige Beispiele zu nennen – betroffen und für uns wichtig.

Dieses Jahr haben wir einige sehr interessante Vorschläge aus Ihrem Kreis aufgenommen und realisiert: Feinstufigere Bewertungsskala, konkretere Leistungsbeispiele als Grundlage zur Leistungsbeurteilung, Erweiterung mit Verhaltensmerkmalen und mehr Zeit für eine bessere Massnahmenplanung und -beratung. Wir laden Sie ein, an unserer

Kick-off-Veranstaltung vom 22. November 20XY

teilzunehmen. Wir werden Sie dort über die Neuerungen, die ergriffenen Massnahmen und deren Resultate vom letzten Jahr und den Ablauf und die Termine der bevorstehenden Mitarbeiterbeurteilungen informieren. Anwesend sein wird auch Herr Brönimann von der Geschäftsleitung. Er wird die Unternehmensziele vorstellen und die Bedeutung von Mitarbeiterbeurteilungen aus seiner Sicht schildern. Anschliessend werden wir uns mit einem Apero und einigen Snacks auf die kommenden Aktivitäten einstimmen.

Wir rechnen mit Ihrer engagierten Teilnahme und freuen uns schon heute auf die Eröffnungs-Veranstaltung.

Einladung an ein Zielvereinbarungsgespräch

Auch Zielvereinbarungsgespräche sind eine eher heikle Materie. Eine unterstützende Beilage zur Vorbereitung, diese Mitteilung und dann ein Vorgespräch informieren schrittweise und sehr gründlich. Die Themenvorschau zeigt - als Beispiel - ebenfalls sehr klar, was auf den Mitarbeiter zukommt und worum es geht.

Betreff: Unser Zielvereinbarungsgespräch vom <Datum>

Ich freue mich, Sie auch dieses Jahr wieder zu unserem Mitarbeiter- und Zielvereinbarungsgespräch für das kommende Jahr einladen zu dürfen. Beiliegend finden Sie ein Formular für die gründliche Vorbereitung. So werden Sie mit den "Spielregeln" Zielvereinbarung vertraut und können sich inhaltlich auf unser Zielvereinbarungsgespräch vorbereiten. Wenn Sie zu diesem Muster noch Fragen haben, wenden Sie sich bitte an mich. Themen für unser Gespräch werden sein:

- Ihr Rückblick zu Arbeitszielen und Leistungen dieses Jahres
- Ziele, die wir das kommende Jahr gemeinsam erreichen wollen
- Ihre Erwartungen und unsere gemeinsamen Vorstellungen zu Ihrer beruflichen Entwicklung
- Welche Hauptherausforderungen Sie weshalb haben
- Vorschläge für Ihre Weiterbildung und Weiterentwicklung

Der Erfolg des Gespräches hängt in wesentlichem Ausmass auch von Ihrem Beitrag ab. Für ein gutes Gelingen ist die gründliche Vorbereitung von uns beiden auf diesen Termin deshalb sehr wichtig. So können wir in einem offenen Dialog die gemeinsamen Ziele für das kommende Jahr festlegen. Alles, was aus Ihrer Sicht wichtig ist, bringen Sie bitte als Gesprächsthema mit. Wir haben genügend Zeit - und vor allem auch ein offenes Gesprächsklima mit viel Raum für konstruktive Kritik.

Wenn ich vorab etwas Wichtiges wissen sollte, informieren Sie mich bitte. Ich freue mich auf unseren aktiven Zielbildungs- und Meinungsaustausch.

Das Mitarbeitergespräch

Die Ebenen der persönlichen Kommunikation

Die Aspekte einer Kommunikation

Der Grundvorgang der zwischenmenschlichen Kommunikation ist vom Modell her relativ einfach und gut nachvollziehbar. Da ist ein Sender, der etwas mitteilen möchte. Er verschlüsselt sein Anliegen in erkennbare Zeichen - wir nennen das, was er von sich gibt, seine Nachricht. Dem Empfänger obliegt es, dieses wahrnehmbare Gebilde zu entschlüsseln. In der Regel stimmen gesendete und empfangene Nachricht leidlich überein, so dass eine Verständigung stattgefunden hat.

Was enthält eine Nachricht

Jede Nachricht und Aussage enthält ein ganzes Paket mit vielen verschiedenen Botschaften, was den Vorgang der zwischenmenschlichen Kommunikation zuweilen so kompliziert und störanfällig, aber auch so aufregend und spannend macht. Doch nur schon die Kenntnis der folgenden Zusammenhänge hilft für mehr Verständnis der Hintergründe und Abläufe. Um die Vielfalt der Botschaften, die in einer Nachricht stecken, ordnen und zuweisen zu können, kann man vier psychologisch bedeutsame Aspekte ausmachen. Diese kann man am besten an einem einfachen Alltagsbeispiel untersuchen: Der Vorgesetzte (= Sender) sagt zu Mitarbeiter (= Empfänger): "Seien Sie bei dieser Auswertung bitte genau, sie geht an die Geschäftsleitung" - Was steckt alles drin in dieser Nachricht, was hat der Sender (bewusst oder unbewusst) hineingesteckt, und was kann der Empfänger ihr entnehmen?

Sachinhalt

In jeder Nachricht stecken auch Botschaften über den Sender. Wir erfahren, dass er offenbar deutschsprachig und vermutlich gewissenhaft und genau ist. Allgemein gesagt: In jeder Nachricht steckt ein Stück Selbstoffenbarung des Senders, wobei damit sowohl die gewollte Selbstdarstellung als auch die unfreiwillige Selbstenthüllung einzuschliessen ist. Diese Seite der Nachricht ist psychologisch hochbrisant, denn mit ihr verbinden sich viele Probleme der zwischenmenschlichen Kommunikation. So etwa kann man damit versuchen, sich selber anders darzustellen als man ist, also in eine Rolle zu schlüpfen oder eine Kommunikation manipulativ zu gestalten.

Beziehung

Aus der Nachricht geht ferner hervor, wie der Sender zum Empfänger steht, was er von ihm hält. Oft zeigt sich dies in der gewählten Formulierung, im Tonfall und anderen nichtsprachlichen Begleitsignalen.

Für diese Seite der Nachricht hat der Empfänger ein besonders empfindliches Ohr, denn hier fühlt er sich als Person in bestimmter Weise behandelt - mit latentem Misstrauen, besonderem Respekt, besonderer Sympathie usw. In unserem Beispiel gibt der Vorgesetzte durch seinen Hinweis möglicherweise zu erkennen, dass er seinem Mitarbeiter keine korrekte, fehlerlose Statistik zutraut. Möglicherweise wehrt sich der Mitarbeiter und antwortet barsch: "Sie sollten eigentlich wissen, dass meine Statistiken immer korrekt und genau sind" - wohlgemerkt: seine Ablehnung richtet sich in diesem Fall nicht gegen den Sachinhalt, sondern gegen die empfangene Beziehungsbotschaft. Allgemein gesprochen: Eine Nachricht senden heisst auch immer, zu dem Angesprochenen eine bestimmte Art von Beziehung auszudrücken.

Appell

Kaum etwas wird nur so gesagt - fast alle Nachrichten haben die Funktion, den Empfänger zu etwas zu veranlassen. In diesem Beispiel vielleicht eine generelle Aufforderung, Statistiken besonders genau zu erstellen oder bei deren Erstellung immer auch auf den Empfängerkreis zu achten. Dieser Versuch, Einfluss zu nehmen, kann mehr oder minder offen oder versteckt sein - im letzteren Falle sprechen wir von Manipulation. Der manipulierende Sender scheut sich nicht, auch die anderen drei Seiten der Nachricht in den Dienst der Appellwirkung zu stellen. Die Berichterstattung auf der Sachseite ist dann einseitig und tendenziös, die Selbstdarstellung ist darauf ausgerichtet. Der Appellaspekt ist vom Beziehungsaspekt zu unterscheiden, denn mit dem gleichen Appell können sich ganz unterschiedliche Beziehungsbotschaften verbinden. In unserem Beispiel mag der Mitarbeiter den Appell an sich berechtigt finden, aber empfindlich auf das unterschwellige Misstrauen fehlender Genauigkeit reagieren. Oder umgekehrt könnte er den Appell für unvernünftig halten (warum mich auf etwas hinweisen, was mir sowieso klar ist), aber es ganz in Ordnung finden oder verstehen, dass sein Vorgesetzter diesen Hinweis anbringt, da die Geschäftsleitung betroffen ist und sich hier Fehler besonders nachteilig auswirken. Es kann sogar als Hilfe betrachtet werden, allfällige Probleme zu vermeiden.

Die Metakommunikation

Um eine Kommunikation sinnvoll zu analysieren und zu verstehen, ist es also notwendig, mehr als nur die Sachinformation zu berücksichtigen. Das gilt insbesondere dann, wenn Probleme, Spannungen oder Missverständnisse entstehen - meist in Form von Konflikten oder zwischen Sender und Empfänger. Ein Gegenmittel kann dabei die Metakommunikation sein, die im Kern sagt, dass in der Kommunikation vieles ausgelassen, vereinfacht und verallgemeinert wird.

Darunter versteht man den Versuch, gewissermassen aus einer gewissen Distanz heraus über die Kommunikation und die Botschaften zu sprechen. Dabei wird sich in der Regel zeigen, dass nicht die Sachseite problematisch ist, sondern vor allem die Beziehungsebene mit allen ihren kritischen Aspekten. Mit dem Metamodell kann man somit

- wichtige Informationen gewinnen
- Bedeutungen klären
- Einschränkungen aufheben
- Wahlmöglichkeiten eröffnen

Die Definition von Metakommunikation ist gemäss seinem Begründer, Watzlawick die Kommunikation über die Kommunikation. Metakommunikative Äusserungen nehmen Bezug auf frühere, gerade ablaufende oder zu erwartende kommunikative Handlungen des Sprechers innerhalb einer Interaktion, sowie auf frühere oder erwartete Äusserungen oder Reaktionen des Kommunikationspartners.

Diese werden kommentiert, korrigiert, modifiziert, präzisiert und bewertet. Die Kommunikationspartner können ihnen zustimmen oder sie zurückweisen. Dadurch, dass sie die Kommunikation, die Art und die Bedingungen des Kommunizierens zum Kommunikationsgegenstand macht, ist die Metakommunikation ein wichtiges Mittel zur Steuerung der sozialen Interaktion zwischen den Kommunikationspartnern.

Mit der Metakommunikation werden somit auf sehr systematische Weise Beziehungs- und Befindlichkeitsaspekte mit gezielten Fragen hinterfragt und offengelegt. Man kann dabei lernen, in seiner Kommunikation besser auf Nachrichten einzugehen. Die nachfolgenden Beispiele sind ein Hilfsmittel, mit Hilfe der Metakommunikation Äusserungen gezielt zu hinterfragen und zu klären.

Fragenbeispiele zur Metakommunikation

Diese Fragenbeispiele zeigen, auf welche Weise Botschaften hinterfragt und präzisiert werden können. In Mitarbeitergesprächen kann so auch eine Beziehungsebene erkundet oder verbessert und Missverständnisse beseitigt werden. Links sind die häufigsten Ursachen unklarer Kommunikation genannt.

Unspezifische Substantive und Verben	Die Sitzung ist organisiert. *Wer oder was genau?* Sie half mir. *Wie genau hat Sie Ihnen geholfen?*
Vergleiche und Bewertungen	Dieses Konzept ist besser – *Besser als was, verglichen womit?* Offensichtlich ist dies eine gute Strategie. *Offensichtlich für wen?*
Nominalisierungen	Substantive, die nicht angefasst, gerochen, gesehen werden können (Unternehmenskultur, Respekt, Erfolg) Hier wird vieles getilgt, kaum etwas bleibt übrig. Umwandlung in Verb: *Was bedeutet Erfolg für Sie bei diesem Projekt?*
Modaloperatoren	Ich kann nicht – *Was würde passieren, wenn Sie es dennoch täten? Was hält Sie davon ab?* So kann man Einschränkungen durchbrechen und Barrieren niederreissen.
Generalisierungen	Alle, jedes, immer, niemals, keines – E-Mails sind Zeitfresser – IT kostet nur. Mit Übertreibung fragen und Absurdes hervorheben – *Hat es wirklich nie eine Situation gegeben, wo Ihnen IT nützlich war...?*
Gleichsetzung von Sachverhalten	Sie schauen mich nicht an, also hören Sie mir nicht zu. *Wieso bedeutet das eine gleichzeitig auch das andere?*
Voranahmen	Warum kümmern Sie sich nicht um mein Projekt? – *Was führt Sie dazu anzunehmen, dass ich mich nicht um Ihr Projekt kümmere?*
Ursache und Wirkung	Sie frustrieren mich. *Niemand kann Macht über unsere Gefühle haben. Wir sind selbst für unsere Gefühle verantwortlich.*
Gedanken lesen	Sie sollten mittlerweile doch wissen, dass ich dies nicht gut kann. *Woher genau wissen Sie...?* oder: *Was führt Sie zur Annahme, dass ich...?*

Kommunikation und Persönlichkeit

In engen Zusammenhang mit einer erfolgreichen Kommunikation von Führungskräften gehört die Ausstrahlung und das Charisma. Charismatischen Persönlichkeiten gelingt es in besonderer Weise, das Vertrauen von Mitarbeitenden zu gewinnen und diese für ihre Ziele zu begeistern. So gesehen wird Kommunikation nicht nur von Inhalten, Argumenten, Rhetorik und Empathie beeinflusst - um nur einige Beispiele zu nennen -, sondern ebenso von charismatischen Persönlichkeiten. Charismatischen Persönlichkeiten werden im allgemeinen folgende Eigenschaften zugesprochen:

- Integrität
- Glaubwürdigkeit
- Beharrlichkeit
- Willensstärke
- Zielstrebigkeit
- Zielorientierung

In der Soziologie wird Charisma als eine auf einer besonders persönlichen Ausstrahlung begründete Form von Autorität mit Ansehen, Einfluss und Geltung betrachtet. Doch was Charisma als wichtigen Bestandteil der Kommunikation erfolgreicher Führungspersönlichkeiten letztlich ausmacht, ist nicht eindeutig zu definieren, sondern kann nur annäherungsweise umschrieben werden. Charisma in der Kommunikation ist ein gewisses Etwas, das dem, was gesagt und kommuniziert wird, besonderes Gewicht verleiht. Menschen mit Charisma drücken oft bereits durch ihre Anwesenheit mehr aus als andere mit vielen Worten je ausdrücken könnten - sei es Begeisterungsfähigkeit, Glaubwürdigkeit oder Respekt vor der Leistung von Mitarbeitenden.

Professor Felix Brodbeck, Direktor des Aston Centers for Leadership Excellence in Birmingham, hat mit einer Gruppe von Wissenschftlern die wesentlichen Merkmale visionärer Führung in mehreren Ländern erforscht. Dazu gehören die vier "I":

Inspiration, die mitreisst

Charismatische Führungspersönlichkeiten verstehen es besonders gut, Visionen den Mitarbeitern klar und glaubhaft zu kommunizieren. Sie gehen oft als gutes Beispiel voran und leben Visionen und Ziele vor und nach der Kommunikation in der Praxis vor.

Individualität, die imponiert

Charismatische Führungspersönlichkeiten praktizieren ihren eigenen, unverwechselbaren und auf ihrer Persönlichkeit beruhenden Führungsstil, der sich von dem von anderen unterscheidet. Dies kann beispielsweise ein Verzicht auf jegliche hierarchische Privilegien oder eine mitreissende, ansteckende Begeisterungsfähigkeit sein.

Intellekt, der überzeugt

Schwierige Situationen und Krisen meistern charismatische Führungspersönlichkeiten nicht nach dem Kommunikationslehrbuch. Sie reagieren mit ausserordentlich schneller Auffassungsgabe, können eine Situation schnell und ganzheitlich erfassen und mit kreativen Lösungen aufwarten. Sie denken oft über den Tellerrand hinaus und haben den Mut zu unkonventionellen Lösungen.

Idealismus, der beruhigt

Ein sehr wichtiger Faktor ist das positive und von Respekt gekennzeichnete Menschenbild charismatischer Führungspersönlichkeiten. Sie bringen Mitarbeitenden Wertschätzung entgegen und kommunizieren mit ihnen auch auf einer partnerschaftlichen und die Persönlichkeit des anderen respektierenden Art und Weise. Sie interessieren sich dabei – zum Beispiel in einem persönlichen Mitarbeitergespräch – auch für private Belange, glauben an die Stärken jedes Einzelnen und erkennen und fördern Talente.

Doch diese vier "I" allein genügen gemäss Professor Felix Brodbeck noch nicht. Charismatische Führungspersönlichkeiten sollten auch einen Hang zur sozialen Dramatisierung haben, also in deren Auftreten und in ihrer kommunikativen Wirkung nicht nur engagiert und verbal gewandt wirken, sondern mit einer gewissen Leidenschaft Mitarbeitende anstecken, einen Veränderungsprozess visionär vertreten und begründen und eine neue Unternehmensstrategie wortgewaltig schildern können.

Charismatiker beherrschen das Repertoire der Kommunikation

Sie beherrschen das Repertoire der Kommunikation in seiner gesamten Wirkungsbreite und verstehen es in allen verbalen und nonverbalen Aspekten situationsspezifisch richtig und angemessen zu nutzen – und zwar vor der Belegschaft genauso wie im persönlichen Mitarbeitergespräch. Als gut ausgebildete Kommunikatoren ist ihnen der Sachverhalt bekannt, dass der Inhalt einer Botschaft manchmal weniger bedeutend ist, als die Art, wie sie vorgetragen wird.

Allgemein gültige Kommunikationsregeln

Für konstruktive, gewinnbringende und offene Gespräche gibt es eine ganze Reihe von Regeln und Kommunikations- und Verhaltensweisen, die für das Gelingen von besonderer Bedeutung sind. Die folgenden Regeln und Erkenntnisse aus der Praxis und Psychologie sollen konkret helfen, Kommunikation so gestalten zu können, dass darauf aufgebaut und weiterentwickelt werden kann und keine Frustrationen und Ressentiments zurückbleiben.

Die eigene Haltung kritisch hinterfragen

Die – vielfach unbewussten – Einstellungen des Vorgesetzten zum Mitarbeiter (Sympathie, Antipathie, bisherige Erfahrungen und Eindrücke, Vorurteile usw.) prägen das Gespräch und können den wichtigen Grundsatz der Unvoreingenommenheit und Objektivität gefährden. Sie sind möglichst ins Bewusstsein zu rufen und kritisch zu hinterfragen. Eine unvoreingenommene, offene Haltung bildet die beste Gesprächsbasis und Ebene für eine faire Problemlösung.

Der Gesprächsabschluss bleibt haften

Formulieren Sie auf jeden Fall eine Inhaltszusammenfassung des Gespräches und sprechen Sie getroffene Vereinbarungen noch einmal ausdrücklich an! Legen Sie je nach Art des Gespräches eventuell einen neuen Termin fest, an dem Sie besprechen, inwieweit die Vereinbarungen realisiert werden konnten oder wann Feedbackgespräche stattfinden. Dies dient der Erfolgskontrolle. Bedanken Sie sich bei dem Mitarbeiter für das Gespräch!

Interesse und Respekt bezeugen

Dies ist eine der wichtigsten Voraussetzungen überhaupt. Erreicht wird dies, indem man sich mit den Argumenten des Gesprächspartners auseinandersetzt, sich für die Anliegen Zeit nimmt und ihn spüren lässt, dass man seine Anliegen ernst nimmt, vor allem auch dann, wenn eine Leistungskritik völlig anders beurteilt wird, Gefühle zum Ausdruck kommen und die menschliche Würde betroffen ist.

Gute Gesprächsführer sind gute Zuhörer *und* Beobachter

Dies ist eine immer wieder bestätigte Tatsache aus der Beurteilungspraxis, wobei die Beobachtung auf der verbalen und nonverbalen Ebene abläuft. Achten Sie auf jedes Detail, auf Verhaltensweisen, auf Gesten, auf Reaktionen, die mehr verraten können, als die schönsten Absichtserklärungen. Es sind dies unter anderem:

- Körperhaltung, Händedruck und Zugewandtheit
- Redewendungen und Art der Beispiele
- Selbstvertrauen, Auftreten, Sicherheit
- Wortwahl (die Wortwahl spiegelt vielfach die innere Welt und Einstellung wider)

Einbezug und Äusserungen der Körpersprache

Beachten Sie stets die Übereinstimmung von Verhalten und dem Gesagten, sie können wichtige Widersprüche feststellen, die Sie warnen oder auf versteckte Unstimmigkeiten hinweisen. Dazu ein Beispiel aus der Gesprächspraxis: Jemand erzählt Ihnen von seinen ausgezeichneten Führungsqualitäten und seiner Durchsetzungsstärke. Sie erkennen aber mehrere Anzeichen von mangelndem Selbstbewusstsein und Unsicherheit im Verhalten (z.B. allgemeine Nervosität, wenig Blickkontakt, fluchtbereites Sitzen auf der äussersten Sitzkante des Stuhles, Verstecken der Hände u.v.m.)

Mehr Klarheit und aktive Gesprächsführung

Folgende erprobte Gesprächstechniken verhelfen zu mehr Klarheit und einer aktiven und führenden Rolle in der Gesprächsführung:

- *Verstärkung* von beidseitig Gesagtem und Abgemachtem
- *Zusammenfassung* wichtiger Beurteilungspunkte/Leistungsaspekte
- *Interpretation* von Leistungen zur Sicherstellung des richtigen Verständnisses von Aussagen
- *Konkretisieren* von bestimmten Sachverhalten
- *Sprechpausen* zur Hervorhebung wichtiger kommender Aussagen
- *Schritt-für-Schritt* Aufzeigen von Vorgehensweisen
- *Fragen*, die führen, steuern und gegenseitige Klarheit schaffen

Welches sind die Grundmotivatoren?

Menschen lassen sich von unterschiedlichen Prinzipien, Glaubenssätzen und Lebenszielen leiten. Es kann wichtig und sehr hilfreich sein, solche Grundhaltungen in einem Gespräch zu (er)kennen. Es können sein: Erfolg, Anerkennung, Materielles, Ehrlichkeit, Zuwendung, Beständigkeit usw.. Fragen wie *"Was bedeutet das denn für Sie"* oder *"Was daran gibt Ihnen denn diese Gewissheit?"*. Antworten können dann sein: *"In meiner Arbeit respektiert zu werden und Erfolg zu haben, bedeutet mir eben sehr viel"*. Damit wird der Glaubenssatz klar, dass Erfolg und Respekt bei einem Mitarbeiter mit einer solchen Aussage eine ganz zentrale und wichtige Rolle spielen.

Präzise Informationen bekommen

Gespräche führen oft nicht weiter oder führen zu Missverständnissen, wegen schwammigen, ungenauen und unspezifischen Informationen. Deshalb sollte bei unklaren und zu pauschalen Äusserungen nachgehakt werden. Beispiele: *"Was verstehen Sie unter fehlendem Respekt?"*. Oder: *"In welchen Situationen haben Sie Anerkennung besonders vermisst?"*. Oder: *"Was führt Sie dazu anzunehmen, dass ich Ihre Leistungen nicht schätze?"*.

Glaubwürdige Gefühls- und Bedürfnisäusserung

Äussern Sie in Gesprächen direkt Ihre Gefühle und Bedürfnisse, was eine glaubwürdige Vertrauensbasis und konstruktive Gesprächsatmosphäre schafft. Erreicht werden kann dies vor allem mit folgenden Techniken und Einstellungen:

- Akzeptieren Sie Ihre eigenen Gefühle so, wie sie sind
- Drücken Sie Ihre Gefühle direkt aus
- Äussern Sie Ihre Gefühle ich-bezogen
- Nennen Sie konkrete Auslöser für Ihre Gefühle wie Situationen und Verhaltensweisen
- Vermeiden Sie Verallgemeinerungen
- Formulieren Sie Ihre Gefühle ohne Anklage oder Werturteil

Wie man Wünsche und Anliegen konkret äussern kann

Je nach Gesprächsziel und -thema können es auch Wünsche, Anliegen, Bitten sein, die zur Problemlösung oder Zielerreichung beitragen. Erreicht werden kann dies vor allem mit folgenden Techniken und Einstellungen:

- Teilen Sie Ihre Wünsche ausdrücklich mit, auch Dinge, die Ihnen unangenehm, aber sehr wichtig sind.
- Formulieren Sie Ihre Wünsche als Wünsche, nicht als Forderung, Kritik oder Drohung.
- Formulieren Sie Ihre Wünsche, ganz konkret unter Angabe quantitativer und situativer Bedingungen.
- Formulieren Sie Ihre Wünsche zukunftsbezogen.
- Verdeutlichen Sie Ihrem Partner, wie wichtig ein Wunsch für Sie ist.
- Erklären Sie Ihrem Partner, welche Gefühle und Hintergrundbedürfnisse mit Ihrem Wunsche zusammenhängen.

Aktives Zuhören – der Schlüssel zum Gesprächserfolg

Aktiv zuhören bedeutet, dass wir dem Sprechenden vermitteln, dass wir bei ihm und seinen Ausführungen sind: Wir wenden uns offen unserem Gesprächspartner zu (Körpersprache). Mit einem gelegentlichen "Ja" und einem Nicken bestätigen wir unserem Gegenüber, dass wir ihm noch folgen. Mit einer zusammenfassenden Zwischenfrage *"Habe ich Sie richtig verstanden, dass Sie dieses Leistungsdefizit also anders begründen, nämlich..."* bekunden wir unser Verständnis und sind gleichzeitig sicher, das Gesagte richtig verstanden zu haben. Der Eindruck des Interesses wird noch massiv vertieft, wenn wir uns Notizen zu den Erörterungen unseres Gesprächspartners machen.

Konkretes Verhalten beim aktiven Zuhören

Blickkontakt, Zwischenfragen, zugewandte Körperhaltung und Signale der Zustimmung sind die Kernelemente des aktiven Zuhörens. Dieses Gesprächsverhalten ist auch in der Praxis von Mitarbeitergesprächen deshalb so hilfreich und bedeutend, weil wir hierdurch einen persönlichen Kontakt herstellen können, die Gesprächsatmosphäre entspannen und bei verhärteten Standpunkten leichter eine emotionale Übereinstimmung erzielen können.

Konsequenzen des aktiven Zuhörens für Gesprächsverhalten

Aktives Zuhören hat eine Reihe von wesentlichen Konsequenzen im Gesprächsverhalten und äussert sich in der Praxis von Mitarbeitergesprächen vor allem in folgenden Punkten:

- Das Interessante und Wichtige herausfinden
- Zurückhaltend bleiben und Ablenkungen widerstehen
- Sich auf den Gesprächspartner konzentrieren
- Diese Konzentration durch Körperhaltung ausdrücken
- Körper zuwenden, nicht reglos vor dem Gesprächspartner sitzen
- Eigene Meinung zurückhalten, Nachfragen bei Unklarheiten
- Und vor allem auch: Zuhören heisst nicht gutheissen
- Pausen aushalten, sie können ein Zeichen für Unklarheiten, Angst oder Ratlosigkeit sein
- Auf eigene Gefühle achten, zeigen, dass man zuhören will
- Die Gefühle des Partners erkennen und ansprechen
- Versuchen, das Positive am Partner zu erkennen und sich nicht zu sehr von negativen Dingen einnehmen lassen
- Kurzäusserungen zeigen Bestätigungen
- Geduld haben und nicht unterbrechen

- Hinter seiner Rolle den Menschen mit seinen Gefühlen und Bedürfnissen erkennen
- Den Partner durch freundliche Zuwendung entspannen
- Sich durch Vorwürfe und Kritik nicht nervös machen lassen
- Aufmerksam zwischen den Zeilen hören und sich in die Situation des Partners versetzen
- Dies verbal und nonverbal zeigen und signalisieren

Mitarbeiter aus der Reserve locken

Je nach Charakteren kann ein Beurteilungsgespräch sehr mühsam verlaufen, wenn Mitarbeiter sich kaum äussern. Verschiedene Fragen können weiterhelfen, wie z.B. "Was meinen Sie würde passieren, wenn Sie in dieser Aufgabe künftig eine andere Haltung einnehmen würden?". Oder: "Denken Sie mal an die Sitzungen der letzten Monate zurück - in welchen Situationen haben Sie sich besonders unwohl gefühlt?" "Können Sie mir ein Beispiel nennen?" "Das verstehe ich nicht ganz, erklären Sie es mir bitte näher".

Klärende Fragen zur Informationsgewinnung stellen

Fragen helfen, Sichtweisen des Gesprächspartners zu verstehen oder Veränderungen im Sachverhalt zu erkennen. Sie können auch sicherstellen, dass Aussagen im Sinne des anderen interpretiert werden. Beispiele: *Wie erklären Sie sich diese Vorfälle - Wo sehen Sie Möglichkeiten für mehr Initiative und aktive Einflussnahme - Wann tritt dieses Problem auf und wann nicht - In welchen Situationen verletzt Sie denn mein Verhalten besonders stark?*

Ist Ihr Gesprächspartner visuell orientiert?

Dann versuchen Sie z.B in Bildern oder mit bildhaften Vergleichen zu formulieren und solche Begriffe zu verwenden. *(Ich sehe, dass Sie... - Ich kann mir gut vorstellen, dass...).* Es gibt aber auch auditiv veranlagte Menschen. Dann sind Formulierungen wie *"Das klingt gut"* oder *"Ich kann heraushören, dass Sie die Situation sehr ähnlich beurteilen"* geeignet. Kinästhetisch orientierte Personen sprechen auf Begriffe wie *"Ich habe ein gutes Gefühl dabei"* oder *"das fühlt sich grossartig an"* gut an.

Die Ich-Haltung mit Emotionen bewirkt mehr

Man weiss aus der Gesprächspsychologie, dass diese Art der Formulierung eine starke Wirkung hat, indem man in der Ich-Form aus der selber erlebten Gefühlssituation heraus kommuniziert. Erklären Sie klar und deutlich, was Sie stört. Mit Ich-Botschaften fühlt sich der Mitarbeiter nicht angegriffen und ist offener für eine Lösung. Ein Beispiel: *"Ich habe seit einigen Wochen ein sehr ungutes Gefühl, dass*

Sie sich bei diesen Aufgaben und Tätigkeiten unwohl fühlen. Diese Beobachtung beschäftigt mich und ich möchte dafür die Gründe herausfinden".

Ängste und Befürchtungen nehmen

Gerade bei Beurteilungsgesprächen können unbegründete Ängste ein Gespräch bzw. einen Mitarbeiter blockieren. Hier können Fragen wie *"Was würde denn passieren, wenn Sie es dennoch täten oder versuchen würden?"*. Zudem ist die Versicherung, dass ein Gespräch garantiert vertraulich ist und diskret behandelt wird, gerade bei einer Mitarbeiterbeurteilung wichtig.

Dialoge verbinden, Monologe trennen

Eine elementare Tatsache und dennoch wird genau dieser Punkt oft missachtet - lange Vorträge und ermüdende und ausschweifende Reden können ein Gespräch zerstören. Das Resultat: Mitarbeiter steigen aus, können und wollen dem Gespräch nicht mehr folgen, fühlen sich nicht verstanden und nicht ernst genommen. Ein hervorragendes Mittel zur Sicherstellung eines Dialoges sind Fragen, die den Mitarbeiter immer wieder einbeziehen und sicherstellen, dass Gesagtes von beiden gleich verstanden wird.

Nach dem Wie und nicht nach dem Warum fragen

"Warum sind Ihre Leistungen in letzter Zeit dermassen schwach und ungenügend?" Eine solche Warum-Frage engt ein und manövriert einen Mitarbeiter in eine Verteidigungssituation. Konstruktiver und sachdienlicher sind im Allgemeinen je nach Gesprächssituation, Problemstellung und Gesprächspartner Wie-Fragen. *"Wie können wir aus Ihrer Sicht gemeinsam Ihre Leistungen verbessern?".*

Verallgemeinernde Bewertungen in Frage stellen

"Ich bin offensichtlich ein Mensch, mit dem man nicht auskommen kann". Bewertungen dieser Art können und müssen in einem Gespräch hinterfragt werden. Beispiel: *"Für wen ist dies denn offensichtlich"* oder *"in welchen Situationen haben Sie dieses Gefühl denn?".*

Wohlwollen statt Bestrafung und Abrechnung

Feedback wird instinktiv nur dann angenommen, wenn der andere eine wohlwollende Gesinnung dahinter spürt. Jeder Versuch, den anderen mit einem Feedback kleiner zu machen oder zu bestrafen - gleich ob bewusst oder "unbewusst", macht aus der Beurteilung eine feindselige Handlung. Feedback verdient diese Bezeichnung nur dann, wenn es dazu da ist, den anderen grösser zu machen. Voraussetzung ist, dass die persönliche Beziehung frei von "offenen Rechnungen" ist

Sich auf den Gesprächspartner einstellen

Man weiss aus der Kommunikationspsychologie, dass das Einstellen auf die Verhaltensweisen des Gesprächspartners unbewusst Vertrauen und Harmonie bewirken. Dazu gehört die Körperhaltung, die Gestik, die Wortwahl, die Sprechweise aber auch das Niveau und die Sichtweise.

Selbstreflexikon bei Kommunikationsproblemen

Es gibt Situationen, Menschen, Themen, Anlässe und Äusserungen, die ohne bewusstes Wahrnehmen Sand ins Getriebe eines Gespräches bringen können oder ein starkes Unwohlsein hervorrufen können. So genannte Reflexionen können helfen, die Ursachen aufzuspüren. Diese können sein: *"Wie gelingt es dieser Mitarbeiterin nur, mich jedes Mal dermassen in die Enge treiben zu können?"* - *"Warum beziehe ich seine Aussagen jedes Mal dermassen persönlich auf mich?".* - *"Was könnte ihn zu dieser provozierenden und beleidigenden Aussage gebracht haben?".* Oder: *"Wie steht es um meine Beziehung zu dieser Mitarbeiterin allgemein, gibt es da Befürchtungen oder Erwartungen, die ich verdränge?".*

Gefühle des Gesprächspartners widerspiegeln

Diese Technik aus der so genannten Meta-Kommunikation ist sehr wirkungsvoll, da der Schwerpunkt darauf gesetzt wird, wie ein Gespräch geführt wird und emotional geladene Situationen von der Beziehungs- wieder auf die Sachebene verlagert werden können. Beispiele solcher Fragen:

- *Ich habe den Eindruck, dass wir uns jetzt im Kreis drehen und nicht wirklich weiterkommen*
- *Ich empfinde Sie jetzt als sehr aggressiv und das überträgt sich auf mich*
- *Hat Sie jetzt etwas geärgert, sprechen Sie es bitte offen aus*
- *Ich werde das Gefühl nicht los, dass Sie das wirkliche Problem nicht ansprechen. Sollte dies zutreffen, machen Sie dies bitte, denn nur mit Offenheit können wir das Problem lösen.*

Zeichen für eine konstruktive Kommunikation

Aus Untersuchungen und Experimenten weiss man, dass vor allem folgende Signale für eine gute Gesprächs- und Vertrauensbasis sprechen:

- Offenes Ansprechen von Gefühlen
- Gegenseitiges Akzeptieren von Kritik
- Beidseitige Übernahme von Verantwortung für das Gespräch

- Pausen und Bedenkzeiten
- ein lockerer und entspannter Umgang
- Probleme und Konflikte werden direkt angesprochen
- Meinungen werden offen und unumwunden vertreten und geäussert

Annahmen und Vermutungen hinterfragen

Ein Mitarbeiter kann sich wie folgt äussern: *"Ich glaube, dass man im Unternehmen nicht viel von meinen Leistungen hält".* Solche Verallgemeinerungen und unspezifischen Vermutungen können mit folgenden Fragen geklärt werden: *"Aufgrund welcher Tatsache nehmen Sie an, dass man Ihre Leistungen nicht würdigt?"* oder *"Welche Vorfälle und Beispiele führen Sie denn zu dieser Vermutung?".*

Interesse zeigen - und so motivieren

Immer wieder werden Ergebnisse von Studien und Umfragen zum Thema Motivation der Mitarbeiter publiziert: Zu wissen und zu erleben, dass man wichtig für das Unternehmen ist, dass man gefördert und gefordert wird und eben nicht jederzeit durch irgend jemanden ersetzbar ist, ist wohl der Faktor, der Mitarbeiter am stärksten zu motivieren vermag. Natürlich gibt es eine breite Vielfalt von Verhaltensweisen und "Werkzeugen", mit denen Mitarbeitern gezeigt werden kann, dass Sie sie wahrnehmen und wertschätzen – und Sie sollten auch möglichst viele davon nutzen. Mitarbeiterbeurteilungen sind, wenn sie gut und konstruktiv ablaufen, eine einzigartige Gelegenheit, denn sie beweisen, wie wichtig sie Ihnen sind und wie ernst Sie Ihre Führungsaufgabe nehmen. Das kann sehr motivieren und aufbauen!

Eine Brücke des Verstehens bauen

Formelle Mitarbeitergespräche sind sehr effektive Gelegenheiten, um eine Brücke zwischen Ihnen und Ihren Mitarbeitern zu bauen und zu erhalten. Sie können sie nutzen, um offen zu kommunizieren und sich auszutauschen, klare Vereinbarungen zu treffen und gemeinsam Ziele festzulegen. Es wäre schade, wenn Sie sie nicht voll nutzen – und sich selbst durch negative Gedanken und Erwartungen blockieren würden.

Auf Stellungnahme des Mitarbeiters Wert legen

Es gehört auch bei einem Beurteilungsgespräch eine partnerschaftliche Atmosphäre und die Aufmerksamkeit dazu, dass immer wieder die Meinung, die Stellungnahme, die Ansicht des Mitarbeiters eingeholt wird. Dies gilt auch für Leistungskritik, Massnahmen und Vereinbarungen. Bleibt eine Abwehr bestehen oder kann ein Mitarbeiter nicht hinter Abmachungen stehen, sind auch ein Gespräch und daraus resultierende Massnahmen sinnlos.

Ihre Einstellung hat grossen Einfluss auf ein Gespräch

Eine wesentliche Rolle dafür, wie Ihre Beurteilungsgespräche ablaufen und wie viel sie beiden Seiten bringen, spielt Ihre Einstellung zum Thema Mitarbeiterbeurteilungen. Nur wenn Sie als Führungskraft von deren Nutzen überzeugt sind und sie als ein wesentliches Führungsinstrument interpretieren, werden Sie sie motiviert, zielorientiert und engagiert durchführen.

Zum Beispiel: Wie Sie über Mitarbeiterbeurteilungsgespräche reden - wie Sie sie ankündigen - welches Image Sie davon prägen - wie intensiv und gut Sie sich vorbereiten - wie gut und sinnvoll Sie sie einplanen und in den Arbeitsalltag integrieren - wie positiv und konstruktiv sie ablaufen - wie sehr Sie und Ihre Leute davon profitieren.

Vertrauen in die Fähigkeiten signalisieren

Gerade bei Mitarbeiterbeurteilungen, die oft auch Kritik enthalten, Schwächen zur Sprache bringen oder Defizite aufzeigen, ist das grundlegende Vertrauen in die Fähigkeiten und Verbesserungschancen des Mitarbeiters von grosser Bedeutung. Dies stärkt das Selbstvertrauen, bringt eine konstruktive Komponente in die Beurteilungen und erhöht die Bereitschaft der Akzeptanz und Verbesserung. Allerdings sollten diese Statements nicht mit pauschalen nichts sagenden Allgemeinplätzen erfolgen wie *"Das schaffen wir schon zusammen"* oder *"Das werden Sie mit Sicherheit hinkriegen".*

Konkretes, Fakten, Individuelles und Prioritäres, auf die Mitarbeiterpersönlichkeit abgestimmte Aussagen sind wichtig. Ein Beispiel: *"Sie haben mit Ihren hervorragenden Projektleistungen bei der Einführung des Systems XY, Ihrem grossen Interesse an einer Weiterbildung und mit Ihrer Selbsteinschätzung klar gezeigt und bewiesen, dass Sie die wesentlichen Voraussetzungen für eine Verbesserung in diesen beiden Bereichen mit sich bringen. Dies sind die Gründe, weshalb ich überzeugt bin, dass wir diese Schwachpunkte nächstes Jahr gemeinsam beseitigen können".*

Gesprächsvorbereitung und Gesprächseröffnung

Was Gesprächsziele bewirken

Gesprächsziele sind ein wichtiges Führungs- und Kommunikationsinstrument und haben die Bedeutung eines Kompasses. Konkrete Ziele können sein: Mehr Einsatz und Genauigkeit in der Arbeitsleistung, Fehlerquote von 10% auf 5% reduzieren, Beförderungsgespräch mit Begründung, Weiterbildungsgespräch mit Wahl und Entscheidung eines Kurses und so fort. Klar gesteckte und konkrete Gesprächsziele haben eine ganze Reihe von Vorteilen. Sie bewirken unter anderem:

- Ein systematisches Vorgehen
- weniger thematische Abweichungen
- eine höhere Sicherheit bei der Gesprächsführung
- eine bessere Kontrolle des Gesprächsverlaufes
- konkretere, u.U. sogar messbare Ergebnisse
- eine bessere Ergebniskontrolle

Planung des Gesprächsablaufs

Machen Sie sich Gedanken über die Gesprächseröffnung und die Führung. Welche Einwände sind zu erwarten, welches sind die kritischen Phasen des Gespräches, welche Punkte müssen belegt werden, was ist messbar, was sind Vermutungen und was Fakten.

Schriftliche Vorbereitung eines Mitarbeitergesprächs

Eine sorgfältige schriftliche Vorbereitung kommt nicht nur der Qualität des Gesprächs zugute, sondern ist auch ein Beweis für den Mitarbeiter, dass sein Vorgesetzter das Gespräch nicht auf die leichte Schulter nimmt. Es empfiehlt sich, dass sich auch die Mitarbeiter schriftlich vorbereiten, da man sich so schon im Vorfeld des Gesprächs intensiver und gründlicher mit dem Gesprächsthema auseinandersetzt. Je sorgfältiger die Gespräche vorbereitet sind, desto grösser ist erfahrungsgemäss der Nutzen für die Beteiligten und damit auch für das Unternehmen. Allerdings ist dann ein gemeinsames "Drehbuch" für das Gespräch erforderlich. Ideal ist ein nach Gesprächsphasen strukturiertes Formular, welches zugleich eine Orientierungshilfe darstellt.

Liegen alle notwendigen Informationen vor?

Es gehört zu einer sorgfältigen Gesprächsvorbereitung, wichtige Notizen, Protokolle, Beispiele, Memos, Zahlenmaterial, Statistiken bereitzuhalten. Ein stichwortartiger Gesprächsleitfaden mit den Schwerpunkten und möglichen Mitarbeiterreaktionen ist eine zusätzliche Hilfe, um ein Gespräch sachlicher und sicherer zu führen.

Zeit einplanen und Rahmenbedingungen schaffen

Erfahrungsgemäss sollten für Beurteilungsgespräche ca. 1,5 bis 2 Stunden pro Mitarbeiter vorgesehen werden. Vermeiden Sie Störungen, schaffen Sie eine entspannende Atmosphäre, zum Beispiel durch die Sitzordnung, indem Sie ein Gespräch nicht von Ihrem Arbeitspult aus führen. Zur Zeiteinhaltung gehört auch: Vermeiden Sie zu lange Diskussionen und Detailerörterungen und kommen Sie auf das Gesprächsthema und Ziel zurück: "Wir verlieren uns jetzt in Details, die nicht zur Lösung des Problems beitragen. Lassen Sie mich deshalb auf das auch von Ihnen genannte wichtige Kernproblem zurückkommen:..."

Sämtliche Störquellen vermeiden

Kündigen Sie zudem heikle oder problematische Gespräche ein bis zwei Tage vorher an und/oder bitten Sie sogar explizit um eine Vorbereitung seitens des Gesprächsteilnehmers. Suchen Sie einen Raum, in dem Sie ungestört mit dem Mitarbeiter reden können! Beachten Sie auch gleichwertige und gleich hohe Sitzgelegenheiten. Nehmen Sie keine Telefonate entgegen und signalisieren Sie die Ungestörtheit dem Mitarbeiter. So wird erkennbar, dass Ihnen das Gespräch entsprechend wichtig ist, was an sich schon eine gute Gesprächsgrundlage schafft.

Einen Vorgehensplan aufstellen

Anhand der Gesprächsziele kann ein Gesprächsverlauf wesentlich besser strukturiert werden. Dabei ist nicht nur an die Ziele, sondern ebenso sehr an den Gesprächspartner und die beidseitigen Erwartungen zu denken. Je vertrauter der Gesprächspartner und die Situation sind, desto leichter sind die vorbereitenden Fragen und möglichen Einwände und Argumente zu beantworten. Beispiele solcher Fragen sind: Wie eröffne ich das Gespräch? In welcher Reihenfolge behandle ich die Gesprächspunkte? Welche Gesprächspunkte können zu Konflikten führen? Welche Fragen dienen der Zielerreichung? Mit welchen Einwänden ist zu rechnen?

Eröffnung des Gespräches

Die Gesprächseröffnung ist von grosser Bedeutung und kann über das Gelingen und die Zielerreichung entscheiden. Wichtig ist dabei eine wohlwollende und objektive Grundhaltung, die eine klare Kommunikation des Gesprächszieles und des Gesprächsgrundes ermöglicht. Geeignet sind respektierende und anerkennende Eröffnungsworte, z.B. die positive Qualifikation eines Mitarbeiters vom letzten Jahr auch bei einem Kritikgespräch nennen.

Klarheit zu Gesprächsgrund und Gesprächsziel

Nennen Sie immer ganz klar und konkret den Grund und das Ziel eines Gespräches. Dies schafft Klarheit, führt zu konkreten Ergebnissen, spart Zeit und fokussiert auf das Wesentliche. Oft ist es empfehlenswert, als erstes die Situation zu klären, die Problemlösung jedoch offen zu lassen und erst am Schluss des Gespräches mit dem Mitarbeiter zusammen zu erörtern.

Die Sitzplatzwahl dem Mitarbeiter überlassen

Ja, dies ist auf den ersten Blick ein Detail. Aber mit anderen Massnahmen zusammen nicht unbedeutend, da es unbewusst Hierarchien und Machtsymbole abbaut, gleich von Beginn an Optionen gibt und Respekt signalisiert.

Praxisbewährte Gesprächstechniken

Anerkennung schafft die beste Grundlage

Sprechen Sie - am besten zu Beginn eines Gespräches - positive Punkte oder, wenn angebracht, Anerkennung aus - dies schafft eine gute Gesprächsatmosphäre. *"Herr XY, ich kenne und schätze sie als sehr zuverlässigen und pflichtbewussten Mitarbeiter. Dies haben Sie zum Beispiel vor einem Monat bewiesen, als Sie... Heute muss ich mit Ihnen allerdings nun auch einige weniger erfreuliche Aspekte Ihrer Leistungen im Bereich XY besprechen..."*

Feedback geben – das Mittel der Profis

Geben Sie zwischendurch und am Schluss eines Gespräches immer eine Zusammenfassung, die auch Aussagen und Meinungen des Mitarbeiters enthält und holen Sie sich dann Feedback vom Gesprächspartner ein, ob Sie ihn richtig verstanden haben, er dies ebenfalls so beurteilt und für ihn Wichtiges nicht fehlt.

Sicherstellen, dass Sie verstanden werden

Versichern Sie sich zwischendurch immer wieder, ob der Mitarbeiter Sie versteht und Ihnen folgt. Fragen wie "Sehen Sie das ähnlich?" oder "Können Sie mir ein Beispiel dafür nennen?" signalisieren dies.

Sprechen Sie den Mitarbeiter mit Namen an

Dies signalisiert Respekt und Ernsthaftigkeit. Nennen Sie den Namen vor allem bei Aussagen oder Äusserungen, um deren Wichtigkeit zu unterstreichen und damit auch die Aufmerksamkeit des Gesprächspartners zu erreichen.

Konfliktgespräche mit Objektivität versachlichen

Bei Kritikgesprächen tragen Fakten, Arbeitsbeispiele, konkrete Vorfälle, Zahlen oder Verhaltensweisen, - die eventuell Auswirkungen auf Personen und Unternehmen beweisen - zur Sachlichkeit und Konkretisierung bei. Entschärfen Sie Konflikt- oder Kritikgespräche mit folgender Einleitung: "Ich habe gestern vom Vorfall XY erfahren – dies hat mich sehr beschäftigt. Zuerst aber möchte ich dazu Ihre Meinung und Ihre Sicht der Dinge erfahren, damit ich ein faires und objektives Urteil fällen kann."

Erwartetes Verhalten oder Ziel klar kommunizieren

Ziele und erwartete Verhaltensweisen sollten klar kommuniziert werden, und zwar zum Beispiel bei Fehlverhalten mit dem konkreten, erwünschten Verhalten oder bei einer mangelhaften Leistung neue, erwartete quantitative und qualitative Zielsetzungen.

Konzentration auf das Thema und den Gesprächsanlass

Es besteht in jedem Gespräch die Gefahr des Abschweifens. Man holt zu weit aus, spricht plötzlich über Gott und die Welt, verliert sich in Details oder man greift auf Ereignisse zurück, die ein halbes Jahrhundert zurückliegen. Die disziplinierte Konzentration auf das Wesentliche, auf das Gesprächsthema und den -anlass ist wichtig. Konzentration spart Zeit und Energie, reduziert die Gefahr des sich Verzettelns und bietet Gewähr, das Gesprächsziel und die Problemlösung im Auge zu behalten.

Aufmerksamkeit und Konzentration fördern

Nur wenn Mitarbeiter am Gespräch teilnehmen, zuhören und sich konzentrieren, kann es erfolgreich verlaufen. Folgende Techniken helfen dabei:

- *Sprechweise variieren* (schnell, langsam, laut, leise, betonen usw.)
- Mit *Beispielen* veranschaulichen, *Fragen* zum Verständnis stellen,
- *Mitabeiternutzen* aufzeigen (Das hat für Sie den grossen Vorteil, dass...) *Pausen* einlegen, z.B. auf einem Stück Papier oder auf einem Flipchart mit
- *Visualisierung* das Verständnis fördern,
- *Strukturierung* von Inhalten und Aussagen (also erstens, zweitens, drittens, oder: *"wir haben also drei Problemkreise, die es zu lösen gilt"*
- *Wiederholung* von Wichtigem, oder Massnahmen und Vereinbarungen in einer *Zusammenfassung* verankern

Mehr Klarheit und aktive Gesprächsführung

Folgende erprobte Gesprächstechniken verhelfen zu mehr Klarheit und einer aktiven und führenden Rolle in der Gesprächsführung:

- *Verstärkung* von beidseitig Gesagtem
- *Zusammenfassung* wichtiger Erkenntnisse oder Massnahmen
- *Interpretation* von Aussagen zur Sicherstellung des richtigen Verständnisses von Aussagen
- *Konkretisieren* von bestimmten Sachverhalten
- *Sprechpausen* zur Hervorhebung wichtiger Aussagen
- *Schrittweises* Aufzeigen von Vorgehensweisen
- *Fragen,* die führen, steuern und gegenseitige Klarheit schaffen

Mit Fragen führt man ein Gespräch

Führen Sie auch ein Mitarbeiterbeurteilungsgespräch zuweilen mit Fragen, welche den Mitarbeiter aktivieren und ihn einbeziehen. Mit Fragen kann man ein Gespräch aktiv steuern und einen Dialog auch für das gezielte Gewinnen von Informationen führen. Zudem kann man so zurückhaltende Mitarbeiter aus der Reserve locken und Hemmungen abbauen. Fragen Sie nach der Meinung, Einschätzung und der persönlichen Sicht der Dinge. So findet ein partnerschaftlicher Dialog statt, bei dem Entscheidungen und Beurteilungen vom Mitarbeiter auch eher mitgetragen und akzeptiert werden, da er aktiv eingebunden wird. Zum Beispiel: *"Herr Y, so beurteile ich die Situation. Wie aber sehen Sie das – Ihre Meinung ist mir ebenso wichtig!"*

Klärende Fragen zur Informationsgewinnung stellen

Fragen helfen, Sichtweisen des Gesprächspartners zu verstehen oder Veränderungen im Sachverhalt zu erkennen. Sie können auch sicherstellen, dass Aussagen im Sinne des Anderen interpretiert werden. Beispiele: Wie erklären Sie sich diese Vorfälle – Wo sehen Sie Möglichkeiten für mehr Initiative und aktive Einflussnahme? – Wann tritt dieses Problem auf und wann nicht? – In welchen Situationen verletzt Sie denn das für Sie beleidigende Verhalten Ihres Vorgesetzten besonders stark?

Präzise Informationen bekommen

Gespräche führen oft nicht weiter oder führen zu Missverständnissen, wegen schwammigen, ungenauen und unspezifischen Informationen. Deshalb sollte bei unklaren und zu pauschalen Äusserungen nachgehakt werden. Beispiele: "Was verstehen Sie unter fehlendem Respekt?" Oder: "In welchen Situationen haben Sie Anerkennung besonders vermisst?" Oder: "Was führt Sie dazu anzunehmen, dass Ihr Vorgesetzter Ihre Leistungen nicht schätzt?".

Verallgemeinernde Bewertungen in Frage stellen

"Ich bin offensichtlich ein Mensch, mit dem man nicht auskommen kann". Bewertungen dieser Art können und müssen in einem Gespräch hinterfragt werden. Beispiel: "Für wen ist dies denn offensichtlich?" oder "In welchen Situationen haben Sie denn dieses Gefühl?"

Glaubwürdige Gefühls- und Bedürfnisäusserung

Äussern Sie in Gesprächen direkt Ihre Gefühle und Bedürfnisse, was eine glaubwürdige Vertrauensbasis und konstruktive Gesprächsatmosphäre schafft. Erreicht werden kann dies vor allem mit folgenden Techniken und Einstellungen:

- Akzeptieren Sie Ihre eigenen Gefühle so, wie sie sind
- Drücken Sie Ihre Gefühle direkt aus
- Äussern Sie Ihre Gefühle Ich-bezogen
- Nennen Sie als konkrete Auslöser für Ihre Gefühle, z.B. bestimmte Situationen und Verhaltensweisen
- Vermeiden Sie Verallgemeinerungen
- Formulieren Sie Ihre Gefühle ohne Anklage oder Werturteil

Aktivierung von Gefühlsäusserungen beim Gesprächspartner

Helfen Sie aber auch Ihrem Gesprächspartner, seine Gefühle und Bedürfnisse offen und ohne Scheu auszudrücken. Erreicht werden kann dies vor allem mit folgenden Techniken und Einstellungen:

- Akzeptieren Sie, dass Ihr Partner Gefühle, Bedürfnisse und Wünsche hat, die nicht mit Ihren Vorstellungen übereinstimmen.
- Teilen Sie Ihrem Partner mit, dass Sie ihn verstanden haben: Die sofortige Äusserung der eigenen Meinung zu dem Problem zurückhalten (nicht gleich bewerten, kritisieren oder Ratschläge geben).
- Versuchen Sie, sich in den Gesprächspartner hineinzuversetzen, in seine Gefühlswelt und ihm mitzuteilen, dass man versucht, ihn zu verstehen (Da haben Sie sich sicher gekränkt gefühlt ..../ Da waren Sie sicher enttäuscht ...../ Da waren Sie sicher wütend....)
- Nachfragen, ob man den Gesprächspartner richtig verstanden hat (Verstehe ich richtig, dass Sie da...?).
- Teilen Sie Ihrem Partner die Gefühle mit, die sein Wunsch in Ihnen auslöst.

Wie man Wünsche und Anliegen konkret äussern kann

Je nach Gesprächsziel und -thema können es auch Wünsche, Anliegen, Bitten sein, die zur Problemlösung oder Zielerreichung beitragen.

Erreicht werden kann dies vor allem mit folgenden Techniken und Einstellungen:

- Teilen Sie Ihre Wünsche ausdrücklich mit, auch Dinge, die Ihnen unangenehm, aber sehr wichtig sind.
- Formulieren Sie Ihre Wünsche als Wünsche, nicht als Forderung, Kritik oder Drohung.
- Formulieren Sie Ihre Wünsche ganz konkret, unter Angabe quantitativer und situativer Bedingungen.
- Formulieren Sie Ihre Wünsche zukunftsbezogen.
- Verdeutlichen Sie Ihrem Partner, wie wichtig ein Wunsch für Sie ist.
- Erklären Sie Ihrem Partner, welche Gefühle und Hintergrundbedürfnisse mit Ihrem Wunsche zusammenhängen.

Gefühle des Gesprächspartners widerspiegeln

Diese Technik aus der so genannten Meta-Kommunikation ist sehr wirkungsvoll, da der Schwerpunkt darauf gesetzt wird, wie ein Gespräch geführt wird und emotional geladene Situationen von der Beziehungs- wieder auf die Sachebene verlagert werden können. Beispiele solcher Fragen:

- Ich habe den Eindruck, dass wir uns jetzt im Kreis drehen und nicht wirklich weiterkommen
- Ich empfinde Sie jetzt als sehr aggressiv und das überträgt sich auf mich
- Hat Sie jetzt etwas geärgert, sprechen Sie es bitte offen aus
- Ich werde das Gefühl nicht los, dass Sie das wirkliche Problem nicht ansprechen. Sollte dies zutreffen, machen Sie dies bitte, denn nur mit Offenheit können wir das Problem lösen.

Ängste und Befürchtungen nehmen

Gerade bei Kritikgesprächen können unbegründete Ängste ein Gespräch bzw. einen Mitarbeiter blockieren. Hier können Fragen wie "Was würde denn passieren, wenn Sie es dennoch täten?" oder "Was geschähe, wenn Sie es dennoch versuchen würden?". Zudem ist die Versicherung, dass ein Gespräch garantiert vertraulich ist und diskret behandelt wird, oft hilfreich.

Gewisse Sachverhalte visualisieren

Übermitteln Sie zentral wichtige Sachverhalte zwischendurch mit Skizzen auf einem Blatt Papier. Dies kann ein Gespräch auflockern und komplexe Zusammenhänge vereinfachen. Es dient visuell orientierten Mitarbeitern oft auch zu einem besseren Verständnis.

Ist Ihr Gesprächspartner visuell orientiert?

Dann versuchen Sie z.B in Bildern oder mit bildhaften Vergleichen zu formulieren und solche Begriffe zu verwenden. ("Ich sehe, dass Sie..." - "Ich kann mir gut vorstellen, dass..."). Es gibt aber auch auditiv veranlagte Menschen. Dann sind Formulierungen wie "Das klingt gut" oder "Ich kann heraushören, dass Sie die Situation sehr ähnlich beurteilen" geeignet. Kinästhetisch orientierte Personen sprechen auf Begriffe gut an wie "Ich habe ein gutes Gefühl dabei" oder "Das fühlt sich grossartig an".

Die Ich-Haltung mit Emotionen bewirkt mehr

Man weiss aus der Gesprächspsychologie, dass diese Art der Formulierung eine starke Wirkung hat, indem man in der Ich-Form aus der selber erlebten Gefühlssituation heraus kommuniziert. Erklären Sie klar und deutlich, was Sie stört. Mit Ich-Botschaften fühlt sich der Mitarbeiter nicht angegriffen und ist offener für eine Lösung. Ein Beispiel: "Ich habe seit einigen Wochen ein sehr ungutes Gefühl, dass Sie sich bei uns unwohl fühlen. Diese Beobachtung beschäftigt mich und ich möchte dafür die Gründe herausfinden".

Finden Sie einen positiven Gesprächsabschluss

Geben Sie Ihrer Überzeugung Ausdruck, dass dieses Gespräch das Problem lösen wird. Oder dass Sie den Eindruck haben, dass die Situation nun offen besprochen und sehr gute Massnahmen getroffen wurden.

Gesprächsabschluss: Messbare und konkrete Vereinbarungen treffen

Beenden Sie ein Gespräch immer mit konkreten Zielen, Massnahmen-Vereinbarungen, Terminen und bieten Sie konkrete Hilfestellungen an. "Wir müssen dieses Problem gemeinsam lösen - ich möchte Ihnen dabei auch helfen. Wo oder wie könnte ich Sie dabei am besten unterstützen?". Es kann vorteilhaft sein, direkte Vorgesetzte, Personalfachleute, Abteilungskollegen, Moderatoren usw. miteinzubeziehen oder dies in der Schlussphase bei der Massnahmenabklärung zu tun.

Der Gesprächsabschluss bleibt haften

Formulieren Sie auf jeden Fall eine Inhaltszusammenfassung des Gespräches und sprechen Sie getroffene Vereinbarungen noch einmal ausdrücklich an! Legen Sie - je nach Art des Gespräches - eventuell einen neuen Termin fest, an dem Sie besprechen, inwieweit die Vereinbarungen realisiert werden konnten. Dies dient der Erfolgskontrolle. Bedanken Sie sich bei dem Mitarbeiter für das Gespräch!

Abmachungen schriftlich festhalten

Ein Kurz- oder Beschlussprotokoll – das auch vom Mitarbeiter geschrieben werden kann -, fasst Wichtiges zusammen, symbolisiert die Bedeutung, hat grösseren Verpflichtungscharakter und kann je nach Anlass auch später ein wichtiger Beleg sein.

Praxisbewährte Verhaltensweisen

Vor dem Gespräch Einverständnis einholen

Bei sehr heiklen und emotional geladenen Gesprächen kann es ratsam sein, vor dem stattfindenden Gespräch ein bis zwei Tage vorher das Einverständnis des Gesprächspartners einzuholen. Eine solche Frage kann lauten: "Es ist für mich sehr wichtig, dieses Thema heute mit Ihnen in aller Offenheit zu besprechen. Ist das für Sie in Ordnung?".

Sich auf den Gesprächspartner einstellen

Man weiss aus der Kommunikationspsychologie, dass das Einstellen auf die Verhaltensweisen des Gesprächspartners unbewusst Vertrauen und Harmonie bewirken. Dazu gehört die Körperhaltung, die Gestik, die Wortwahl, die Sprechweise, aber auch das Niveau und die Sichtweise.

Die Gestik und Mimik sagen oft die Wahrheit

Die Gestik - also der Einsatz von Armen und Händen - kann Ihre Aussagen unterstreichen oder ihnen widersprechen. Unser aller Interesse ist es, auf unsere Umgebung einen Eindruck ohne innere Widersprüche zu machen. Um dieses Ziel zu erreichen, finden Sie hier einige praktische Regeln zur Körperhaltung: Natürliche Gesten werden mit Einsatz von Armen und Händen gemacht. Beispiele: Höhe der Hände: Sind Ihre Hände auf Brusthöhe oder höher, so ist die Aussage positiv. Stehen Handflächen während Ausführungen senkrecht, so ergibt das ein neutrales Bild. Mit Handflächen, die nach oben zeigen, übermitteln Sie Ihrem Gesprächspartner ein positives Bild.

Einbezug und Äusserungen der Körpersprache

Beachten Sie stets die Übereinstimmung von Verhalten und dem Gesagten Sie können wichtige Widersprüche feststellen, die Sie warnen oder auf versteckte Unstimmigkeiten hinweisen. Dazu ein Beispiel aus der Gesprächspraxis: Jemand erzählt Ihnen von seinen ausgezeichneten Führungsqualitäten und seiner Durchsetzungsstärke. Sie erkennen aber mehrere Anzeichen von mangelndem Selbstbewusstsein und Unsicherheit im Verhalten (z.B. allgemeine Nervosität, wenig Blickkontakt, fluchtbereites Sitzen auf der äussersten Sitzkante des Stuhles, Verstecken der Hände u.v.m.).

Gute Gesprächsführer sind gute Zuhörer und Beobachter

Dies ist eine immer wieder bestätigte Tatsache aus der Gesprächspraxis, wobei die Beobachtung auf der verbalen und nonverbalen Ebene abläuft. Achten Sie auf jedes Detail, auf Verhaltensweisen, auf Gesten, auf Reaktionen, die mehr verraten können, als die schönsten Absichtserklärungen. Es sind dies unter anderem:

- Körperhaltung
- Händedruck und Zugewandtheit
- Redewendungen und Art der Beispiele
- Selbstvertrauen, Auftreten, Sicherheit
- Wortwahl (die Wortwahl spiegelt vielfach die innere Welt und Einstellung wider)

Wohlwollen statt Bestrafung und Abrechnung

Feedback wird instinktiv nur dann angenommen, wenn der andere eine wohlwollende Gesinnung dahinter spürt. Jeder Versuch, den anderen mit einem Feedback kleiner zu machen oder zu bestrafen - gleich ob bewusst oder unbewusst -, macht aus der Beurteilung eine feindselige Handlung. Feedback verdient diese Bezeichnung nur dann, wenn es dazu da ist, den anderen grösser zu machen. Voraussetzung ist, dass die persönliche Beziehung frei von "offenen Rechnungen" ist.

Die wichtigsten Grundregeln zu Feedback

Feedback hat zum Ziel, dass sich die Beteiligten ihrer Verhaltensweisen bewusst werden, einschätzen lernen, wie ihr Verhalten auf andere wirkt, sehen, was sie bei anderen auslösen. Feedback ist nur dann gut, wenn es hilfreich ist und der Klarheit und dem gegenseitigen Verstehen dient. Deshalb sollte es folgende Eigenschaften aufweisen: *beschreibend* – nicht bewertend oder interpretierend, *konkret* – nicht verallgemeinernd, nicht pauschal, *realistisch* – nicht utopisch, *unmittelbar* – nicht verspätet, *erwünscht* – nicht aufgedrängt.

Mut zu einer Verschiebung des Gespräches aufbringen

Es gibt Situationen, in denen man einfach nicht weiterkommt, die Stimmung eines Gesprächspartners dermassen schlecht oder aggressiv ist oder man aus einer Sackgasse nicht mehr rauskommt. Dann sollte man den Mut aufbringen, ein solches Gespräch zu verschieben: "Wir kommen offensichtlich nicht mehr weiter. Ich halte es für besser, unser Gespräch ein ander Mal unter besseren Voraussetzungen fortzusetzen".

Selbstreflexion bei Kommunikationsproblemen

Es gibt Situationen, Menschen, Themen, Anlässe und Äusserungen, die ohne bewusstes Wahrnehmen Sand ins Getriebe eines Gespräches bringen oder ein starkes Unwohlsein hervorrufen können. Bewusstes Wahrnehmen kann helfen, die Ursachen aufzuspüren. Dabei können folgende Fragen eine Hilfe sein: "Wie gelingt es dieser Mitarbeiterin nur, mich jedes Mal dermassen in die Enge treiben zu können?" - "Warum beziehe ich seine Aussagen jedes Mal dermassen persönlich auf mich?" – "Was könnte ihn zu dieser provozierenden und beleidigenden Aussage gebracht haben?" Oder: "Wie steht es um meine Beziehung zu dieser Mitarbeiterin allgemein, gibt es da Befürchtungen oder Erwartungen, die ich verdränge?".

Die eigene Haltung kritisch hinterfragen

Die - vielfach unbewussten - Einstellungen des Vorgesetzten zum Mitarbeiter (Sympathie, Antipathie, bisherige Erfahrungen und Eindrücke, Vorurteile usw.) prägen das Gespräch und können den wichtigen Grundsatz der Unvoreingenommenheit und Objektivität gefährden. Sie sind möglichst ins Bewusstsein zu rufen und kritisch zu hinterfragen. Eine unvoreingenommene, offene Haltung bildet die beste Gesprächsbasis und Ebene für eine faire Problemlösung.

Annahmen und Vermutungen hinterfragen

Ein Mitarbeiter kann sich wie folgt äussern: "Ich glaube, dass mein Vorgesetzter nicht viel von mir hält". Solche Verallgemeinerungen und unspezifischen Vermutungen können mit folgenden Fragen geklärt werden: "Woher genau wissen Sie, dass Herr XY von Ihnen nicht viel hält?" oder "Welche Vorfälle und Beispiele führen Sie denn zu dieser Vermutung?".

Interesse zeigen - und so motivieren

Immer wieder werden Ergebnisse von Studien und Umfragen zum Thema Motivation der Mitarbeiter publiziert: Zu wissen und zu erleben, dass man wichtig für das Unternehmen ist, dass man gefördert und gefordert wird und eben nicht jederzeit durch irgendjemanden ersetzbar ist, ist wohl der Faktor, der Mitarbeiter am stärksten zu motivieren vermag. Natürlich gibt es zahlreiche Möglichkeiten, mit denen Mitarbeitern gezeigt werden kann, dass Sie sie wahrnehmen und wertschätzen - und Sie sollten auch möglichst viele davon nutzen. Formelle Mitarbeitergespräche sind, wenn sie gut und konstruktiv ablaufen, eine einzigartige Gelegenheit, denn sie beweisen, wie wichtig sie Ihnen sind und wie ernst Sie Ihre Führungsaufgabe nehmen. Das kann sehr motivieren und aufbauen!

Interesse und Respekt bezeugen

Dies ist eine der wichtigsten Voraussetzungen überhaupt. Erreicht wird dies, indem man sich mit den Argumenten des Gesprächspartners auseinandersetzt, sich für die Anliegen Zeit nimmt und ihn spüren lässt, dass man seine Anliegen ernst nimmt, vor allem auch dann, wenn Gefühle zum Ausdruck kommen und die menschliche Würde betroffen ist.

Eine Brücke des Verstehens bauen

Formelle Mitarbeitergespräche sind sehr effektive Gelegenheiten, um eine Brücke zwischen Ihnen und Ihren Mitarbeitern zu bauen und zu erhalten. Sie können sie nutzen, um offen zu kommunizieren und sich auszutauschen, klare Vereinbarungen zu treffen und gemeinsam Ziele festzulegen. Es wäre schade, wenn Sie sie nicht voll nutzen - und sich selbst durch negative Gedanken (mögliche Antipathie, unliebsame Vorfälle, kürzlich stattgefundenes Konfliktgespräch, ungenügende Qualifikation vom letzten Jahr usw.) und Erwartungen blockieren würden.

Auf Stellungnahme des Mitarbeiters Wert legen

Es gehört zu einem partnerschaftlichen Gespräch, dass immer wieder die Meinung, die Stellungnahme, die Ansicht des Mitarbeiters eingeholt wird. Dies gilt auch für Massnahmen und Vereinbarungen. Bleibt eine Abwehr bestehen oder kann ein Mitarbeiter nicht hinter Abmachungen stehen, sind auch ein Gespräch und daraus resultierende Massnahmen sinnlos.

Ihre Einstellung hat grossen Einfluss auf ein Gespräch

Eine wesentliche Rolle dafür, wie Ihre Mitarbeitergespräche ablaufen und wie viel sie beiden Seiten bringen, spielt Ihre Einstellung zum Thema Mitarbeitergespräche. Nur wenn Sie als Führungskraft von deren Nutzen überzeugt sind und sie als ein wesentliches Führungsinstrument interpretieren, werden Sie sie motiviert, zielorientiert und engagiert durchführen. Wie Sie selbst über Mitarbeitergespräche denken, was Sie sich davon versprechen und wie wichtig Sie sie nehmen, prägt nämlich ganz massgeblich und wird von Mitarbeitern oft intuitiv wahrgenommen.

Zum Beispiel: Wie Sie über Mitarbeitergespräche reden - wie Sie sie ankündigen – welche Bedeutung Sie ihnen selber und vor anderen geben - wie intensiv und gut Sie sich vorbereiten - wie gut und sinnvoll Sie sie einplanen und in den Arbeitsalltag integrieren - wie positiv und konstruktiv sie ablaufen.

Objektiv beschreiben statt persönlich zu bewerten

Damit Sie den Mitarbeiter erreichen, müssen Sie sein Verhalten und die Auswirkungen möglichst genau beschreiben. Je präziser und detaillierter Ihre Beschreibung ist, desto weniger ist der Partner auf Spekulationen angewiesen und desto klarer wird sein Bild von dem fraglichen Verhalten und seinen Folgen. Ein Beispiel: Beschreiben Sie ein aufbrausendes und unbeherrschtes Verhalten am Telefon sachlich und anhand von Beispielen und Vorfällen. Die Auswirkungen dieses Verhaltens (Kundenverlust, Reklamationen, Auswirkungen auf Arbeitsklima) sollten ebenso sachlich beschrieben werden, eventuell mit Zahlen oder Originalzitaten von Kunden und Mitarbeitern.

Vorgehens- und Verhaltensweisen bei Konfliktgesprächen

Verschiedene Arten von Konflikten

Man kennt in der Kommunikations- und Gesprächspsychologie mehrere mögliche Konfliktherde. Diese zu kennen und zu unterscheiden, kann auch in der Praxis sehr hilfreich sein und die einzuschlagende Gesprächsstrategie unterstützen. Man kennt acht Konfliktarten:

- Begrenzt Vorhandenes, Limitiertes (z.B. Kaderfunktionen)
- Unterschiedliche Interessen, Meinungen (Interessenkonflikt)
- Unterschiedliche Ziele (Zielkonflikt)
- Unvereinbare Wert- und Glaubensvorstellungen (Bewertungskonflikt, Arbeitsmotivatoren)
- Unterschiedliche Informationsvermittlung und -weitergabe, mangelnde Transparenz (Informationskonflikt)
- Unterschiedliche Erwartungen der Beteiligten (Rollenkonflikt)
- Rivalitäten zwischen Menschen und Gruppen (Konkurrenzkonflikt).

Führungskräfte finden sich im Alltag sehr oft als Konfliktmanager wieder. Sie bestimmen mit ihrem Verhalten und ihrer Person das Konfliktklima, den allgemeinen Umgang mit Konflikten und deren Lösungen.

Das Erkennen typischer Konfliktsymptome

Je früher Konflikte erkannt werden, desto besser und schneller können sie konstruktiv in einem Gespräch angegangen werden, bevor sie eskalieren. Konflikte zeigen meistens folgende Symptome:

- Verschlechterung der Kommunikationsbeziehung
- Entstehung verstärkter Eifersucht
- Steife und förmliche Kommunikation
- Zunehmende Feindseligkeiten/Sticheleien
- Streit über Kleinigkeiten
- Bei Problemen wird der Schuldige, nicht die Lösung gesucht
- Verstärktes Berufen auf Richtlinien und Anweisungen
- Gesteigerte Empfindlichkeiten
- nervöse, spannungsgeladene Atmosphäre
- Verschlechterung der Arbeitsmoral
- Effektivität der Arbeit sinkt

Was die Einstellung zu Konflikten beeinflusst

Es ist wichtig, sich der Bedeutung von Einstellungen zu Konflikten und Konfliktgesprächen bewusst zu sein. Denn nur so gelingt auch eine souveränere und sicherere Gesprächsführung und selbstkritische Überprüfung der eigenen Haltung. Hilfreich beim Erkennen Ihrer Einstellungen sind zum Beispiel:

Die Wahrnehmung: Erkenne ich Konflikte rechtzeitig? - Verdränge/verleugne ich Konfliktsignale oder meine negative Haltung?

Die Gefühle: Reagiere ich ängstlich, hilflos, aggressiv? Stelle ich mich mutig dem Konflikt?

Das Verhalten: Gehe ich den Konflikt offen, aktiv, kooperativ und konstruktiv an? Weiche ich den Konflikten aus?

Positive und offene Konflikt-Gesprächsführung

Die Erfahrungen aus der Praxis zeigen, dass folgende sechs Haltungen erheblich zu einer offenen Konflikt-Gesprächsführung beitragen

- Sprechen Sie den Konflikt an
- Kontrollieren Sie dabei Ihre Erregung
- Stellen Sie Vertrauen her
- Sprechen Sie offen über das, was Sie bewegt
- Streben Sie eine gemeinsame Problemlösung an
- Treffen Sie Vereinbarungen

Sehr wichtig zum Schluss: verarbeiten Sie das Gespräch für sich persönlich und reflektieren Sie die entscheidenden Phasen unvoreingenommen.

Verhaltensregeln im Konfliktgespräch

Beachten Sie folgende einfachen Regeln besonders:

- Hören Sie aufmerksam und geduldig zu
- Auch wenn es (nach Ihrem Wertesystem) noch so lächerlich erscheint: Nehmen Sie Ihren Gesprächspartner ernst, mit all seinen Gefühlen und Gedanken
- Ermuntern Sie zu freiem, offenem Reden
- Bewerten oder verurteilen Sie keinesfalls das Gesagte. Bleiben Sie geduldig und ausführlich
- Zeigen Sie, dass Sie sich mit dem anderen beschäftigen (z.B. zugewandte Gesprächshaltung)

Umgang mit Aggressionen im Gespräch

Es gibt viele Situationen im Berufsalltag, welche Aggressionen erzeugen können, manchmal wie ein Blitz aus heiterem Himmel völlig unvorbereitet, sei es wegen Intrigen oder extremen Stressbelastungen. Angebrachte "Sofort-Verhaltensweisen" und Soforthilfen sind:

- Tief durchatmen, Schrecksekunde einhalten
- Eigene, echte Betroffenheit zeigen
- Nach den Gründen fragen (ernst nehmen)
- Danken für die Chance, zu wissen, was falsch läuft und für die Chance, das Ärgernis zu beseitigen
- Ruhig bleiben - Gefühle des anderen widerspiegeln, z.B.: Sie sind vermutlich dermassen verärgert, weil...
- Die eigenen Gefühle beschreiben
- Keinesfalls abblocken - Eventuell einen geeigneteren Zeitpunkt für das Gespräch vorschlagen
- Notizen machen und Gesagtes bestätigen und in aller Ruhe gut sichtbar notieren.

Was konkret zur Konfliktlösung beiträgt

Oft besteht das Ziel von Gesprächen ja darin, Konflikte zu lösen oder zu erkennen. Die Wege und Mittel dazu:

- *Nur* und stets *alle* Betroffenen einbeziehen und den direkten und offenen Dialog herstellen.
- Nur eine neutrale Person kann ein Gespräch in Gang bringen, Offenheit erreichen und den Dialog kontrollieren.
- Gefühle offenlegen: Nur dann können Enttäuschungen und Frustrationen wirklich abgebaut und die Ursachen erkannt werden. Eine klare Aufforderung des Gesprächsleiters, dies zu tun und Offenheit und Vertrauen sind dazu absolut notwendig.

- Aufbereitung der Vergangenheit, (Was führte zum Konflikt, welche Umstände oder Ereignisse haben diese Wut ausgelöst).
- Tragbare Lösung erzielen, die partnerschaftlich ist und von beiden Seiten als Lösung akzeptiert wird und beide Interessen berücksichtigt.
- Massnahmen zur Vermeidung künftiger Konflikte dieser Art (Führungsverhalten, Bewertungssysteme, Zusammensetzung von Meetings usw.)

Voraussetzungen für das Bewältigen von Konfliktgesprächen

Das Konfliktgespräch (Streitgespräch) ist ein Vorgang zur Lösung einer Schwierigkeit und kein Kampf, aus dem Gewinner und Verlierer hervorgehen sollen. Die Praxis zeigt, dass folgende vier Punkte besonders hilfreich sind:

- Versuchen Sie nicht, einen Streit zu gewinnen, sondern den Konflikt zu lösen.
- Versuchen Sie nicht in der Vergangenheit einen Schuldigen zu finden, sondern bemühen Sie sich, das Problem in der Gegenwart zu lösen.
- Teilen Sie Ihrem Gesprächspartner offen mit, wenn Sie ein Konfliktgespräch wünschen.
- Einigen Sie sich auf einen konkreten Konfliktpunkt.

Checkliste für die Vorbereitung eines Konfliktgesprächs
Sachebene
Was ist Thema/Anlass/Auslöser des Gesprächs?
Wie sehe ich den Sachverhalt - emotional und rational?
Was sind meine Interessen und Intentionen dabei?
Wie wird der Gesprächspartner den Sachverhalt vermutlich sehen?
Welche Interessen und Motive wird er haben?
Welche Themen möchte ich ansprechen und welche Themen vermeiden?
Was sind Fakten, was Vermutungen, was mögliche Ursachen?
Habe ich andere Standpunkte und Meinungen eingeholt?
Beziehungsebene
Wie sehe ich die Beziehung zwischen dem Gesprächspartner und mir?
Wie steht es um unsere Beziehung, wie um die gegenseitige Wertschätzung?
Wie möchte ich die Beziehung in diesem Gespräch gestalten?
In welcher Rolle und Funktion sieht mich mein Gesprächspartner?
Welche Erwartungen hat mein Gesprächspartner?
In welchen Rollen werden wir in diesem Gespräch sein?
Was kann ich zur Vertrauensbildung und Konfliktentschärfung beitragen?
Persönliche Ebene
Wie geht es mir mit diesem Gespräch?
Welche Gefühle habe ich in Bezug auf das Thema und Gespräch?
Welche Faktoren stören und welche fördern die persönliche Beziehung?
Welche Gedanken und Gefühle wird der Gesprächspartner haben?
Zielebene
Welches sind meine Ziele in diesem Gespräch?
Welches könnten die Ziele meines Gesprächspartners sein?
Welche Teilziele kann ich definieren, die als Erfolg gewertet werden könnten
Welche Zielveränderungen wären akzeptabel?
Welche Ziele verfolgt wohl der Gesprächspartner?
Welche Kompromisse wären für beide vertretbar?
Wie kann eine Problem-, Konfliktlösung sein, die alle Beteiligte zufrieden stellt?

NLP als Kommunikations- und Führungsinstrument

NLP hat sich in den letzten Jahren einen hervorragenden Ruf als praxistaugliches und effektives Kommunikationsinstrument und –modell erarbeitet. Als Führungsinstrument wird NLP bei vielen angelsächsischen Unternehmen schon seit Beginn der 90er Jahre eingesetzt. Auch hierzulande verstärkt sich dieser Trend immer mehr.

Die Kunst innerbetrieblicher Mitarbeiterführung besteht zur Hauptsache darin, unterschiedliche Menschen auf ein Ziel zu motivieren und die individuellen Persönlichkeiten der betroffenen Mitarbeiter zu erkennen und zu integrieren. Erfolgreiche Veränderungsprozesse im Unternehmen funktionieren optimal, wenn alle Beteiligten neben der kognitiven Einsicht auch spüren, dass sie als wertvoller Teil des Ganzen respektiert und aus einem ehrlichen Interesse an ihren Fähigkeiten und Beiträgen miteingebunden werden. Für die Führungskraft entsteht mit NLP die Möglichkeit, den einzelnen Mitarbeiter individuell zu unterstützen und so seine Akzeptanz zu stärken. Die meisten gängigen Führungsstile basieren auf bestimmten Regeln, die gerne das Denken in Kategorien verstärken. Es ist allgemein bekannt, dass das Delegieren von Aufgaben an Mitarbeiter nicht bei jedem gleich gut ankommt und auch zu sehr unterschiedlichen Resultaten führt.

Mit NLP hat die Führungskraft ein Kommunikationsinstrument an der Hand, mit dem es möglich ist, Mitarbeiter aufgrund deren Persönlichkeit individuell zu führen. Dazu braucht es lediglich einige leicht erlernbare kommunikative Techniken aus dem NLP-Werkzeugkasten anzuwenden. Bezüglich Führung ist das wohl der entscheidende Unterschied herkömmlicher Führungsstile gegenüber einem auf NLP basierenden. Auf dieser Basis kann nun mit dem Mitarbeiter und dem Team eine für beide Parteien verbindliche Vereinbarung getroffen werden, wie das Führungs- und Kommunikationsverhalten gestaltet werden soll.

Mit den Basistechniken Pacing und Leading lernen Führungskräfte, zwei zentrale Kommunikationstechniken des NLP, schnell und unmittelbar ein Verständnis für das Modell der Welt ihres Mitarbeiters zu bekommen und diesen nun bei erforderlichen Veränderungsprozessen erfolgreich zu unterstützen. Der professionelle Kommunikator lernt durch NLP schnell, sich in die Interessenslage des Partners zu versetzen und aus seiner Sicht heraus und auf der Basis seiner Grundwerte aus zielorientierte Lösungen zu finden.

Menschen haben also unterschiedliche Bedürfnisse, unterschiedliche Motive und unterschiedliche Arbeitsstile. Wenn Sie zu einer grossen Gruppe sprechen, werden Sie unterschiedliche Reaktionen erhalten. Woran liegt das? Es liegt an den unterschiedlichen Mustern, nach denen jemand Informationen aufnimmt, bewertet und abspeichert. Diese Prozesse sind unbewusst und haben entscheidenden Einfluss auf die Persönlichkeit. Im NLP sind diese Bausteine der Persönlichkeit in den Meta-Programmen aufgeschlüsselt. Je nach Aufgabengebiet kann ein Meta-Programm-Test überprüfen, welches Persönlichkeitsprofil ein Mitarbeiter benötigt, um seine Fähigkeiten optimal an einem bestimmten Arbeitsplatz einzubringen. Beispielsweise haben Fluggesellschaften durch den Einsatz der Meta-Programme bei der Personalauswahl die Reklamationsquote deutlich gesenkt.

Menschliches Verhalten wird stark durch die persönliche Meinung zu einer Sache geprägt. Glaubt jemand nicht an die Wirksamkeit einer Umstrukturierungsmassnahme oder betrachtet er den eigenen Arbeitsplatz als langweilig, wird sich das unmittelbar auf seine Leistungen auswirken. So wie sich mangelndes Selbstvertrauen bei Verkäufern oder Demotivation bei Sachbearbeitern negativ auf das Betriebsergebnis auswirken. In all diesen Fällen spricht man im NLP von einschränkenden Glaubenssätzen. Mit vielen Veränderungstechniken des NLP, die teils bewusst und teils unbewusst eingesetzt werden können, ist die Führungskraft in der Lage, einschränkende Glaubenssätze zu entdecken und zu verändern. Alternativ bietet es sich an, nützliche Glaubenssätze wie etwa der Leistungswille, den Ehrgeiz oder die Kreativität zu verstärken und anderen Teamspielern ebenfalls nutzbar zu machen. Das Gleiche gilt auch für das Thema Konfliktmanagement, bei dem verschiedene Glaubenssysteme aufeinander prallen, die mit den NLP-Reframing-Techniken lösbar werden. Diese Technik lernt Mitarbeitende, Probleme und Situationen aus einem neuen Blickwinkel oder aus mehreren Standpunkten und in ungewohntem Bezugsrahmen zu sehen.

Der Mensch ist, was er denkt, und denkt, was in sein Wertesystem passt. Das wirkt sich unmittelbar auf sein Leben und damit auch auf seine Team-, Leistungs- und Motivationsfähigkeit aus. Ob Anweisungen oder Veränderungen aufgenommen werden, ist davon abhängig, wie sie Führungskräfte mitteilen und ob die Mitarbeiter glauben, diesen Prozessen gewachsen zu sein. Gute Manager sollten Glaubenssätze erkennen und wissen, wie sie damit umzugehen haben. NLP bietet ihnen hierfür vielfältige und pragmatische Möglichkeiten.

Das nachfolgende Fallbeispiel enthält Verhaltensregeln für die interne Kommunikation in einem Unternehmen, also eine Art Charta oder Betriebsreglement, welche an alle Mitarbeiter und Führungskräfte abgegeben werden kann.

Fallbeispiel: Kommunikations-Charta

Liebe Mitarbeiter

Wir legen in unserem Unternehmen grossen Wert auf Kommunikation und Information. Dies, weil sie die Grundpfeiler bilden für eine harmonische Zusammenarbeit, die optimale Leistungserbringung, die Motivation und das Wohlbefinden von Ihnen als unsere Mitarbeiter und Ihre Identifikation mit unserem Unternehmen.

Instrumente

Zur Erreichung und Sicherstellung dieses Anliegens stehen mehrere Instrumente zur Verfügung. Dabei steht das persönliche Gespräch und Informationsveranstaltungen mit allen Mitarbeitern im Vordergrund. Die Instrumente sind:

- Generelle Mitarbeitergespräche zu verschiedenen Anlässen
- Zielvereinbarungsgespräche
- Personalentwicklungs- und Laufbahngespräche
- Jahres-Thema-Events mit allen Mitarbeitern
- Quartalsweise Informationsveranstaltungen der Geschäftsleitung
- Ressort-, Abteilungs- und Team-Meetings
- Jahres-Kader-Retraiten
- Intranet
- Thematisch konzipierte E-Mail Newsletter
- Mitarbeiterzeitschrift
- Schwarzes Brett

Verhaltensregeln

In wichtigen Bereichen schaffen "Spielregeln" klare Rahmenbedingungen und sorgen für ein konsequentes, generell gültiges und der Unternehmenskultur entsprechendes Verhalten. Die folgenden Regeln erachten wir als verpflichtend.

Anerkennung schafft die beste Grundlage

Anerkennung von Leistungen und Persönlichkeiten, gegenseitiger Respekt und eine von Vertrauen geprägte Beziehung sind die wichtigsten Grundvoraussetzung einer offenen und funktionierenden Kommunikation.

Sicherstellung des Verständnisses

Ob in Mitarbeiterzeitschriften, Zielvereinbarungen oder Rundschreiben- das Verständnis und Verstandenwerden ist äusserst wichtig. Versichern Sie sich zwischendurch immer wieder, ob man Sie versteht und Ihnen folgt. Fragen wie "Sehen Sie das ähnlich?" oder "Können Sie mir ein Beispiel dafür nennen?" signalisieren dies.

Konflikte objektiv und fair lösen

Bei Kritikgesprächen tragen Fakten, Arbeitsbeispiele, konkrete Vorfälle, Zahlen oder Verhaltensweisen, - die eventuell Auswirkungen auf Personen und Unternehmen beweisen - zur Sachlichkeit und Konkretisierung bei. Entschärfen Sie Konflikt- oder Kritikgespräche mit folgender Einleitung: "Ich habe gestern vom Vorfall XY erfahren – dies hat mich sehr beschäftigt. Zuerst aber möchte ich dazu Ihre Meinung und Ihre Sicht der Dinge erfahren, damit ich ein faires und objektives Urteil fällen kann."

Erwartetes Verhalten oder Ziel klar kommunizieren
Ziele und erwartete Verhaltensweisen sollten klar kommuniziert werden, und zwar zum Beispiel bei Fehlverhalten mit dem konkreten, erwünschten Verhalten oder bei einer mangelhaften Leistung neue, erwartete quantitative und qualitative Zielsetzungen oder bei Zielvereinbarungen.

Konstruktive Kommunikation
Nur konstruktive, von einer beidseitig positiven Grundhaltung geprägte Gespräche und Kommunikation kann zu Resultaten und erwarteten Ergebnissen führen. Folgende Signale sind typische für eine gute Gesprächs- und Vertrauensbasis: Offenes Ansprechen von Gefühlen - Gegenseitiges Akzeptieren von Kritik - Beidseitige Übernahme von Verantwortung für das Gespräch.

Interesse und Respekt
In unserem Unternehmen werden alle Mitarbeiter und Ihre Meinung jederzeit respektiert und dafür Interesse bekundet. Es gehört zu einem partnerschaftlichen Gespräch, dass immer wieder die Meinung, die Stellungnahme, die Ansicht des Mitarbeiters eingeholt wird. Dies gilt auch für Massnahmen und Vereinbarungen. Bleibt eine Abwehr bestehen oder kann ein Mitarbeiter nicht hinter Abmachungen stehen, sind auch ein Gespräch und daraus resultierende Massnahmen sinnlos.

Personalpolitik der offenen Türe
Die Personalpolitik der offenen Türe, die die permanente Bereitschaft der offenen und sofortigen Gesprächsmöglichkeit zum Ziel hat, ist in unserem Unternehmen eine sehr wichtige Form permanent praktizierter Gesprächsbereitschaft. Sie soll auch Ausdruck und eine Art des Beweises und gelebten Verhaltens unserer kommunikativen von einer modernen Führungspolitik geprägten Unternehmenskultur sein.

Sicherstellung der Einhaltung der Verhaltensregeln

Wird eine dieser Regeln nicht eingehalten oder ein Instrument nicht mit der notwendigen Sorgfalt und Ernsthaftigkeit genutzt, bitten wir Sie, sich zuerst an Ihren Vorgesetzten zu wenden.

Kann das Problem so nicht gelöst werden oder ist dieser Schritt begründetermassen nicht möglich oder zumutbar, wenden Sie sich bitte an Frau Alexandra Muster von der HR-Abteilung. Sie ergreift dann die notwendigen Massnahmen.

Wird ein Prinzip der vorliegenden Charta in besonders krasser Weise verletzt oder nicht eingehalten, ist bei einem Gespräch mit Frau Alexandra Muster ein Mitglied der Geschäftsleitung anwesend.

Jeder Mitarbeiter hat in jeder Situation und aus jedem Grund Anrecht auf eine Antwort oder Begründung seines Vorstosses betreffend Nichteinhaltung der hier genannten Grundsätze und Verhaltensregeln.

Die Geschäftsleitung

Leiter Human Resource Management

Die Bedeutung von Mitarbeitergesprächen

Das persönliche Gespräch und der direkte Kontakt spielen eine zentrale Rolle, die auch im digitalen Zeitalter das beste Intranet und die beste Mitarbeiterzeitung nicht ersetzen können. Sie sind auch im technisierten Zeitalter von Intranet und Instant Messaging nach wie vor die tragende Säule der Mitarbeiterkommunikation im Unternehmen. Einerseits informieren sie Mitarbeiter umfassend mit relevanten Informationen und orientieren und schaffen andererseits in einer Dialogfunktion auch Kontakte sowie Erfahrungs- und Meinungsaustausch. Mitarbeitergespräche fördern die Leistungen in einer partnerschaftlichen Kultur, in der Menschen mit ihren Stärken und Schwächen akzeptiert werden und gemeinsame Lösungen im Vordergrund stehen. Wie erfolgreich dieses Instrument eingesetzt wird, hängt wesentlich von der Einstellung unserer Führungskräfte und Mitarbeiter und deren Motivation ab.

Themen und Anlässe von Mitarbeitergesprächen

Effektive und effiziente Kommunikation mit Mitarbeitern ist eines der wichtigsten Erfordernisse für erfolgreiche Führungsarbeit und verlangt besondere soziale Kompetenzen sowie Know-how in Gesprächsführung. Das Mitarbeitergespräch ist das wertvollste Führungsinstrument. Die gute Qualität dieser Gespräche kann ein entscheidender Wettbewerbsvorteil für den Unternehmenserfolg sein. Jedes berufliche oder persönliche Problem oder Anliegen kann ein Mitarbeitergespräch erfordern, welches nicht Gegenstand einer Reglementierung sein soll und darf. Es können die folgenden Arten von Mitarbeitergesprächen fester Bestandteil einer Unternehmenskommunikation sein:

- Leistungsbeurteilung
- Förderung und Beförderung
- Zielvereinbarung und Qualifikation
- Aus- und Weiterbildung
- Laufbahn und Karriere
- Standortbestimmungen

Fallbeispiel Systematisierung der Mitarbeitergespräche

Ausgangslage
Man ist sich auch bei der Relona AG bewusst, dass persönliche Mitarbeitergespräche ein Hauptpfeiler der Unternehmenskultur und internen Kommunikation sind. Doch zu vieles wird dem Zufall überlassen und Mitarbeitergespräche finden zu oft zufällig, aus Notsituationen heraus und ad hoc statt. Nun möchte man Abhilfe schaffen.

Zielsetzungen
Mitarbeitergespräche sollen ein Hauptbestandteil der internen Unternehmenskommunikation werden. Dabei fokussiert man vor allem die Bereiche Training und Weiterbildung, Planung, Kontinuität und Systematik und eine strenge Resultatorientierung. Als wesentlich erachtet wird auch die Integration in das Gesamtkonzept der Unternehmenskommunikation.

Massnahmenplan
Diese zwischen der Human Resource Management-Abteilung, der Geschäftsleitung und je drei interessierten Mitarbeitenden und Kaderleuten definierten Zielsetzungen einigt man sich auf ein umfassendes und ganzheitliches Massnahmenpaket:

1. Klare Zielsetzungen
Mitarbeitergespräche sollen die Identifikation, die Leistungsfähigkeit, die Motivation verbessern und die Führungsarbeit intensivieren, auch unter besonderer Berücksichtigung von Frühwarnsystemen zu Problemen und Negativtrends.

2. Gesprächsanlässe
Die aufgrund von Befragungen und der Analyse des Gesamtkonzeptes beschlossenen Themen in zweimonatlichem Rhythmus sind:

- Mitarbeiterbeurteilungen und Zielvereinbarungen
- Weiterentwicklung & Laufbahn
- Führung & Beziehung
- Persönliches & Worklife-Balance
- Konsequente Open Door Policy

3. Verantwortlichkeiten
Die Hauptverantwortung trägt die HR-Abteilung, die auch beratend zur Seite steht und Planungs- und Organisationsaufgaben übernimmt. Die Abteilungsleiter sind für die Durchführung und Resultatorientierung verantwortlich.

4. Erfolgskontrolle
Kurzprotokolle, Befragungen und Supervision stellen die Erfolgskontrolle sicher.

5. Training und Weiterbildung
Die HR-Abteilung entwickelt massgeschneiderte Aus- und Weiterbildungsprogramme interner und externer Art und bezieht dabei Kaderleute und Mitarbeiter gleichermassen mit ein.

Grundlagen und Ablauf

Organisation, Zeitpunkt und Dauer

Mitarbeitergespräche sollten mehrere Male, mindestens vier bis fünf Mal pro Jahr, jeweils aber auch nach individuellem und situativem Bedarf stattfinden. Offizielle Jahres-Mitarbeitergespräche werden in unserem Unternehmen jeweils Ende <Monat> durchgeführt und von der Personalabteilung in Zusammenarbeit mit den Abteilungsleitern organisiert und betreut. Die Personalabteilung wird mittels Fragebogen und Gesprächsbericht vom Linienvorgesetzten informiert.

Rahmenbedingungen und Beurteilungsbögen

Für die Akzeptanz von Mitarbeitergesprächen ist es wichtig, dass sie geplant und reibungslos in den Arbeitsalltag integriert werden. Dabei müssen Mitarbeiter vor allem in den Qualifikationsgesprächen erfahren: a) wie sie sich optimal auf die Gespräche vorbereiten können b) warum ein durchdachtes Beurteilungssystem wichtig ist c) wie Beurteilungsbögen gestaltet werden können d) was grundsätzlich wichtig ist, um ein gutes Gespräch zu führen.

Grundlagen für die Kommunikation

Es geht nie nur um Inhalte, die man vermittelt, sondern immer auch um die Art und Weise, wie das Gespräch geführt wird und wie konstruktiv die Atmosphäre ist, die wir schaffen. Führungskräfte sollten dabei klare Ziele haben, die auf Basis einer guten Kommunikationskultur von Mitarbeitern verstanden und akzeptiert werden.

Schwierige Gespräche und Situationen meistern

Die eigentliche Bewährungsprobe für jeden Vorgesetzten sind die Gespräche, in denen es um unangenehme und heikle Gesprächsanlässe geht oder bei denen der Mitarbeiter sich anders verhält, als man dies erwartet. Die Mittel für Gegensteuer: a) Motivation b) Herausforderung c) Kritikgespräche d) Zukunfts- und nicht Vergangenheitsorientierung. Bei solchen Gesprächen ist die Personalabteilung jederzeit behilflich oder übernimmt diese sogar, je nach Situation, in Absprache mit dem Linienvorgesetzten, ganz.

Nachbearbeitung und Zielumsetzung

Die eigentliche Arbeit beginnt nach dem Mitarbeitergespräch. Hier geht es um: a) das Festhalten von Vereinbarungen und Zielen b) das Interesse an den Mitarbeitern, ihrer Arbeit und ihren Fortschritten im Arbeitsalltag c) die Kontrolle und regelmässige Gespräche und d) das Feedback zu den Mitarbeitergesprächen, wenn dies notwendig oder sinnvoll ist.

Emotionale und kooperative Gesprächskultur

Bei Mitarbeitergesprächen, deren Ziel Nachhaltigkeit und Zielerreichung ist, reicht es oft nicht aus, nur auf der sachlichen Ebene miteinander zu kommunizieren. Wer bei Gesprächen ein kühles, distanziertes oder gar arrogantes Auftreten an den Tag legt, kann keine Brücke und Vertrauensbasis zum Gegenüber aufbauen und stösst oft sogar auf Ablehnung. Je schneller man sich hingegen emotional auf das Gegenüber einstellt, umso mehr kommt erfolgreiche Kommunikation von Führungskräften an. Vermitteln Sie Ihr Anliegen so überzeugend und authentisch wie möglich. Sie werden sehen, wie schnell Sie damit Ihre Gesprächspartner inspirieren können und die richtigen Impulse setzen, dass diese sich entscheiden.

Der Einstieg bestimmt das Gesprächsklima

Die ersten Minuten des Kennenlernens sind oft entscheidend. Darauf bauen sich gerne alle Vorurteile auf, nach welchen man Menschen schnell schubladisiert und entscheidet, ob man Menschen sympathisch findet oder nicht. All zu oft verfällt man dem Irrglauben, bei geschäftlichen Beziehungen nur sachlich miteinander kommunizieren zu dürfen oder müssen. Dennoch wirken die Gefühle bei jeder Kommunikation mit. Die Sachebene ist zwar die Ebene, auf der am meisten bewusst kommuniziert wird, aber sie macht nur 20 Prozent der Kommunikation aus! Bei der Beziehungsebene hingegen wird durch Körpersprache, Mimik, Gestik, Stimme und Tonfall vermittelt, in welcher Beziehung man zueinander steht. 80 Prozent der Kommunikation laufen auf dieser Ebene ab. Je positiver der erste Eindruck, desto besser gelingt die Kommunikation und erfolgreicher wird Ihr Gespräch.

Die innere Einstellung wirkt überzeugend

Durch die Art und Weise, wie man etwas sagt, drückt man dem Gegenüber indirekt, aber dennoch deutlich die Gefühle aus, die der Gesprächspartner öfter wahrnimmt, als man sich bewusst ist. Ein Gesprächspartner weiss oft sehr schnell, ob man ihm gegenüber positiv oder negativ eingestellt ist. Positiv eingestellte Menschen sprechen voller Begeisterung und artikulieren sehr natürlich mit Händen und lassen die Mimik spielen. Der Funke, der aus der eigenen Überzeugung heraus kommt, springt dann schnell und überzeugend auf Ihren Gesprächspartner über. Daher ist es entscheidend, die positive Einstellung auf einen Gesprächspartner zu übertragen. Dies kann die Zuversicht an die Lösung eines Problems, der Glaube an die Fähigkeiten eines Mitarbeiters oder die Überzeugung seiner erfolgreichen Laufbahn im Unternehmen sein. Positiv eingestellte Menschen lassen sich viel leichter von etwas inspirieren.

Neben dem gesprochenen Wort verrät auch unsere Körpersprache viel über unsere Einstellung. Bei manchen passt die Körperhaltung nicht zu dem, was sie sagen und andere wiederum benutzen ihre Körpersprache sehr gekünstelt, um sich ja nichts Falsches anmerken zu lassen. Ein kühles, breites Lächeln allein reicht nicht aus, um überzeugend zu wirken. Am authentischsten wirkt man, wenn Gesagtes mit der Mimik und Gestik übereinstimmt. Stimmt die Körpersprache nicht mit dem Gesagten überein, wird Misstrauen geschürt und das Gespräch negativ beeinflusst. Dafür haben Menschen im allgemeinen ein wesentlich ausgeprägteres Sensorium als dies angenommen wird.

Verständliche Sprache wählen

Die besten Fakten und Gesprächsformen und -techniken helfen wenig oder sogar nichts, wenn sie vom Gesprächspartner nicht richtig interpretiert werden. Deshalb sollte man, noch bevor man ein Gespräch führt, sicher gehen, dass Gesagtes nur schon vom Thema und vom Anlass her auch richtig verstanden wird. Hilfreich ist dabei, die Struktur bzw. den Aufbau eines Gespräches genau unter die Lupe zu nehmen und es dann so einfach wie möglich zu strukturieren.

Dazu gibt es die vier hervorragend eruierten "Verständlichmacher" aus dem empfehlenswerten Buch "Miteinander reden", Teil 1, Quelle Prof. Dr. Friedemann Schulz von Thun, wie auf der folgenden Seite vorgestellt.

Die vier Verständlichmacher

Einfachheit (contra Kompliziertheit)

- ❑ einfache, verständliche Ausdrucksweise wählen
- ❑ geläufige Wörter verwenden
- ❑ Fachwörter vermeiden oder erklären
- ❑ kurze Sätze formulieren, keine Schachtelsätze
- ❑ Abkürzungen vermeiden oder erklären

Gliederung und Ordnung (contra Unübersichtlichkeit)

- ❑ systematisch, der Reihe nach erläutern
- ❑ roten Faden aufzeigen
- ❑ zeitlichen Rahmen festlegen
- ❑ festlegen, in welcher Reihenfolge Sie reden möchten
- ❑ Pausen machen
- ❑ Antwortmöglichkeiten geben

Kürze und Prägnanz (contra Weitschweifigkeit)

- ❑ Wesentliches kurz und bündig vortragen
- ❑ präzise formulieren, auf den Punkt bringen
- ❑ nicht ausschweifen, beim Thema bleiben
- ❑ Wiederholungen nur, wenn nötig

Zusätzliche Stimulans (contra Monotonie)

- ❑ Beispiele aus dem Bereich des Zuhörers finden
- ❑ sprachliche Bilder und Analogien verwenden
- ❑ Visualisierung von abstrakten Sachverhalten
- ❑ Fragen stellen, den Gesprächspartner miteinbeziehen
- ❑ Betonung, Lautstärke wechseln
- ❑ Lachen, Humor, Auflockerung in adäquater Form und passendem Zeitpunkt

Eine klärende Situation kann Dinge ins richtige Licht rücken

Was von vielen vernachlässigt wird, ist das genaue Wahrnehmen unserer Umwelt. Die Wahrnehmung ist eine Funktion, die uns ermöglicht, mit unseren Sinnesorganen Informationen (Reize) aufzunehmen und zu verarbeiten. Die Wahrnehmung eines Gegenübers gibt meist den Ausschlag für den weiteren Gesprächsverlauf. Aber Ihre Wahrnehmung hängt auch von der eigenen Interpretation ab. Doch genau darin sollte man des öfteren vorsichtiger sein mit voreiligen Schlussfolgerungen und Annahmen. Ein Beispiel: Ein Vorgesetzter lädt einen Mitarbeiter zu einem Fördergespräch ein und ist sehr motiviert dieses erfolgreich und im Interesse des Mitarbeiters zu führen. Dieser erscheint allerdings fünf Minuten zu spät und die Schlussfolgerung ist sofort: Hier fehlt das Interesse. Der Grund jedoch war ein Gespräch mit der Freundin des Mitarbeiters, die ihn dringend telefonisch um Hilfe bat.

Übereinstimmung anstreben und Impulse geben

Wer immer nur auf seinen Vorteilen beharrt, wird auf Dauer nicht erfolgreich sein. Die Kunst ist es oft, nach einem fairen Kompromiss zu suchen. Gehen Sie auf Ihren Gesprächspartner ein und zeigen Verständnis. Zuhören können ist etwas, das viele verlernt haben. Fassen Sie zum richtigen Verständnis die wichtigsten Inhalte des Gespräches zusammen. Damit stellen Sie sicher, dass beide Gesprächspartner den gleichen Informationsstand haben. Stellen Sie Ihre Meinung dazu klar dar und erklären bzw. begründen Sie Ihre Entscheidung. Beeinflussen Sie das Gespräch oder die Diskussion, wenn die Situation aus den Rudern gerät, indem Sie eingefahrene Wege verlassen. Suchen Sie nach Gemeinsamkeiten und zeigen Sie Lösungsmöglichkeiten auf. Bringen Sie eigene Vorschläge in Form von Fragen ein. Damit bewegen Sie neue Gedanken und Ideen und setzen Impulse für einen neuen kreativen Prozess. Wichtig ist es dabei auch immer, die Gefühlslage, die Bedürfnisse und die Wertvorstellungen des Gesprächspartners zu kennen und sich auf diese auszurichten.

Kurz vor dem Abschluss eines Gespräches, sollte man die positiven Aspekte aus eigener Sicht und die Zuversicht an die Zielerreichung oder Fähigkeiten des Gegenübers nochmals in den Vordergrund rücken. Dem Gesprächspartner Impulse für eine Entscheidung zu geben, ist ebenfalls eine sehr konstruktive Form des Gesprächsabschlusses.

Mitarbeitergesprächsanlässe in der Praxis

In der Unternehmenspraxis gibt es zahlreiche Gründe, Anlässe und Themen, die sich für die Führung oder gar Institutionalisierung von Mitarbeitergesprächen eignen. Hauptthemen sind dabei Leistung, Qualifikation, Personalentwicklung, Persönliches und Zusammenarbeit und Arbeitsklima.

Das Mitarbeitergespräch als Führungsinstrument ist ein wichtiges Element der Personalführung. Es ist ein strukturiertes Vier-Augen-Gespräch, das dem regelmässigen Austausch zwischen Führungskraft und Mitarbeiter dient; im Gegensatz zu normalen Gesprächen, die oft aus tagesaktuellem oder spontanem Anlass erfolgen. Mitarbeitergespräche sind die Eckpfeiler der Gesprächskultur in einem Unternehmen unterstützen die Entwicklung der Mitarbeiter und Führungskräfte gleichermassen. Dabei geht es, je nach Zielsetzung, um die gegenseitige Sicherstellung des Informationsstandes, Meinungen und Kritik zu einem Projektabschluss, Probleme in der Leistungserbringung oder private Aspekte.

Manche Firmen trennen ein Leistungsbeurteilungsgespräch zeitlich vom Mitarbeitergespräch, um das für letzteres notwendige Vertrauen nicht zu stören. Dieses Verfahren ist aufwändiger, kommt aber der Verbesserung der Zusammenarbeit und der persönlichen Weiterentwicklung von Führungskraft und Mitarbeiter zu Gute – was letztendlich den Aufwand rechtfertigt.

Vorteile von Mitarbeitergesprächen

Mitarbeitergespräche helfen Informationsaustausch, Kommunikation und Kooperation zwischen Führungskräften und Mitarbeitern zu verbessern. Beide Seiten können sich ein Bild von den an sie gerichteten Erwartungen machen. Über gegenseitiges Feedback erfahren sie, wie sie wahrgenommen werden und wie ihr Verhalten gewertet wird. Dieses Fremdbild können sie mit dem Selbstbild abgleichen und im Abweichungsfalle Auftreten und Verhalten überdenken und anpassen.

Der Mitarbeiter erhält klare Aussagen über seine Stärken und Schwächen, erarbeitet gemeinsam mit dem Vorgesetzten Verbesserungsmöglichkeiten und vereinbart mit ihm Ziele. Die Führungskraft kann die Entwicklung der Mitarbeiter kontinuierlich begleiten und deren Potenziale im beiderseitigen Interesse ausschöpfen. Werden diese Gespräche partnerschaftlich geführt, stärken sie Selbstständigkeit und Eigenverantwortung der Mitarbeiter. Die Führungskraft erhält darüber hinaus Rückmeldung für das eigene Führungsverhalten. Das Unternehmen profitiert von der Verbesserung der Zusammenarbeit zwischen Führungskräften und Mitarbeitern, der Verbesserung des Betriebsklimas und der Leistung. Sozialkompetenzen und Kommunikationsfähigkeiten von Führungskräften sind daher nebst einer vom Unternehmen gepflegten Gesprächskultur und den dazu notwendigen Instrumenten von zentraler Bedeutung.

Dabei sind ein gelegentliches Miteinanderreden oder monatliche Plauderstündchen nicht der richtige Weg. Die Arten von Gesprächen, deren Zielsetzung und die Resultatorientierung sind mit Vorteil zu planen und sollten kongruent zur Unternehmenskultur, den Unternehmenszielsetzungen und den von Vorgesetzten und Mitarbeitenden gesetzten Prioritäten stehen.

Nachfolgend finden Sie einige konkrete in diese Richtung und Systematik gehende Mitarbeitergesprächs-Themen und Vorschläge für die Häufigkeit, die Zielgruppe und andere relevante Kriterien für deren Einführung oder Planung. Sie haben sich als in der Praxis sinnvoll und für alle Beteiligten gewinnbringend erwiesen.

Jahres-, bzw. Qualifikationsgespräch

Dieses Gespräch findet zwischen Linienvorgesetzten und Mitarbeitenden statt. Es qualifiziert Leistung und Verhalten aufgrund von zurückliegenden Zielerreichungen, Aufgaben und Resultaten und hat zum Ziel, durch geeignete Massnahmen die Leistungs- und Arbeitsqualität in einem gegenseitigen und partnerschaftlichen Gespräch zu optimieren. Der Fokus liegt dabei nicht auf der Vergangenheitsbetrachtung, sondern einer auf die Zukunft und deren Erfordernisse gerichteten Optik.

Ziel:	Leistungs- und Qualifikationsmessung
Häufigkeit:	Ein Mal pro Jahr
Verantwortlich:	Linienvorgesetzter
Zielgruppe:	alle Mitarbeitenden
Kommunikationsform:	mündliches Zweiergespräch

Personalentwicklungsgespräch

Diese Gespräche beinhalten Massnahmen zur Erhaltung, Entwicklung und Verbesserung der Arbeitsleistung bzw. des Qualifikationsprofils von Mitarbeitern, um die Ansprüche des Unternehmens an die Qualität seiner Arbeitskräfte sicherzustellen. Personalentwicklung zielt in Unternehmen darauf ab, das Leistungs- und Lernpotential der Mitarbeitenden zu erkennen, zu erhalten und zu fördern. Die Personalabteilung kann dann mittels Fragebogen und Gesprächsbericht vom Linienvorgesetzten informiert werden.

Ziel:	Förderung Mitarbeiter- und Kaderentwicklung
Häufigkeit:	2-3 pro Jahr
Verantwortlich:	Linienvorgesetzter und Personalabteilung
Zielgruppe:	alle Mitarbeitenden
Kommunikationsform:	mündliches Zweier- oder Dreiergespräch

Quartals-Standortbestimmungs-Gespräche

Quartals- Standortbestimmungs-Gespräche sind ein Aspekt der Zielerreichungs- und Erfolgskontrolle und haben die Überprüfung von Zielvorgaben für die einzelnen Mitarbeiter zum Inhalt. Nur wenn Zielvorgaben eindeutig und klar definiert und mit einem zeitlichen Rahmen vorgegeben werden, ist eine objektive Erfolgskontrolle der Leistung möglich. Standortbestimmungs- und Zielvereinbarungsgespräche sollten folgende Voraussetzungen erfüllen:

- Eindeutige und möglichst messbare Zieldefinition
- Messfaktoren für die Zielerreichung
- Beeinflussbarkeit durch den jeweiligen Mitarbeiter
- herausfordernde, aber realistische Zielvorgaben
- Zielakzeptanz der Mitarbeiter

Ziel:	Zielerreichungskontrolle der Massnahmen
Häufigkeit:	quartalsweise
Verantwortlich:	Linienvorgesetzter
Zielgruppe:	alle Mitarbeitenden
Kommunikationsform:	mündliches Zweiergespräch

Monatsgespräch Face to Face

Diese Gespräche haben Themen, die spontan und nach Bedarf und Aktualität vom Vorgesetzten und den Mitarbeitenden gewählt werden. Die Themenbandbreite kann sehr gross sein, sie reicht von privaten über zwischenmenschliche Probleme und Anliegen bis zu geschäftlichen Themen und Anliegen.

Ziel:	Spontane, aber klar definierte Themenwahl
Häufigkeit:	je nach Bedarf
Verantwortlich:	Linienvorgesetzter
Zielgruppe:	alle Mitarbeitenden
Kommunikationsform:	mündliche, und spontane Gespräche

Laufbahnentwicklungs-Gespräch

Hier werden die Laufbahnziele aus Sicht des Unternehmens und Mitarbeiters, der Stand, neue Chancen und Herausforderungen besprochen. Diese sind in höchstem Grade motivierend, da sie Mitarbeitern Perspektiven aufzeigen und das Interesse des Vorgesetzten und Unternehmens an seinen Leistungen belegen. Vorteilhaft ist natürlich die Basis einer systematischen Laufbahnplanung und –beratung.

Ziel:	Laufbahnziele konkretisieren und planen
Häufigkeit:	halbjährlich oder jährlich
Verantwortlich:	Linienvorgesetzter und HR-Spezialist
Zielgruppe:	alle Mitarbeitenden
Kommunikationsform:	mündliche Gespräche mit Vorbereitung

Zielvereinbarungsgespräch

Sie sind als Führungsinstrument äusserst wichtig und geben dem Mitarbeiter eine über das Tagesgeschäft hinausgehende konkrete und möglichst messbare Orientierungshilfe und Messlatte. Oft werden sie in der Praxis auch mit Leistungsbeurteilungen kombiniert.

Ziel:	Vereinbarung von messbaren Zielen
Häufigkeit:	jährlich
Verantwortlich:	Linienvorgesetzter
Zielgruppe:	alle Mitarbeitenden
Kommunikationsform:	mündliche Gespräche mit Vorbereitung

Zielvereinbarungs-Zwischengespräche

Diese Gespräche sind die Folge der oben genannten Gespräche und dienen der Sicherstellung der Zielerreichung. Damit können Probleme bezüglich Zielerreichung, veränderte Situationen und Voraussetzungen und allenfalls notwendige oder gerechtfertige Anpassungen der Zielsetzungen erörtert und besprochen und Korrekturmassnahmen eingeleitet werden. Auch Hilfestellungen zur Zielerreichung (Arbeitshilfsmittel, Weiterbildungsmassnahmen) können hier besprochen und entschieden werden.

Ziel:	Stand getroffener Zielvereinbarungen
Häufigkeit:	vierteljährlich
Verantwortlich:	Linienvorgesetzter
Zielgruppe:	alle Mitarbeitenden
Kommunikationsform:	mündliche, und spontane Gespräche

Generelle Open Door-Politik

Die Personalpolitik der offenen Türe, die die permanente Bereitschaft der offenen und sofortigen Gesprächsmöglichkeit zum Ziel hat, ist in einem mitarbeiterfreundlichen Unternehmen eine sehr empfehlenswerte Form permanent praktizierter Gesprächsbereitschaft und Ausdruck einer kommunikativen von einer modernen Führungspolitik geprägten Unternehmenskultur.

Ziel:	Permanente Gesprächsbereitschaft
Häufigkeit:	nach Bedarf
Verantwortlich:	Linienvorgesetzter
Zielgruppe:	alle Mitarbeitenden
Kommunikationsform:	mündliche, vertrauliche, spontane Gespräche

Themenvertiefungs-Gespräche

Je nach Unternehmensstrategie, -prioritäten und –kulturen können hier andere Gewichtungen vorgenommen und Themen gewählt werden. Es geht primär darum, Schwerpunkte und Schlüsselfragen im persönlichen Dialog zu vertiefen, Mitarbeiter für das entsprechende Thema zu sensibilisieren und das Verständnis zu prüfen.

Ziel:	Vertiefung von Schwerpunktthemen
Häufigkeit:	jährlich oder halbjährlich
Verantwortlich:	Linienvorgesetzter
Zielgruppe:	Teamleiter und mittleres Kader
Kommunikationsform:	mündliche Gespräche mit Traktandenplanung

Zwischenqualifikations-Gespräche

Nebst den Jahresbeurteilungs- und Qualifikationsgesprächen sind dies einfachere und kürzere Gespräche, die dem Vorgesetzten und Mitarbeiter eine Standortbestimmung ermöglichen. Grundlage sind dabei natürlich die Unterlagen aus der Jahresqualifikation. Mögliche Besprechungspunkte: Soll-Ist-Abweichungen, Zielerreichungen, Wirkung und Stand von Fördermassnahmen, fehlende Arbeitshilfsmittel und allfällige Anpassungen und Korrekturmassnahmen aus der Jahresqualifikation.

Ziel:	Zwischenjährige Standortbestimmung
Häufigkeit:	viertel- oder halbjährlich
Verantwortlich:	Linienvorgesetzter, Personalabteilung
Zielgruppe:	Alle Mitarbeitenden oder nur Teamleiter
Kommunikationsform:	mündliche, klar strukturierte Gespräche

Persönliche Aspekte und Zusammenarbeit

Hier können die persönliche Beziehung, Probleme der Zusammenarbeit, Motivationsprobleme, fehlende Inkompatibilitäten zur Sprache kommen. Wichtig ist dabei eine Basis der Offenheit, des Vertrauens und der konstruktiven Bereitschaft zur Lösung von Problemen, was eng mit der Führungspersönlichkeit, der Kommunikation im Unternehmen und der Unternehmenskultur generell zusammenhängt. Auch Work-Life-Balance-Aspekte (Arbeitszeiten, Lebensgestaltung des Mitarbeiters, Eheprobleme usw.) können hier je nach Unternehmensprioritäten zur Sprache kommen.

Ziel:	Verbesserung Zusammenarbeit, Persönliches
Häufigkeit:	vierteljährlich
Verantwortlich:	Linienvorgesetzter, HR-Spezialist
Zielgruppe:	alle Mitarbeitenden
Kommunikationsform:	mündliche, spontane und offene Gespräche

Weitere Anlässe und Situationen von MA-Gesprächen	
Links sind die nach Themen- und Anlass-Gruppen gegliederten Gesprächsarten und -anlässe zu sehen. Diese können Sie in der rechten Spalte nach verschiedenen Kriterien kommentieren und bewerten wie a) als Angebot einführen/institutionalisieren b) mehr Beachtung schenken c) Mit Befragung Bedarf erujieren d) zum Thema eines schon bestehenden Mitarbeitergesprächs-Anlasses machen e) Mit Führungskräften besprechen.	
Mitarbeiterbeurteilung und -leistung	
Ungenügende Leistungen	
Verlängerung der Probezeit	
Zielvereinbarungen	
Probezeitgespräch	
Beurteilungsgespräch	
Überforderung	
Kritikgespräch	
Probleme mit Pensum	
Disziplinarisches und Ermahnungen	
Sexuelle Belästigung	
Verwarnungsgespräch/Abmahnung	
Fehlverhalten gegenüber Kunden	
Alkohol- und andere Suchtprobleme	
Internetmissbrauch	
Häufiges Zuspätkommen	
Mangelnde Umgangsformen	
Kündigungsandrohung	
Arbeitsklima und Soziales	
Akzeptanzprobleme im Team	
Intrigen einer Mitarbeiterin	
Verwarnung wegen Mobbings	
Probleme/Integration ausländische Arbeitnehmer	
Burnout-Syndrom	

Teamkonflikt oder -akzeptanz	
Kondolenzgespräch zum Tod eines Ehepartners	
Trennung und Kündigung	
Kündigungsgespräch wegen Leistungsmängeln	
Konsequenzen wegen mangelhaftem Führungsstil	
Kündigung aus wirtschaftlichen Gründen	
Kündigung durch den Mitarbeiter	
Personalentwicklung	
Beförderungsgespräch	
Jahres-Mitarbeitergespräch	
Zielvereinbarungsgespräch	
Abklärung des Weiterbildungsbedarfs	
Ablehnung eines Weiterbildungsantrages	
Laufbahn/Karriere/Laufbahnplanung	
Lohngespräch	
Führung und Motivation	
Innere Kündigung	
Motivationsprobleme	
Identifikationsprobleme	
Würdigung eines guten Vorschlages	
Begrüssung neuer Mitarbeiter	
Kritik des Führungsstils	
Probleme mit dem Vorgesetzten	
Probleme mit dem Vorgesetztenwechsel	
Anerkennung eines besonderen Einsatzes	
Gratulation zum Diplomabschluss	
Glückwunsch zum erfolgreichen Projektabschluss	
Gratulation zum Betriebsjubiläum	
Personaladministration	
Unberechtigtes Feriensguthaben	

Datenschutzprobleme oder Klärungen	
E-Mailverkehr privat/geschäftlich	
Beanstandung eines Zeugnisses	
Glückwünsche zum Ruhestand	
Austrittsgespräch mit Mitarbeiterfeedback	
Private Probleme	
Scheidung	
Worklife-Balance	
Kinderbetreuung/Erziehung	
Verlust Ehe- oder Lebenspartner	
Finanzielle Probleme	
Rechtliche Probleme	
Midlife Crises	
Gesundheit/Krankheit	
Sinneskrise	
Depressionen	
Burnout	

Merkblatt für Mitarbeitergespräche

Einführung, Motivation und Ziele

Mitarbeitergespräche sind in unserem Unternehmen ein zentrales Führungsinstrument zur Standortbestimmung und offenen Kommunikation. Mitarbeitergespräche fördern die Leistungen in einer partnerschaftlichen Kultur, in der Menschen mit ihren Stärken und Schwächen akzeptiert werden und gemeinsame Lösungen im Vordergrund stehen. Wie erfolgreich dieses Instrument eingesetzt wird, hängt ganz wesentlich von der Einstellung des Vorgesetzten und Mitarbeiters und deren Motivation ab.

Arten von Mitarbeitergesprächen

Jedes berufliche oder persönliche Problem oder Anliegen kann ein Mitarbeitergespräch erfordern, welches nicht Gegenstand einer Reglementierung sein soll und darf. Gemäss unserer Führungsphilosophie und Unternehmenskultur sind es aber die folgenden Arten von Mitarbeitergesprächen, die fester und verpflichtender Bestandteil der Unternehmenskommunikation sind und denen besondere Bedeutung beigemessen werden soll: Leistungsbeurteilung, Förderung und Beförderung, Zielvereinbarung, Qualifikation, Aus- und Weiterbildung, Laufbahn und Karriere, und mindestens zwei Mal pro Jahr stattzufindende Standortbestimmungen.

Organisation, Zeitpunkt und Dauer

Mitarbeitergespräche sollten mehrere Male, mindestens vier bis fünf Mal pro Jahr, nach individuellem und situativem Bedarf stattfinden. Offizielle Jahres-Mitarbeitergespräche werden in unserem Unternehmen jeweils Ende <Monat> durchgeführt und von der Personalabteilung organisiert und betreut. Die Personalabteilung wird mittels Fragebogen und Gesprächsbericht vom Linienvorgesetzten informiert.

Rahmenbedingungen und Beurteilungsbögen

Für die Akzeptanz von Mitarbeitergesprächen ist es wichtig, dass sie geplant und reibungslos in den Arbeitsalltag integriert werden. Dabei müssen Mitarbeiter erfahren: a) wie sie sich optimal auf die Gespräche vorbereiten können b) warum ein durchdachtes Beurteilungssystem wichtig ist c) wie Beurteilungsbögen gestaltet werden können d) was grundsätzlich wichtig ist, um ein gutes Gespräch zu führen.

Grundlagen für die Kommunikation

Es geht nie nur um Inhalte, die wir unseren Mitarbeitern vermitteln, sondern immer auch um die Art und Weise, wie das Gespräch geführt wird und wie konstruktiv die Atmosphäre ist, die wir schaffen. Führungskräfte haben dabei klare Ziele, die auf Basis einer guten Kommunikationskultur von Mitarbeitern verstanden und akzeptiert werden.

Kommunikation - auch schwierige Gespräche und Situationen meistern

Die eigentliche Bewährungsprobe für jeden Vorgesetzten sind die Gespräche, in denen es um unangenehme und heikle Gesprächsanlässe geht oder bei denen der Mitarbeiter sich anders verhält, als man dies erwartet. Die Mittel für Gegensteuer: a) Motivation: Herausforderung c) Kritikgespräche d) Zukunfts- und nicht Vergangenheitsorientierung. Bei solchen Gesprächen ist die Personalabteilung jederzeit behilflich oder übernimmt diese sogar, je nach Situation, in Absprache mit dem Linienvorgesetzten, ganz.

Nachbereitung und Zielumsetzung

Die eigentliche Arbeit beginnt nach dem Mitarbeitergespräch. Hier geht es um: a) das Festhalten von Vereinbarungen und Zielen b) das Interesse an den Mitarbeitern, ihrer Arbeit und ihren Fortschritten im Arbeitsalltag c) die Kontrolle und regelmässige Gespräche und d) das Feedback zu den Mitarbeitergesprächen, wenn dies notwendig oder sinnvoll ist.

EFA – Entwicklung-Förderung-Anerkennung

Dieser in unserem Unternehmen wichtige und konsequent zu praktizierende Prozess ist modulartig aufgebaut: Beschreibung der Stelle mit ihren Verantwortungsbereichen und Kompetenzen, Zielvereinbarungen, Besprechen der Zielerreichung sowie Planung der Fördermassnahmen und der Personalentwicklung. Gerade die Potentialeinschätzung des Mitarbeiters hat grosse Bedeutung. Hier werden auch ganz konkrete Schritte in die Wege geleitet – beispielsweise Auslandsaufenthalte im Vorfeld einer Managementaufgabe. Ein Hilfsmittel ist dabei das Kompetenzmodell, das einen Katalog zu "Kenntnissen, Erfahrungen, Fähigkeiten" beinhaltet.

Feedback auch für Führungskräfte

Sollte die Sicht des Mitarbeiters von der seines Vorgesetzten abweichen, so kann der Mitarbeiter eine Stellungnahme abgeben und ein Gespräch mit der nächsthöheren Führungskraft oder der Personalabteilung verlangen.

Bewertungen

Die Bewertungen müssen qualitativ und quantitativ durch Skalierungen erfolgen. Dabei ist der qualitativen Beurteilung die grössere Bedeutung und entsprechende Ausführlichkeit und Zeit zu widmen. Entsprechende Formulare liegen vor und die Personalabteilung ist dazu angehalten, Kaderleute dabei zu beraten und zu unterstützen.

Widerrufbarkeit dieses Reglements

Das Unternehmen kann dieses Reglement ohne das Nennen von Gründen jederzeit widerrufen, aufheben, neuen Gegebenheiten anpassen oder aufgrund betrieblicher und gesetzlicher Neuerungen anpassen.

Wirksamkeit und Gültigkeit dieses Reglements

Mit der schriftlichen Bekanntgabe dieser neuen Regelung erlischt die alte Richtlinie oder ersetzt die in anderen Regelungen dazu erlassenen Bestimmungen.

Austrittsgespräche

Die Bedeutung von Austrittsgesprächen

Werden Austrittsgespräche systematisch und kontinuierlich geführt, ausgewertet und dann Erkenntnisse auch effektiv in Massnahmen umgesetzt, haben sie in der internen Kommunikation einen hohen Stellenwert. Letztlich gestatten sie das Eruieren von Schwachpunkten – insbesondere auch in der Mitarbeiterkommunikation - oder gar Missständen im Unternehmen und bilden eine Grundlage für Massnahmen. Diese können als Folge die Mitarbeiterbindung verstärken, die Fluktuation reduzieren, durch ein verbessertes Arbeitsklima oder die Produktivität erhöhen.

Zielsetzung

Austrittsgespräche ermöglichen das Eruieren von Austrittsgründen und Erkennen von Schwachstellen im Unternehmen. Der austretende Mitarbeiter kann kritisch und offen den Kündigungsgrund darlegen und auch heikle Themen in einer offenen Atmosphäre erörtern. Es liegt im Interesse des Unternehmens, beim Arbeitnehmer den Eindruck eines kritikfähigen und offenen Arbeitgebers zu hinterlassen, der an seiner Meinung interessiert ist. Auch ein austretender Mitarbeiter beeinflusst das Firmenimage.

Voraussetzungen für Austrittsgespräche

Austrittsgespräche sollten von neutralen Personen der Personalabteilung in einer offenen und entspannten Atmosphäre geführt werden. Dabei spielen auch die Persönlichkeit des Austretenden (Grundhaltung, Charakter, Ehrlichkeit) und seine Gefühlslage (Verbitterung, Rachegefühle) eine Rolle. Fördert der Austrittsfragebogen besonders wichtige Problempunkte zu Tage, ist ein Anschlussgespräch empfehlenswert, in welchem man darauf näher eingeht.

Zeitpunkt und Teilnehmer

Die eine Möglichkeit: Am gleichen oder folgenden Tag nach der Kündigung. Durch schnelles Handeln können jeweils noch Massnahmen eingeleitet werden, mit denen der Entscheid des Mitarbeiters beeinflusst oder gar rückgängig gemacht werden kann. Auch der Zeitpunkt nach der Zeugnisübergabe ist geeignet, da ein Mitarbeiter dann keine negativen Konsequenzen mehr befürchtet und sich eher offen äussert. Gespräche sollten mit Mitarbeitenden, die das Unternehmen freiwillig verlassen und Mitarbeitenden, denen gekündigt wurde, geführt werden, wobei dies bei den Auswertungen berücksichtigt werden muss.

Die Informationen aus einem Austrittsgespräch

Durch Austrittsgespräche können wichtige Informationen über die Situation im Unternehmen und die Gründe für die Attraktivität von Mitbewerbern auf dem Arbeitsmarkt gewonnen werden. Daher sind folgende Themen- und Problemkreise zu fokussieren:

- Gibt es immer wiederkehrende Zusammenhänge zwischen Unternehmensbedingungen und Kündigungen?
- Durch welche Massnahmen hätte sich die Kündigung vermeiden lassen?
- Sind es Kernproblemfelder, auf die sich Äusserungen konzentrieren (Entwicklungschancen, Entlöhnung, Arbeitsbedingungen, Führungsprobleme, Unternehmenskultur usw.)
- Sind es Gründe, die weitere Kündigungen befürchten lassen oder sich auf Abteilungen konzentrieren?
- Sind bestimmte Mitarbeiterkategorien häufiger vertreten als andere (Alter, Geschlecht, Hierarchien, Funktionen, Dauer Betriebszughörigkeit usw.)

Gesprächsführung

Wichtig ist das Aufzeigen des Gesprächsziels und der behandelten Themen, das Vorgehen und insbesondere auch die Diskretionszusicherung. Es sollten verschiedene Punkte – die mit Vorteil in einem Skript festgehalten sind - geklärt werden. Das Gespräch sollte dem Austretenden auch ermöglichen, in seinem Interesse die Erfahrungen zu reflektieren und sich seiner Stärken und Schwächen bewusst zu werden – was dann auch ihn zu einem Austrittsgespräch motiviert. Ebenso dient ein Austrittsgespräch auch der Optimierung der Referenzauskünfte - und liegt im Interesse des Austretenden. Einige Beispiele:

- Was war der wichtigste Grund für Ihre Kündigung?
- Gibt es noch andere eher heikle "echte" Gründe?
- Was hätte Sie von diesem Schritt abgehalten?
- Unter welchen Umständen würden Sie wieder bei uns arbeiten?
- Was können wir aus Ihrer Kündigung lernen und künftig besser machen?
- Was werden Sie in guter bis sehr guter Erinnerung behalten?
- Gibt es Dinge, die bei Ihrem neuen Arbeitgeber wesentlich besser sind als bei uns?
- Wenn Sie uns in einem Satz charakterisieren würden – wie würde dieser lauten?

Haken Sie oft nach und hinterfragen Sie, erkundigen Sie sich nach konkreten Vorfällen und ermutigen Sie zur Offenheit und Kritik. Um so besser es gelingt, die wirklich wahren und echten Gründe zu eruieren und heikle Problembereiche zu erkennen, desto grösser ist letzten Endes der Nutzen eines Austrittsgesprächs.

Struktur und Themen eines Austrittsbogens

Die folgenden Beispiele sind nicht vollständig, sollen aber stichwortartig einige konkrete Anregungen geben, aus welchen Bereichen die Fragen eines Austrittsgespräches zusammengestellt sein können:

Persönliche Gründe	Betriebliche Gründe	Arbeitsbedingungen	Vorgesetztenverhältnis
Studium, Aus- und Weiterbildung	Lohnattraktivität	Arbeitsplatz und Arbeitshilfsmittel	Anerkennung
Heirat, Kinder, Wegzug	Stellenbeschreibungs-Kongruenz	Arbeitszeiten und Arbeitsklima	Autoritärer Führungsstil
Neue Perspektiven	Entwicklungsmöglichkeiten	Informationspolitik	Selbständigkeit
Alter/ Pensionierung	Innovationsbereitschaft	Freiräume	persönliche Kompatibilität
Arbeitsweg	Qualität der Arbeit		Vorgesetztenwechsel

Diese Fragen sollten im Interesse der Messbarkeit und der objektiven Vergleichs- und Bewertungsmöglichkeit sowohl skaliert (sehr gut, gut, zufrieden, mangelhaft, sehr schlecht) wie auch offen gestellt werden (Beispiel "Fehlende Freiräume": welche, Nennung von Beispielen, Präzisierung usw.).

Informations-Rückkoppelung und Massnahmenplanung

Die regelmässige, repräsentative und systematische Auswertung der Gespräche und Austrittsfragebögen einerseits und das Ergreifen von Massnahmen andererseits ist von entscheidender Bedeutung. Wird dies nicht konsequent gemacht und ein Fragebogen zu den Akten gelegt, kann auf Austrittsgespräche ebenso so gut verzichtet werden. Wichtig ist zudem auch die Rückkoppelung der Informationen an die Verantwortlichen: Dies kann in Fragen der Lohnpolitik die Geschäftsleitung sein, in kritischen Äusserungen zum Führungsverhalten der

Linienvorgesetzte oder bei mangelhaften PC-Arbeitshilfsmitteln der IT-Verantwortliche. Beispiele möglicher Massnahmen können sein:

- Einleitung von Personalerhaltungs- und Mitarbeiterbindungs-Massnahmen
- Rückmeldung an direkte Vorgesetzte, die GL oder andere Unternehmensstellen
- Optimieren z.B. der Lohnpolitik oder der Personalentwicklungsmassnahmen
- Sofortiges Angehen von Führungsschwächen und Fragen der Führungskultur
- Prioritäres Angehen von Schwachpunkten, die Folgekündigungen auslösen könnten

Geschäftsleitung und Kader sollten regelmässig über die Resultate von Austrittsgesprächen und daraus erfolgte Massnahmen informiert werden, um die notwendige Sensibilisierung für gewisse Probleme und Rückendeckung für Massnahmen sicherzustellen.

Generelle Informations- und Kommunikationsformen

Informations- und Kommunikationsmeetings

Die kontinuierliche Information der Mitarbeiter über wichtige betriebliche Neuerungen und Geschehnisse ist eine wichtige Aufgabe. Dabei ist es empfehlenswert, die Themen, Teilnehmerkreis und Anlässe genau zu definieren. Auch die Einweg- und Dialogmedien und die persönlichen Informationsanlässe sollten, in gegenseitiger Wechselwirkung und aufeinander abgestimmt, geplant und realisiert werden.

Wichtige Parameter von Meetings

Bei diesen Meetings ist es von Vorteil, mit feststehenden Traktanden einer klaren Struktur zu folgen und ein striktes Zeitmanagement einzuhalten. Dabei sind folgende Parameter von Bedeutung:

- Was ist der Hauptzweck und das Hauptziel des Meetings?
- Wer informiert wen, wie lange, worüber?
- Wer sind die Teilnehmer aus welchen Abteilungen?
- Wie lange dauert dieses Meeting und wann findet es jeweils statt?
- Wer wird wie, womit, worüber informiert?
- Wer organisiert es und führt Protokoll und Beschlusskontrolle?

Anstelle theoretischer Analysen und Abwägungen finden Sie nachfolgend konkrete Vorschläge, wann zu welchen Themen und Anlässen in welcher Form Informations- und Kommunikationsmeetings stattfinden bzw. sinnvoll sein können.

Halbjährliche Informationen durch die Geschäftsleitung

Zwei Mal pro Jahr informiert die Geschäftsleitung auf offene, transparente und umfassende Art über den generellen Geschäftsgang und gibt einen Ausblick auf das jeweils folgende Halbjahr. Diese Informationsveranstaltungen können dabei folgende Haupttraktanden umfassen:

- Zielerreichungssituation und Abweichungsbegründung
- Situationen in den einzelnen Geschäftsfeldern und Abteilungen
- Das Geschäfts massgeblich vorangetriebene Highlights
- Sonderprojekte, Innovationen und deren Stand und Ziele
- Investitionsvorhaben und Personalsituation
- Kurzreports der Abteilungsleiter aus ihren Geschäftsbereichen
- Ausblick auf das kommende Geschäftsjahr/Halbjahr

Wöchentliche Abteilungsbesprechungen

Diese können dem "Daily Business" gewidmet sein und eine Informations- und Dialogfunktion haben und folgenden Themenrahmen aufweisen:

- Genereller Stand der Dinge – Probleme, Chancen, Aktivitäten
- Stand konkreter Aufgaben und Projekte
- Benötigte Mittel zur Zielerreichung
- Personelle Situation

"Onepage-Report" an die Geschäftsleitung

Eine pro Abteilung strikt auf eine Seite begrenzte schriftliche Zusammenfassung dieser Abteilungsbesprechungen – der "Onepage-Report" gehen an die Geschäftsleitung. Wichtige Projekte, Zahlenmaterial, Analysen usw. haben dabei einen Link auf Dokumente im Intranet, wo die Geschäftsleitung gezielten und individuellen Detaileinblick haben kann.

Monatliches Abteilungsleiter-Meeting mit Geschäftsleitung

Grundlage für ein solches Monatsmeeting können die oben genannten Abteilungsbesprechungen sein. Von diesen kann eine Zusammenfassung nach Vorgabe der Geschäftsleitung erstellt werden.

Nachfolgend finden Sie einen einfachen für die Praxis einsetzbaren Sitzungsplan mit den wichtigsten Informationen.

Beispiel eines Meeting– und Sitzungsplans	
Meetingbezeichnung: Abteilungs-Wochenbesprechung	
Traktandenpunkte:	Geschäftsgang, Personelles, Projekte, Probleme
Teilnehmer:	Abteilungsleiter und alle Mitarbeiter
Rhythmus:	wöchentlich
ProtokollführerIn:	Susanne Morelli
Dauer:	40 Minuten
Zweck und Ziel: Sicherung des Informationsstandes zum Geschäftsgang	
Meetingbezeichnung: Geschäftsleitungs-Monatsbesprechung	
Traktandenpunkte:	Marketing, Finanzielles, Personal, Forschung
Teilnehmer:	Abteilungsleiter und GL-Mitglieder
Rhythmus:	monatlich
ProtokollführerIn:	Susanne Morelli
Dauer:	1 Stunde
Zweck und Ziel: Grundsatzfragen, wichtige Entscheidungen/Weichenstellungen	
Meetingbezeichnung: Quartalsbesprechung	
Traktandenpunkte:	Geschäftsgang, Projekte, Strategie, GF-Entwicklung
Teilnehmer:	Geschäftsleitung und Ressortleiter
Rhythmus:	vierteljährlich
ProtokollführerIn:	Manuela Stöcklin
Dauer:	2-3 Stunden
Zweck und Ziel: Sicherung des Informationsstandes zum Geschäftsgang	
Meetingbezeichnung: Projektentwicklungen	
Traktandenpunkte:	Stand zu Projekten, Resultaten, Probleme
Teilnehmer:	Abteilungsleiter Forschung und Marketing
Rhythmus:	Jeden zweiten Monat
ProtokollführerIn:	Susanne Morelli
Dauer:	2 Stunden
Zweck und Ziel: Sicherung Informationsstand, Diskussion, Meinungsaustausch	

Themenspezifische Informationsperiodika	
Diese bestimmten Themen oder Zielsetzungen gewidmeten Anregungen von Informationen in Form von Flyern, Memos, Übersichten und Rundschreiben dienen spezifischen Informationszwecken.	
Pressespiegel Das Unternehmen in den Medien	Presseberichte über Unternehmen, neue Produkte, Geschäftsentwicklung und weitere Themen werden jeden zweiten Monat an alle Mitarbeiter verteilt. Sie enthalten die Pressemeldung, die Zeitschrift und das Datum der Publikation.
Customer Report Kunden über unser Unternehmen	Jeden zweiten Monat werden besonders interessante und wichtige Kundenäusserungen, Reklamationen, Vorschläge, Neukundengewinnungen und Kundenerlebnisse publiziert.
Wer-Was-Wo-Wie-Warum Informations- und Kommunikationsübersicht	Monatlicher tabellarischer Überblick, die Agenda für alle Mitarbeiter, wann, wo warum wie und wer zu welchem Thema um welche Zeit informiert oder eine Veranstaltung stattfindet. Hier wird auch über den Medienverbund informiert (Vorabinformationen, Vertiefungen, Archivangebote, Querverweise, Medienformen usw.)
Special Offer Attraktive Angebote für Mitarbeitende und Angehörige	Von der Personalabteilung recherchierte Angebote für Mitarbeitende und Angehörige wie vergünstigte Einkaufsmöglichkeiten, reduzierte Tickets für kulturelle Veranstaltungen, attraktive Angebote von Lieferanten und Geschäftspartnern und einmalige und interessante Freizeitaktivitäten und Ideen.
Wir Short News zu, über und für alle Mitarbeitenden	Hier stehen die Menschen und Mitarbeitenden im Mittelpunkt: Private Ereignisse, originelle Ferien, Änderungen im Zivilstand, neue Aufgaben, Beförderungen, Zielerreichungen, Diplomabschlüsse, realisierte Ideen und Vorschläge und mehr.
News Neuerungen und Innovationen inner- und ausserhalb des Unternehmens	Ein Newsletter, der in Kürze über Neuerungen und Innovationen berichtet und so auch für den Change Management Prozess sensibilisieren soll. Dies kann neue Technologien, Grosskunden, Reorganisationen, Expansionen und mehr betreffen.

Mitarbeiterinformationen beim Change Management

Ob strategische Neuausrichtungen, drohende feindliche Übernahmen oder radikale in den Arbeitsalltag eingreifende technologische Neuerungen - Veränderungen gehören heute fast schon zum Unternehmensalltag. Von Führungskräften erfordert das die Fähigkeit, die Mitarbeiter von der Notwendigkeit des Wandels zu überzeugen und diese mit einer gekonnten Kommunikation einerseits zu gestalten und andererseits zu vermitteln – und zwar nicht ohne und schon gar nicht gegen – sondern mit den Mitarbeitern, d.h. mit deren konsequentem Einbezug während des gesamten Prozesses.

In Veränderungssituationen sinkt nicht nur das Vertrauen der Mitarbeiter in die Führungskräfte, sondern auch das Verständnis der Mitarbeiter für die Zielsetzung und Ausrichtung des Unternehmens. Deshalb kommt es auf die richtige Mischung aus Informationsübermittlung durch das Management einerseits und Einbindung der Mitarbeiter in Teilprozesse ("Bottom-up") andererseits an. Die emotionale Beteiligung an der Veränderung und die subjektive Bewertung der Vorgänge durch die Mitarbeiter entscheiden letztlich darüber, wie gut das Unternehmen die Veränderung bewältigt. Ideal ist es, wenn Mitarbeiter für Teilprozesse selbst verantwortlich sind, um über persönliche Beiträge zu Teilprozessen eine Identifikation mit dem Gesamtprozess zu schaffen und diesen sogar aktiv mitgestalten und mitbeeinflussen können.

Bedeutung und Stellenwert des Change Managements

Obwohl es schon immer grundlegende Veränderungen in Firmen gab, ist der Begriff "Change Management" erst mit der grossen Fusionswelle in den Neunzigern bekannt geworden. Es ist ein Sammelbegriff für Strategien, mit denen man einen (auch radikalen) Unternehmensumbau so begleitet, dass sich die Mitarbeiter damit identifizieren – oder ihn zumindest akzeptieren. Der Leitgedanke dabei: Tief greifende Veränderungen dürfen nicht einfach nur verordnet und durchgezogen werden, man muss sie bewusst lenken und steuern. Erfolgreiches Change Management bewirkt einen Wandel in den Köpfen der Mitarbeiter. Aus "Betroffenen" werden motivierte "Gestalter" mit Verantwortung für die Gestaltung der eigenen Zukunft.

Die Veränderungsbereitschaft von Mitarbeitern

Fusionen oder Umstrukturierungen ängstigen Mitarbeiter oft, sie lehnen Veränderungen grundsätzlich ab oder stellen sich gar gegen diese, so lautet mindestens hier und da die landläufige Meinung. Doch wenn Unternehmen ihre Angestellten regelmässig über den Wandel informieren, können sie den Veränderungen durchaus etwas abgewinnen. Eine Studie der Unternehmensberatung Deloitte Consulting bringt erstaunliche Ergebnisse zutage: Entgegen der landläufigen Meinung, dass Umstrukturierungen den Unmut der Mitarbeiter fördern, kommen die Berater zu einem anderen Schluss. Zwar verursachen Veränderungen Stress innerhalb der Belegschaft, doch eine intensive interne Kommunikation seitens des Managements motiviert die Angestellten, und sie sehen dem Wandel innerhalb des Unternehmens gelassen entgegen.

Die Bedeutung und der Bezug zur Kommunikation

Erfolgreiches Change Management macht den Betroffenen zum motivierten Gestalter und bewirkt den Wandel primär in den Köpfen der Mitarbeiter. Es bedeutet die Schaffung der Voraussetzungen für die Organisation und ihre Mitarbeiter, damit sie Verantwortung für die Gestaltung ihrer eigenen Zukunft übernehmen können. Durch aktive Partizipation und Einstellungsänderung von Mitarbeiter kann die Effektivität und Effizienz einer Organisation nachhaltig gesteigert werden. Die verbesserte, koordinierte und von Beginn weg geplante interne Kommunikation erlaubt zudem die Förderung persönlicher Entwicklungsziele und erhöht auch noch den Teamgeist.

Vorgehen und häufige Fehler beim Change Management

John P. Kotter, ein in Change Management- und Leadership-Fragen renommierter Harvard-Professor, analysierte zahlreiche Veränderungsinitiativen von Unternehmen. Er stellte fest, dass im Wesentlichen oft folgende Fehler für das Scheitern von Veränderungen verantwortlich sind. Diese werden im Folgenden beschrieben.

Duldung von zu viel Selbstherrlichkeit

Das Management signalisiert den Beschäftigten zu Beginn einer Unternehmenstransformation nicht die notwendige Dringlichkeit des Vorhabens und den daraus entstehenden Nutzen für die Mitarbeitenden. "Zu viele Erfolge in der Vergangenheit, das Fehlen sichtbarer Krisen, niedrige Leistungsstandards, ungenügendes Feedback von externen Auftraggebern sowie Kunden ...." ermöglichen eine Verharmlosung der Realität. Dies äussert sich durch Phrasen wie: "Das haben wir schon immer so gemacht, warum sollen wir es diesmal anders machen?" oder "Ja, die Situation ist mal wieder schwierig, aber das wird schon wieder!" Zu lange und zu selbstherrlich wird am Status quo festgehalten oder es wird versucht, die Veränderungen ohne die Beteiligung der Mitarbeiter und Kollegen voranzutreiben.

Keine Führungskoalition

Fehlt eine starke Führungskoalition aus den ersten Reihen des Unternehmens, so scheitern Veränderungsvorhaben. Denn ohne die erforderliche Autorität kann das massive Trägheitspotenzial nicht überwunden werden. Verantwortliche mit Veränderungsbereitschaft gewinnen und zusammenbringen, ist deshalb eine wichtige Aufgabe. Mitstreiter, ältere angesehene Mitarbeiter und charismatische Führungskräfte können eine solche Funktion sehr gut und glaubwürdig übernehmen.

Unterschätzen der Kraft der Vision

Kotter: "Die Vision spielt eine Schlüsselrolle bei der Durchführung eines sinnvollen Wandels, weil sie hilft, Handlungen unter der Berücksichtigung vieler Beteiligter zu planen, abzugleichen und anzuregen." Fehlt eine klare, verständliche und überzeugende Vision, so fehlt dem gesamten Veränderungsvorhaben die wegweisende Richtung bzw. die Schubkraft der Motivation. Es folgen zeitintensive und häufig nutzlose Einzelprojekte, die zu versanden drohen, da die eindeutige Direktive in Form eines visionären Gesamtzieles fehlt.

Mangelnde Kommunikation der Vision

Wandel ist nahezu unmöglich, wenn die Mehrheit der Beschäftigten die Vision nicht verstanden und verinnerlicht hat. Die Mitarbeiter werden nur dann bereit sein, Verzicht zu üben und Engagement zu zeigen, wenn ihnen der Wandel nützlich und durchführbar erscheint. Dieses sowohl rationale als auch emotionale Verständnis kann nur zustande kommen, wenn den Mitarbeitern die Vision rechtzeitig und plausibel kommuniziert wird. Häufig wird die Vision jedoch nur unzureichend vermittelt und auf das Feedback der Beschäftigten kein Wert gelegt. Dies allein genügt oft, einen Veränderungsprozess zum Scheitern zu bringen.

Visionsblockierende Hindernisse

Viele Transformationsbewegungen scheitern an entmutigten Mitarbeitern, die während ihrer Veränderungsbemühungen auf organisatorische Blockaden stossen. Restriktive Dokumentationsanforderungen und starre Ablaufbeschreibungen verhindern die flexible Anpassung an neue Zielsetzungen. Wesentlich ist, Mitarbeitende an den Veränderungen mit Meinungen, Kritik und Vorschlägen teilhaben zu lassen, sie ins Boot zu nehmen. Mitarbeitende, die Veränderungen verstehen, ein Teil von ihnen werden und sie vor allem mitgestalten, machen einen grossen Teil des Erfolges vor allem später aus, wenn es um die nachhaltige Umsetzung und dauerhafte Implementierung von Veränderungen geht.

Die acht Schritte zum Erfolg

Hier nochmals als Zusammenfassung die wichtigsten acht Schritte gemäss Kotter, um einen Change Management Prozess zum Erfolg zu verhelfen:

- Bewusstsein für die Dringlichkeit schaffen
- Verantwortliche mit Veränderungsbereitschaft gewinnen
- Die Zukunftsvision ausformulieren und eine Strategie entwickeln
- Die Zukunftsvision bekannt machen
- Handeln im Sinne der neuen Vision und der Ziele ermöglichen
- Kurzfristige Erfolge planen und gezielt herbeiführen
- Erreichte Verbesserungen systematisch weiter ausbauen
- Das Neue fest und dauerhaft verankern

Gründe für häufiges Scheitern: Mitarbeiterignorierung

Veränderungen scheitern häufig daran, dass den weichen Faktoren im Prozess des Wandels zu wenig Aufmerksamkeit geschenkt wird. Es werden Beraterstäbe involviert, Visionen ausformuliert, ausgefeilte Technologien evaluiert - doch der Mitarbeiter, sprich seine Bedürfnisse, seine Anregungen, seine Ängste und sein Input - wird ausgeklammert und ignoriert. Wandel und Veränderung finden aber letztlich bei den Mitarbeitern statt: Sie sind damit konfrontiert und herausgefordert, Veränderungen im Alltag zu realisieren. Ein Change Management, welches dies, die Umsetzung, nicht berücksichtigt, greift zu kurz. Denn Veränderungen greifen nur, wenn sie von den Mitarbeitern getragen, akzeptiert und verstanden werden - und vor allem den Nutzen für ihre Arbeit und sie persönlich erkennen. "Nichts ist beständiger als der Wandel", sagte schon Heraklit. Doch der Mensch hängt an seinen Gewohnheiten - angefangen vom morgendlichen Frühstücksritual bis hin zu den bewährten und vertrauten Arbeitsabläufen im Büro.

Führungskräfte wissen es aus oft bitterer Erfahrung: Prozesse umzugestalten oder eine neue technische Lösung einzuführen ist häufig nur vordergründig ein pragmatisch-technisches Unterfangen. Gerade in wirtschaftlich unsicheren Zeiten werden Veränderungen schnell als unheilvolle sich für Mitarbeiter nachteilige Vorboten gewertet. "Wer den Faktor Mensch ausser acht lässt, riskiert, dass eine noch so sinnvolle und geniale Neuerung nicht angenommen oder sogar sabotiert wird", ist die Meinung vieler Unternehmer. Am besten bringt es die Notwendigkeit auf den Punkt, Betroffene zu Beteiligten zu machen.

Klare Zielsetzungen und Hintergrundinformationen

Ein konkretes Ziel festlegen und es den Mitarbeitern so früh wie möglich erklären, ist entscheidend. Nicht nur wie die Vision aussieht, sondern auch, wie der Weg dorthin verlaufen soll. Zwischendurch nehmen die meisten Change Manager immer wieder Standpunktanalysen und Erfolgskontrollen vor: Wie weit sind wir gekommen? Welcher Schritt ist der nächste? Wo läuft etwas schief? Wie kann man den Kritikern den Wind aus den Segeln nehmen, bevor sie zu Saboteuren werden? Die Ziele müssen von Anfang an klar und ehrlich kommuniziert werden. Nur wer die Mitarbeiter in den Prozess integriert, Ängste und Bedenken im Dialog auszuräumen weiss, ihre Anregungen und Kritik diskutiert und einbezieht und ihnen den Mehrwert verdeutlicht, kann auf ihre Veränderungsbereitschaft hoffen. Und damit auf den nachhaltigen Erfolg des Projekts.

Perspektiven aufzeigen und Sicherheit vermitteln

Die unterschwelligen Ängste der Mitarbeiter abzubauen gehört zu den wichtigsten Kommunikationsaufgaben im Change Management. Dazu sollte zunächst gemeinsam mit dem Management ein strategischer Fahrplan ausgearbeitet werden. Erster Schritt: Eine Befragung der Mitarbeiter. Sie sollte Aufschluss darüber geben, wie diese das Klima in ihrer Abteilung empfinden, ob sie sich regelmässig austauschen und ihr Wissen systematisch ablegen. In anschliessenden Workshops werden die Ergebnisse diskutiert. Entscheidend ist dabei stets, das Vertrauen der Mitarbeiter zu gewinnen und ihre Sichtweisen und Befürchtungen ernst zu nehmen. Dabei geht es oft auch darum, Fragen zu stellen, zur Selbstreflexion anzuregen und versuchen, die Mitarbeiter dazu zu bewegen, eine andere oder neue Perspektive einzunehmen.

Einbezug von Multiplikatoren

Helfen können dabei oft so genannte Multiplikatoren, heutzutage auch Change Agents genannt. Das sind Mitarbeiter, die im Kollegenkreis ein gewisses Ansehen, Kompetenz und Vertrauen geniessen und die bevor stehende Veränderung positiv werten. Sie werden in Coachings oder Seminaren in Sachen Überzeugungsarbeit geschult um die Belegschaft von der wirtschaftlichen Notwendigkeit einer Umstrukturierung zu überzeugen. Wer als Change Agent an Veränderungen mitwirken sollte, muss hohe Voraussetzungen erfüllen: Er sollte über das Fachliche hinaus Akzeptanz bei den Mitarbeitern geniessen, fachliche Zusammenhänge beurteilen, mit Konflikten umgehen können, zielorientiert kommunizieren und Initiative zeigen.

Unabdingbar: Hohe soziale und kommunikative Kompetenz

Wie bereitwillig sich die Mitarbeiter vom Change Manager auf die Reise mitnehmen lassen, hängt von Art und Umfang der Veränderung ab. Während ein Projekt zur Verbesserung der Kundenorientierung kaum zu grossen Konflikten führen dürfte, sieht dies bei einer Fusion, tief greifenden technologischen Neuerungen oder einem Domizilwechsel natürlich wesentlich anders aus. Die Diagnose des Widerstands fällt dabei nicht immer leicht. Mitarbeiter kleiden ihre Ängste und Eigeninteressen häufig in die Form von Sachargumenten. Denen lässt sich freilich mit logischen Argumenten nicht beikommen. Die wahre Intention hinter den Worten zu erkennen und darauf angemessen zu reagieren, erfordert vor allem von den direkten Führungskräften eine hohe soziale und kommunikative Kompetenz. In sich wandelnden Situationen ist die Führungskraft aufgerufen, Vertrauen zu schaffen. Veränderungen lösen bei den Mitarbeitern Ängste aus, die den Aufbau von neuen Kompetenzen zur Problemlösung behindern können. Veränderungsziele müssen klar definiert und kommuniziert werden, damit die Mitarbeiter ihren individuellen Beitrag zur Zielerreichung erkennen können.

Gerüchteküche und Flurfunk

Wo Mitarbeiter bei Veränderungsprozessen die glaubwürdigsten Informationen beschaffen, ist nach diversen Untersuchungen oft der sogenannte "Flurfunk", also in persönlichen, informellen Gesprächen, aber auch durch Gerüchte. Das wird einfach hingenommen. Gerüchtekommunikation ist jedoch gestaltbar und führbar und sie ist ein zu akzeptierender Teil der Kommunikation in einem Unternehmen, die eine Art "Pulsfühlung" der Mitarbeiterzufriedenheit und Akzeptanz von Veränderungen erlaubt.

Typische Erscheinungsform von Widerstand ist die Art, wie über eine Veränderung oder ein Unternehmen geredet wird. Die Art der Geschichten und Gerüchte, die man sich erzählt, sagt viel über den aktuellen Zustand einer Veränderungskultur und die Grundhaltung der Mitarbeiter darin aus.

- Erzählt man sich nur negative Geschichten und dominiert der Zynismus, ist es mit der Glaubwürdigkeit des Managements in bevorstehende oder stattfindende Veränderungen nicht bestens bestellt. Mangels Vertrauen flüchtet man in Halbwahrheiten und hebt negative Aspekte hervor.
- Zynische Geschichten weisen darauf hin, dass der Spagat zwischen kommuniziertem Bild und gelebtem Alltag immer grösser wird. Denn je grösser dieser Spagat ist, desto grösser der Zynismus.

- Geschichten mit Galgenhumor zeugen von schwindender Identifikation mit dem Unternehmen und signalisieren einen ernstzunehmenden Vertrauensschwund.
- Übermässig viele Gerüchte weisen darauf hin, dass das Unternehmen sich in einer höchst instabilen Phase befindet und ein akuter Mangel an vertrauensbildenden und das Verständnis fördernden Informationen fehlt.

Mehr Vertrauen in Gerüchte als in Corporate Communications?

Warum kommt es, dass Mitarbeiter lieber dem Flurfunk glauben schenken, als den offiziellen Hochglanz-Verlautbarungen schneidig designten Powerpointinformationen, die Change-Prozesse erklären und die Motivation stärken sollen? Die Frage zielt primär auf die Glaubwürdigkeit der handelnden Personen. Aber auch auf die Art, wie negative Informationen und Rückschläge vermittelt werden: Man dreht zu vieles ins Positive, das Zulassen von negativen Aspekten und Problemen wird nach Möglichkeit vermieden. Doch gerade diese Offenheit und Ehrlichkeit ist eine wichtige Voraussetzung für Akzeptanz, Glaubwürdigkeit und Bindung, da sie den berühmten Klagemauer-Effekt haben. Denn eine solche Haltung des Managements beweist letztlich auch das Vertrauen in die Mitarbeiter, Probleme zu verstehen und zu akzeptieren und die Chance zu haben, an deren Lösung mitwirken zu können.

Sorgfältige Planung und Vorbereitung

Schliesslich ist neben der grundsätzlich strategischen Ausrichtung auf die Kommunikationsziele eine taktische Planung im Hinblick auf die Herstellung von Kontinuität bei Veränderungsprozessen ebenfalls bedeutsam. Die Wiederholung von Kernbotschaften aus dem Themenmanagement sorgt für eine Wirkungsverstärkung. Die Taktik besteht vor allem im Aufbau des dramaturgischen Spannungsbogens durch den aufeinander abgestimmten Auftritt der Rolleninhaber. Im Zeit- und Aktionsplan werden so die verschiedenen Massnahmen mit den Veränderungen im Unternehmen verknüpft. Die interne Kommunikation leistet auf diese Weise einen entscheidenden Beitrag zur Wertschöpfung des Unternehmens.

Die folgenden Tipps für eine erfolgreiche Planung und Umsetzung der Kommunikationsstrategie bei Change-Prozessen sollen in Kürze zeigen, worauf es im wesentlichen ankommt:

- Frühzeitig starten, besser proaktiv als reaktiv
- Persönlich kommunizieren, wann immer es möglich ist
- Nicht alles auf einmal vermitteln, was Mitarbeiter wissen müssen
- Die Kommunikation auf zwei, drei Kernbotschaften beschränken

- Den persönlichen Bezug herstellen: "Was bedeutet es für mich?"
- Die Kommunikation muss überzeugend und glaubwürdig sein
- Botschaften über verschiedene Kanäle wiederholen und vertiefen
- Kommunikation soll Verständnis und dann Handeln bewirken
- In Prozessen denken, nicht in Produkten und Situationen
- Genügend Zeit einsetzen für Planung und Vorbereitung
- Dem Definieren von Botschaften Beachtung schenken
- Unterschiedliches Feedback einholen und bearbeiten

Beispiel eines Informationsplanes

Thema: ....

Zielgruppppe: ....

Verantwortung: ....

Informationsziel: ....

Massnahme	**Instrument**	**Zielgruppe**	**Termin**
Auftaktveranstaltung	Veranstaltung	Alle Mitarbeiter	Okt 07
Basisinformationen	Faltblatt	Alle Mitarbeiter	Okt 07
Vertiefung	E-Mail-Letter	Alle Mitarbeiter	Okt 07
Planung und Organisation	MA-Zeitschrift	Alle Mitarbeiter	Okt 07
Question & Answers	Veranstaltung	Alle Mitarbeiter	Nov 07
Präsentation des Ablaufs	Veranstaltung	Alle Mitarbeiter	Nov 07
Details der Umsetzung	Intranet	Mittleres Kader	Dez 07
Sicherung aktueller Infostand	Intranet	Projektverantw.	Dez 07
Terminplan	Anschlagbrett	Alle Mitarbeiter	Jan 08
Befragung Verständnis	MA-Befragung	Alle Mitarbeiter	Jan 08
Abschluss-Präsentation	Veranstaltung	Alle Mitarbeiter	Jan 08
Feier	Veranstaltung	Alle Mitarbeiter	Feb 08

Führungskräftekommunikation bei Veränderungsprozessen

Veränderungsprozesse stehen in fast allen grösseren Unternehmen permanent auf der Agenda – und sind dennoch alles andere als ein gewohnter Führungsalltag. Den Führungskräften kommt in Situationen und Phasen des Change Managements eine kommunikative Schlüsselrolle zu: Sie sind massgebliche Multiplikatoren, wenn es darum geht, Sinn und Notwendigkeit von Veränderungen zu vermitteln und deren Durchsetzung zu gewährleisten. Doch oft genug stehen insbesondere die Verantwortlichen der zweiten und dritten Ebene den Fragen ihrer Mitarbeiter "sprachlos" gegenüber. Denn die ihnen zugedachte Rolle als "Kommunikatoren des Wandels" trifft diese Führungskräfte häufig unvorbereitet und ist auf dieser Managementebene noch längst nicht selbstverständlich.

Ziel der Führungskräftekommunikation sollte es sein, Inhalte und Instrumente bereitzustellen, mit deren Hilfe Unternehmensentscheidungen plausibel dargestellt und nachvollziehbar gemacht werden können. Die Führungskräftekommunikation spielt damit eine herausragende Rolle, um Akzeptanz und Veränderungsbereitschaft der Mitarbeiter zu mobilisieren.

Führungskräfteveranstaltungen

Ob Roadshow, Commitment-Act oder Informationsveranstaltung: Losgelöst vom Unternehmensalltag bilden sie Meilensteine auf der Agenda von Führungskräften. Ziel ist es, die Verantwortlichen emotional und von der Motivation her auf ihre Vermittlerrolle einzustimmen und sie zu mobilisieren. Von der inhaltlichen Vorbereitung bis hin zu Planung und Organisation ist ein stimmiges Veranstaltungskonzept wichtig.

Führungskräfte-Medien

Je komplexer die Lage, desto mehr wachsen Führungskräfte in die Rolle des Vermittlers, Erklärers, Multiplikators, Motivatoren. Dazu braucht es die nötigen Interpretationen, Sprachregelungen und Hintergrundinformationen. Darüber hinaus leisten Führungskräfte-Medien einen wichtigen Beitrag zur Bildung einer eigenen Führungskräfte-Community. Deren Zusammenhalt ist gerade in Zeiten des Wandels entscheidend.

Führungskräfte-Workshops

In konzentrierter Atmosphäre ausserhalb des Tagesgeschäfts werden Führungskräfte auf ihre Aufgaben als Vermittler vorbereitet und Teambildungsprozesse initiiert. Unter fachkundiger Moderation sollte die inhaltliche Ausarbeitung von Rollenverständnissen im Vordergrund stehen.

HRM-Trends bei Changeprozessen

Vom Verwalter zum Gestalter

Besonders im Zuge von Unternehmensveränderungen wird das Personalwesen noch stärker als bis anhin eine Aufwertung erfahren. Lag der Schwerpunkt nach bisher üblicher Auffassung eher in der Administration, so kommen auf die Personalverantwortlichen neue Erwartungen und Chancen zu: Strategische Fähigkeiten, unternehmerische Weitsicht und Gestaltungswille sind immer mehr gefragt. Diese Entwicklung kristallisiert sich im Change Management. Dort wirkt sich die rechtzeitige Einbindung des Personalwesens sichtbar positiv aus.

Mehr operative Verantwortung

HR-Experten müssen damit rechnen, dass man ihren Beitrag zum Change Management künftig wichtiger nimmt. Ihre Kompetenz wird dadurch bestätigt, aber auch verstärkten praktischen Erwartungen unterworfen. Der Trend geht zu mehr Konsequenz in operativen Details. Parallel wird es mehr interne und externe Erfolgskontrollen geben. So könnte das Personalwesen in Zukunft die Change Agents nicht nur auswählen, sondern auch für die Qualität ihrer Arbeit verantwortlich sein.

Kommunikation wird delegiert

Im Change Management von morgen spielen Information und Motivation der Beschäftigten eine Schlüsselrolle. Aus dieser zunächst HR-typisch erscheinenden Aufgabe wird sich das Personalwesen zurückziehen. Die in der professionellen Kommunikation erforderlichen Spezialkenntnisse werden die Personalverantwortlichen möglicherweise zunehmend extern einkaufen oder von den Kommunikationsabteilungen ihrer Unternehmen abfordern.

Häufig eingesetzte Change Management-Instrumente			
Die beiden in der Praxis am häufigsten eingesetzten Instrumente im Veränderungsmanagement sind Projektmanagement (50%) und Workshops (49%), gefolgt von persönlicher Kommunikation (33%) Mit deutlichem Abstand finden gemäss mehrerer Untersuchungen und Befragungen Projektmanagement und Workshops Anwendung in Veränderungsprozessen. Der Reihenfolge der Bedeutung nach sind die Instrumente nachfolgend zusammengefasst.			
Instrument	gut, OK	prüfen	ungeeignet
Projektmanagement			
Workshops			
Kommunikation			
Persönliche Gespräche			
Führungskräfteentwicklung			
Training/Schulung			
Personalentwicklung			
Kommunikation Intranet			
Interviews			
Umfeld-/Statusanalyse			
Veranstaltungen/Events			
Visionsentwicklung			
Balanced Scorecard			
Team Building Aktivitäten			
Organisationsentwicklung			
Mitarbeiter-Mobilisierung			
Anreizsysteme			
Motivation			
Print-Medien			
Assessment			
Center/Audits			
Coaching			

Generelle Informationsaktivitäten

Vertrauensbildung durch offene Kommunikation

Informationsveranstaltungen durchzuführen, bedarf sorgfältiger Planung, durchdachtem Einsatz der Medien und einer spannenden Dramaturgie. Sie sollten professionell geplant und von Referenten durchgeführt werden, die über rhetorisches Geschick und Erfahrung verfügen und die notwendige Sicherheit und Gewandtheit aufweisen, um auch in heiklen und kontroversen Diskussionen bestehen und überzeugen zu können. Worauf es ferner ankommt, ist, solche Veranstaltungen regelmässig durchzuführen. In vielen Change Management-Projekten hat es sich bewährt, hier für einen Automatismus zu sorgen und sie zum Beispiel fest an andere Meetings zu koppeln.

Gründe für den Verlust von Glaubwürdigkeit

Glaubwürdigkeit ist eine zentrale Voraussetzung für eine Kommunikation und Information, die akzeptiert und aufgenommen wird und der Zielerreichung dienen soll. Dies betrifft sowohl die Person des Senders, wie auch die Art und Weise der Kommunikation. Die nachfolgenden als Don'ts des Kommunikationsexperten Walter P. von Wartburg formulierten Regeln zeigen konkret auf, worauf es bei der Glaubwürdigkeit von Information und Kommunikation ankommt.

Die Don'ts für glaubwürdige Kommunikation und Information	
Reine Informations-vermittlung	Aus der falschen Annahme, dass es genügt und kompetent wirkt, sachlich zu informieren, weil Wissensvermittlung Akzeptanz schaffe. Richtig ist hingegen, die Informationsvermittlung stets mit einem Überzeugungstransfer zu koppeln.
Halbwahrheiten genügen	Da die ganze Wahrheit schadet und die Konkurrenz mithören könnte. Die Meinung des Experten hingegen lautet: Richtig ist, maximale Offenheit zu zeigen und die Grenzen zu erläutern.
Nur Zahlen zählen	weil man davon ausgeht, dass alle sich für Finanzzahlen interessieren und dass eine gekonnte Zahlenanalyse besticht. Statt Zahlenreduktionismus müsse man bildhaft zeigen, was hinter den Zahlen steckt.
Nur Erreichtes kommunizieren	weil nur das interessiert, was erreicht wurde, und weil nicht Erreichtes von Schwäche zeugt. Es gelte Prozesskommunikation zu betreiben und Vorgehensweisen und Schwierigkeiten zu erklären.
Probleme ausblenden	weil Probleme verunsichern können und mangelnde Kompetenz zeigen. Problem- und Risikokommunikation bewirkt im Gegenteil Vertrauen, beweist Ehrlichkeit und schafft damit - als eine der wichtigsten Voraussetzungen und Erfolgsfaktoren in Change Prozessen - Glaubwürdigkeit.
Komplexität vermeiden	da Einfachheit gefragt sei und man die Adressaten nicht überfordern solle.
Kaskadenprinzip	wonach Informationen hierarchiegerecht abgegeben werden müssen und die Ranghöhe den Wissensvorsprung bestimmt. Die Meinung des Experten hingegen lautet: "Information muss benutzergerecht zur Verfügung gestellt werden."
Information als Bringschuld	weil der Übermittler für die Information verantwortlich sei. Richtig ist vielmehr, Information zur Holschuld erklären, die Verantwortung liegt beim Adressaten.
Keine Fragen zulassen	weil es immer die gleichen Frager seien, die sich damit nur profilieren wollen. Fragen sollten in Kleingruppen organisiert werden. "Wer Fragen zulässt, führt", unterstreicht er.
Keine Kommunikation	Nach aussen», da die interne Kommunikation vertraulich sei. Viel eher gilt: Interna sind stets auch Externa, und Transparenz erhöht die Glaubwürdigkeit.

Bedeutung von Informationsveranstaltungen

Informationsveranstaltungen setzen einen gewissen Aufwand voraus und beanspruchen im Normalfall mehrere Personen und Abteilungen (Geschäftsleitung, Abteilungsleiter, Sekretariat, Personalabteilung, Hausdienst usw.) Doch sie haben demgegenüber auch klare und wesentliche Vorteile:

- Symbolisierung der Bedeutung des Themas oder Anlasses
- Zusätzliche Relevanzgebung durch Teilnehmergruppen (Geschäftsleitungs-Anwesenheit)
- Direkter und authentischer Austausch mit allen Mitarbeitern
- Klärung von Missverständnissen und fundierte Begründung
- Authentisches Stimmungsbild, Pulsfühlung zugleich für Management und Mitarbeiter
- Aufspüren von Konfliktpotential, Unsicherheiten, Ängsten und der Grundstimmung überhaupt

Anlässe für Informationsveranstaltungen

Es gibt diverse Anlässe, die eine Informationsveranstaltung rechtfertigen oder notwendig machen. Sie stehen immer im Zusammenspiel mit anderen Informationsformen und Kommunikationsinstrumenten und sind Bestandteil eines betrieblichen Kommunikationskonzeptes. Informationsveranstaltungen können institutionalisiert und periodisch oder aber auch spontan und ad hoc einberufen und durchgeführt werden. Einige Bespiele von Anlässen und Themen sind:

Anlass/Thema	**Beispiel**	**Frequenz**
Präsentation	Innovation, neue Technologie, HR-Dienstleistungen	spontan
Diskussionsveranstaltung	Arbeitszeitmodelle oder Meinungsumfrage	periodisch
Change Management	Reorganisation	spontan
Kriseninformation	Personalabbau, wirtschaftliche Probleme	spontan
Managementkonferenz	Strategische Neuausrichtung	periodisch
Informationstreffen	Marketing, Finanzen, Forschung oder Aktualität	periodisch
Betriebsinformationen	Geschäftsgang oder –bericht	periodisch
Personalentwicklung	Aus- und Weiterbildungs-Resultate und -angebote	periodisch
Spezielle Bezugsgruppen	Kaderleute und -nachwuchs, Experten, Abteilungen	periodisch

Informationsveranstaltungen für eine offene Kommunikation

Informationsveranstaltungen setzen ein Zeichen für eine offene Kommunikationspolitik, bei denen interessierte Mitarbeiter über den Geschäftsgang, tief greifende Veränderungen, Reorganisationen oder bahnbrechende Innovationen informiert werden. Gerade bei heiklen Anlässen wie personellen Veränderungen oder gar Personalabbaumassnahmen kann man mit verhältnismässig wenig Aufwand vielen Ängsten, Sorgen und Spekulationen der Mitarbeiter vorbeugen. Durch regelmässige Informationsveranstaltungen kann man zugleich viel darüber erfahren, wie zum Beispiel ein laufendes Change Management-Vorhaben von der Belegschaft bzw. den Führungskräften wahrgenommen wird oder wo allfällige Probleme bestehen. Im Zuge anschliessender Diskussionen kann man Fragen beantworten, Anregungen, Kritik und Hinweise aufnehmen, die Meinung zu unterschiedlichen Optionen einholen und frühzeitig deutlich machen, wo Probleme bestehen und wie es um die Stimmung steht. Wenn es gelingt, ein offenes und vertrauensvolles Diskussionsklima zu schaffen, werden die Mitarbeiter und Führungskräfte auf diese Weise nicht nur informiert, sondern auch involviert: Sie können aktiv Einfluss nehmen, Unklarheiten beseitigen, Ideen und Kritik einbringen und ihren Standpunkt darlegen.

Informationsveranstaltungen als Konfliktprävention

Regelmässige Informationsveranstaltungen und Diskussionsforen zu schaffen, ist nicht nur in guten Zeiten sinnvoll, sondern gerade auch dann, wenn die Grundstimmung gegen ein Projekt oder Entscheid gerichtet ist und sich wachsende Widerstände und Konflikte regen. Aber gerade eine solche Situation bietet die Möglichkeit zu zeigen, dass die Geschäftsführung voll hinter einem Vorhaben oder einer neuen strategischen Ausrichtung steht und dass man über Ausgestaltung und Vorgehensweise, nicht aber über die Ziele mit sich reden lässt. Somit sind offen und auf Vertrauensbasis durchgeführte Informationsveranstaltungen immer auch ein wichtiges Instrument der Konflikt-Prävention: Es macht allen Beteiligten deutlich, dass ein Widerstand gegen das Projekt keine Aussicht auf Erfolg hat und hilft so, Kräfteverschleiss für nutzlose Auseinandersetzungen und destruktive Diskussionen zu verhindern.

Besonders gut vorbereitet und taktisch geschickt sollte man vorgehen, wenn sich zu einem konfliktgeladenen Thema bereits eine ausgeprägte Polarisierung im Unternehmen entwickelt hat. Denn dann besteht die Gefahr, dass sich die Gegner des Veränderungsvorhabens bei dieser Veranstaltung öffentlich auf ihre Position festlegen und davon ohne Gesichtsverlust nicht mehr herunter kommen. Was zur Konsequenz hätte, dass Sie diese Personen öffentlich zurechtweisen und sich, wenn dies nichts bewirkt, unter Umständen von ihnen trennen müssten.

Um eine öffentliche Konfrontation und ihre Folgen zu vermeiden, ist es in solchen Fällen oftmals besser, sich dieser Person(en) zuvor in einem persönlichen Gespräch anzunehmen. Die andere Option ist, dass man solch einen "Show-Down " dazu nutzt, in einer zugespitzten Lage unbeugsame Entschlossenheit zu beweisen.

Erfolgsfaktoren für gute Informationsveranstaltungen

Bei Informationsveranstaltungen gibt es zahlreiche Erfolgsfaktoren, die über das Gelingen entscheiden. Sie reichen von Organisatorischem über Didaktik und Informationsvermittlung bis zur Rhetorik und Erfolgskontrolle. Als für die Praxis relevant und oft als Stolpersteine haben sich folgende Punkte herausgestellt:

Einladung Weisen Sie schon in der Einladung ausführlich auf das Thema, den Grund, die Traktanden, das Ziel, die Referenten, die Teilnehmer und den ungefähren Zeitrahmen hin. Vor allem der Hintergrund der Informationsveranstaltung und die Betroffenheit und Auswirkung sollten in einer solchen Einladung auch enthalten sein.

Traktanden Zu Beginn jeder Informationsveranstaltung sollten die Traktanden kurz vorgestellt und kommentiert und allfällig zum Zug kommende Referenten vorgestellt werden. Am Schluss einer solchen Traktandenvorstellung sollte das Ziel der Informationsveranstaltung und das Involvement der Teilnehmer nochmals kurz zusammengefasst werden.

Bezugsgruppen Es kann berechtigt sein, zwei bis drei Informationsveranstaltungen für unterschiedliche Mitarbeitergruppen abzuhalten, um individueller, fachspezifischer oder hintergrundgerechter auf eine Problematik oder einen Informationsgegenstand eingehen zu können. Solche Mitarbeitersegmente können Kaderleute, Experten, kaufmännisches und technisches Personal und Regional- oder Landes-Niederlassungen sein.

Vorinformation Sehr empfehlenswert können Vorabinformationen sein, welche eine erste Grundlage für das Verständnis oder die Sensibilisierung bilden können. Dies kann ein Beitrag in einer Mitarbeiterzeitschrift, ein vier bis fünfseitiges Wordattachment per E-Mail oder eine Vorabinformation, welche vom Linienvorgesetzten bezüglich Auswirkungen auf die Abteilungen vorgenommen wird, sein.

Kürzungen Häufig müssen die Präsentationen aus Zeitgründen gekürzt werden. Achten Sie bei allen Kürzungen darauf, dass die Haupttraktanden und Kernaussagen erhalten bleiben; nehmen Sie Inhalte heraus, die zu tief ins Detail gehen und/oder zu viel Erklärungszeit erfordern, ohne zu grundlegenden Einsichten zu führen.

Aufnahme

Auch auf die Informationsvermittlung und -aufbereitung sollten Sie das Augenmerk richten. Es gibt Mitarbeiter, welche Informationsaufnahme visuell, auditiv oder kinästhetisch aufnehmen oder Gelesenes dem Gehörten vorziehen oder anschliessende vertiefende oder komprimierte Informationen bevorzugen.

Medieneinsatz

Der Einsatz möglichst unterschiedlicher Medien garantiert Abwechslung und Spannung und wirkt sich auch auf den obigen Punkt aus. Dies können sein: Flipcharts, Folien, Handouts, Beamer, Zahlen und Grafiken, Videokurzfilme, Website-Beispiele, Tonaufzeichnungen, Statements und Meinungen der Teilnehmer, aktuelle Umfrage- oder Forschungsergebnisse, aktuelle Medien- und Fachberichte, Gastreferent, Mitarbeiter-Erfahrungsbericht usw.

Themenbrisanz

Widerstehen Sie der Versuchung, Punkte deshalb zu streichen, weil sie zu brisant oder kontrovers sind. Die Glaubwürdigkeit eines Kommunikations- und Informationsversprechens – und damit Ihre eigene – hängt daran, dass gerade die brisanten Inhalte offen kommuniziert werden und Polemik nicht gescheut wird. Gewöhnlich sickert es schnell durch, wenn Präsentationen zensiert oder entschärft wurden. Und dann ist das Vertrauen in eine offene und kritische Kommunikation dahin.

Klarheit

Trennen Sie in der Kommunikation, soweit möglich, zwischen den Vorschlägen und diskutierbaren Fragen und Anliegen und definitiv gefallenen Entscheidungen, die die Geschäftsleitung bereits getroffen hat und kommunizieren Sie diesen Sachverhalt auch entsprechend.

Thematik

Denken Sie nicht nur darüber nach, welche Informationen Sie zur Sprache bringen, sondern fragen Sie sich bei der Vorbereitung auch, was die Mitarbeiter bei dieser Thematik bewegen könnte und in welchen Bereichen Befürchtungen und Skepsis bestehen. Oft beziehen sich Sorgen weniger auf die

Arbeitsergebnisse und Formalitäten von Entscheidungen und Veränderungen als auf die daraus möglicherweise resultierenden Konsequenzen.

Ängste Sprechen Sie solche Sorgen und Ängste von Mitarbeitern von sich aus und möglichst schon zu Beginn an - es ist besser, sie offen auf den Tisch zu bringen als sie zu ignorieren und damit die Offenheit und die Vertrauensbasis einer Informationsveranstaltung zu beeinträchtigen. Zudem beweist eine solche Haltung auch, dass Sie die Anliegen der Mitarbeiter ernst nehmen und sich schon im Vorfeld darüber Gedanken gemacht haben.

Visualisierung Komplizierte Sachverhalte sollten visualisiert werden. Dazu dienen Flipcharts oder vorbereitete Folien. Während Veranstaltungen gezeichnete Skizzen oder Strukturgerüste - um zwei Beispiele zu nennen - erzielen im allgemeinen mehr Aufmerksamkeit und Individualität.

Standpunkte Es kann sehr zur Verständlichkeit, Abwechslung und Spannung beitragen, wenn - je nach Bedeutung, Thema und Zeitplan - unterschiedliche Sichtweisen und Personen involviert sind. Dies können Mitarbeiter-Erfahrungsberichte oder -standpunkte sein, Gastreferenten als Experten, kontroverse Standpunkte, Resultat einer Marktforschung, welche den Sinn einer Innovation belegen, Anwendungsreports, Dokumentarfilm zur Veranschaulichung oder ein Forschungsbericht einer Universität.

Heikle Situation Gehen Sie auch mit heiklen, provokativen und unangenehmen Fragen konstruktiv um. Insbesondere mit den ersten, denn es kann Mitarbeiter geben, die ganz bewusst prüfen, wie weit sie mit ihren Fragen gehen dürfen. Und wenn destruktive oder provokative Mitarbeiter sich eine unmissverständliche oder wenn notwendig zurechtweisende Antwort einhandeln, werden die anderen Teilnehmer entsprechend vorsichtig werden.

Provokationen Falls Ihnen eine Frage unangemessen erscheint, fragen Sie sicherheitshalber noch mal nach, was der Frager gemeint hat. Möglicherweise hat er sich nur ungeschickt ausgedrückt. Aber selbst wenn nicht, lenken Sie dadurch, dass Sie sich die Frage noch einmal erläutern lassen, die Aufmerksamkeit der übrigen Teilnehmer auf Sie mit der Folge, dass sie von einer deutlichen Antwort weniger überrascht und erschrocken sein werden.

Fragerunde Beantworten Sie die Fragen nicht zu ausführlich. Denn wenn jede Frage mit einem zehnminütigen Referat bestraft wird, werden potenzielle Frager bald verstummen oder der Zeitplan reicht nicht mehr aus, um ausgewogen auf alle Fragen und Anliegen einzugehen. Lassen Sie genügend Raum für Fragen und Antworten. Kündigen Sie diesen Teil schon bei der Einführung an und ermutigen Sie die Teilnehmer, offen und kritisch Fragen zu stellen.

Summarizing Ein anschliessendes Protokoll oder eine Zusammenfassung der wichtigsten Punkte einer Informationsveranstaltung ist ein besonderer Service, der geschätzt wird und die Behaltensquote und Relevanz des Informationsgegenstandes zusätzlich erhöht.

Erfolgskontrolle Eine Erfolgskontrolle kann, je nach Bedeutung der Informationsveranstaltung, aufschlussreich sein. Mögliche Fragen: Sind die Informationen verstanden worden, welche Fragen blieben offen, was wurde behalten, welche Informationsmethode kam gut an, was müsste ein Followup enthalten, was überzeugte besonders und was weniger gut usw.

Storytelling: Die andere Art der Mitarbeiterkommunikation

Die gute alte Erfolgsgeschichte, die begeistert und bewegt, taugt auch als firmeninternes Kommunikationsinstrument in einigen, darunter auch sehr bekannten und grossen, Unternehmen. Wer Erfolgsgeschichten verbreitet, wer mitreissend und spannend erzählt, sichert sich die Aufmerksamkeit von Mitarbeitern. Der Trend kommt aus den USA. Art Kleiner und George Roth, Wissenschaftler am Massachusetts Institute of Technology, haben die Storytelling-Methode entwickelt. Sie propagieren narrative Bewerberinterviews, bei denen im Plauderton und Erzählstil wertvolles Wissen und die ganze Wahrheit zum Vorschein kommen sollen oder Fakten auf eine spannende und menschliche Emotionen einbeziehende Art und Weise vermittelt werden können.

Erzählen ist eine Urform der menschlichen Kommunikation

Der soziale Aspekt spielt neben der Weitergabe von Erfahrung und Wissen eine wichtige Rolle. Mit Geschichten kann man Menschen erreichen. Jedem macht es Spass zuzuhören oder selbst zu erzählen. Erzählen ist etwas sehr Interaktives. Es fasziniert, zu sehen, wie bereitwillig die Zuhörer selbst zu reden anfangen und Dinge durch Geschichten in Gang kommen.

Ein Ziel kann es sein, Beteiligte auf diese Weise eher zu motivieren, sich mit einem trockenen Konzept zu beschäftigen und ein qualifiziertes Feedback zu geben. Die Methode ist oft erfolgreich, das Geheimnis dahinter eigentlich ganz einfach: Blanke Fakten werden mit der Geschichte lebendig, bekommen ein "human Touch" und jeder kann die Relevanz für die eigene Arbeit spüren und wesentlich einfacher in den Arbeitsalltag implementieren. Geschichten haben zudem den Vorteil, dass sie komplexe Sachverhalte prägnanter darstellen als analytische Datensammlungen und trockene Geschäftsberichte mit Zahlen und Fakten. Mit Geschichten lassen sich Fakten und Emotionen verbinden und Werte wie die Unternehmenskultur auf eine spielerische Weise vermitteln.

Die Vorteile des Storytellings

Innerhalb eines Unternehmens ist eine offene Kommunikation im Unternehmensalltag, in Projekten und bei einschneidenden Veränderungen und Ereignissen ein zentraler Erfolgsfaktor. Die Methode des Storytellings eignet sich auch hervorragend, um Personen miteinander ins Gespräch zu bringen. Geschichten schaffen Distanz und bieten ein neutrales Terrain, um Probleme aus unterschiedlichen Perspektiven betrachten zu können. Mitarbeiter können sich verschiedenes aus einer Geschichte herausholen, weil jeder von ihnen gewöhnlich seine eigenen Assoziationen dazu hat. Dabei fangen Zuhörer oft an zu reflektieren und Hemmschwellen sind schnell überwunden und Mitarbeiter kommen selbst ins Erzählen. Spielerisch können dabei völlig unterschiedliche Lösungsansätze entwickelt werden. Das Erzählen ist nicht nur die älteste Form der Erfahrungs- und Wissensweitergabe, sondern auch eine der effizientesten. Sich diese Erkenntnis in bestimmten Situationen auch in der Kommunikation des Unternehmensalltags zunutze zu machen, kann erstaunliche Resultate und Fortschritte bewirken.

Einsatz des Storytellings im Change-Management

Im Zuge von Fusionen, Change-Prozessen und tief greifenden Restrukturierungsmassnahmen nutzen inzwischen auch renommierte Unternehmen das Potenzial von Storytelling. Anstatt auf einer Mitarbeiterversammlung mit sachlichen Argumenten, trockenen Statistiken und endlosen Zahlenreihen den neuen Unternehmenskurs zu erläutern, erzählt der Unternehmensleiter eine eigens geschriebene Geschichte, in dem die Mitarbeiter die Situation des Unternehmens aus ihrem eigenen Erfahrungsalltag heraus durch Menschen, Ereignisse, Geschichten, Episoden und mehr wiederentdecken. Die zu bestehenden Abenteuer fungieren als Metapher für die eingeschlagene Strategie und das Wettbewerbsumfeld, das Happy End gibt Zuversicht, dass man es schafft.

Eine in sich stimmig und stimmungsvoll geschriebene oder erzählte Geschichte über das eigene Unternehmen kann so zur treibenden Kraft für Change-Prozesse werden, denn es

- *vermittelt eine attraktive Vision*: Märchen gehen gut aus, dadurch präsentieren sie das Ergebnis eines Veränderungsprozesses in hellen Farben und fassbaren Ereignissen, in denen Menschen im Mittelpunkt stehen.
- *verhindert vorschnelle Einwände*: Mitarbeiter lassen sich von der Handlung in Bann ziehen, sie hören gespannt zu und nehmen die Botschaften auf, ohne sie gleich kritisch und vernichtend zu kommentieren.
- *hält Mitarbeitern einen Spiegel vor*: In den Geschichtenfiguren entdeckt jeder einen Teil von sich selbst. Er erkennt z.B. Verhaltensweisen, mit denen er Veränderungen bislang behindert hat oder beseitigt Blockaden und negative Haltungen, welche sich als unbegründeter Widerstand entpuppen.
- *kann eine komplexe Strategie* mit Geschichten und Vorfällen aus der Kundenpraxis oder mit dem Resultat der praktischen Nutzung einer neuen Technologie anschaulich darstellen.

- *zeigt neue Möglichkeiten auf* und verleitet dazu, neue Wege zu gehen, indem diese facettenreich, anhand von Beispielen auch auf humoristische und zum Nachdenken anregende Art, erzählt und geschildert werden.
- *löst Gefühle aus*: Ein in Märchensprache vermitteltes Vorhaben verankert sich. Die gemeinsam erlebten Gefühle stiften Identität und geben Gesprächsstoff.

Neben diesem Top-Down-Ansatz des Story-Telling denken die Vertreter des Ansatzes inzwischen auch über die systematische Nutzung der Bottom-up-Erzählungen der Mitarbeiter über 'ihr' Unternehmen nach. Schliesslich prägen die täglichen realen Geschichten im Büro massgeblich die Unternehmenskultur und vermitteln den Mitarbeitern ein gemeinschaftliches Bild davon, 'wie wir sind' und 'wie wir es machen'. Wer den Geschichten der Mitarbeiter zuhört, erfährt, wie das Unternehmen in den Köpfen der Mitarbeiter aussieht, welche Werte es in dem Unternehmen gibt und welche Ziele, aber auch Sehnsüchte und Vermisstes jenseits der offiziellen Unternehmensleitlinien, verfolgt werden.

Wie sich diese Erkenntnisse nun systematisch nutzen lassen, ist letztlich eine Glaubensfrage und von Unternehmen zu Unternehmen unterschiedlich. Einige sehen im erzählten Erfahrungsaustausch eine praktikable Form des Wissensmanagements, da auf der Gefühlsebene vermittelte Geschichten besser behalten und verstanden und schneller weitergegeben werden als abstrakte Informationen. Andere lassen sich die Berufslaufbahn der Mitarbeiter erzählen, um deren Zielen und Sinnkonstruktionen auf die Spur zu kommen.

Veranstaltungen und Mitarbeiter- Events

Bedeutung und Stellenwert

Information und Kommunikation im Unternehmen dient nicht nur dem Austausch von Informationen und Fakten und dem Vermitteln von Wissen und Anleitungen. Eine lebendige, aktivierende Information und Kommunikation hat auch das wesentliche Ziel, die Identifikation von Mitarbeitern mit dem Unternehmen zu ermöglichen, sie zu binden, das Zusammengehörigkeitsgefühl zu stärken. Vor allem der positive Beitrag zur Motivation ist von zentraler Bedeutung. Die Bedeutung des sozialen Aspektes wirkt sich positiv auf sämtliche andere Massnahmen aus, zum Beispiel was die Beachtung oder Glaubwürdigkeit betrifft.

Wichtige Voraussetzungen

Damit Informationsveranstaltungen und Mitarbeiter-Events die gewünschte Wirkung erzielen, sollten Sie Teil eines Gesamtkonzeptes sein und bestimmte Aufgaben erfüllen. Nimmt zum Beispiel die Innovationsstrategie eines Unternehmens einen zentralen Platz ein, so sind Mitarbeiter-Events, welche die Leistungen und Zielerreichung von Mitarbeitern oder Teams feiern, erlebbar machen und kommunizieren, nebst weiteren Informationen und konsequenter Kommunikation, eine konkrete Möglichkeit. Anstelle von ausuferndem Aktivismus zu vieler und zu wenig koordinierter Veranstaltungen und Events ist eine solche integrative Planung wesentlich effektiver.

Weitere Aspekte, die bei der Planung und Realisierung beachtet werden sollten, sind die folgenden:

- Einbindung in ein Gesamtkonzept und klare Zielsetzungen
- Nutzung unterschiedlicher Medien
- Vertiefung mit Berichten Artikeln, Aushängen, Reports
- Anwesenheit von Kaderleuten und Geschäftsleitung
- Unbedingte Kontinuität und wenn möglich Institutionalisierung
- Priorisierung des Teameffektes und der Zusammengehörigkeit
- Symbolwerte schaffen (Handlungen, Gegenstände, Visuelles)
- Personenkult und Mitarbeiterstars vermeiden
- Zusammenhang zu Zielvereinbarungen und Prioritäten schaffen

Die nachfolgenden Anregungen sollen helfen, ein, für jedes Unternehmen individuelles Programm, zusammenzustellen.

Erfolge und Fortschritte feiern und kommunizieren

Ausgangslage

Für besondere Leistungen und Erfolge Lob und Anerkennung auszusprechen, ist von grosser Bedeutung. Erfreuliche und erfolgreiche Ereignisse in institutionalisierter Form im Team zu feiern und es zu einer Art Ritual zu machen, verstärkt die Wirkung zusätzlich und trägt wesentlich zu einem guten Motivationsklima bei.

Wirkung

Es gibt viele Gründe und Anlässe für erfolgreiche Momente und Ereignisse, doch sie müssen gefeiert und kommuniziert werden und entfalten dann eine starke Motivationswirkung, und zwar für den Betroffenen und die gesamte Abteilung.

Konkrete Anlässe im Betriebsalltag

- die Aussendienstmannschaft hat die Verkaufsziele übertroffen
- das neueste Projekt wurde erfolgreich abgeschlossen
- die Junior-Assistentin hat ihr Buchhalterdiplom abgeschlossen
- eine Mitarbeiterin hat geheiratet oder Nachwuchs erhalten
- ein neuer Mitarbeiter ist eingetreten

Konkrete Handlungsanregung

Institutionalisieren Sie das Feiern von Erfolgen und laden Sie Ihre Mitarbeiter immer am letzten Freitag eines Monats zu einem Apero "Wir feiern den Erfolg des Monats" ein, an dem ein noch unbekanntes Erfolgsereignis gefeiert wird. Richten Sie dafür eine "Belohnungs-Tombola" ein, bei der der betreffende Mitarbeiter ein Glückwunschlos (ein Ferientag, ein Restaurant-Gutschein, ein Einkaufsgutschein usw.) ziehen kann.

Überreichen Sie dem Mitarbeiter oder Team ein Geschenk, welches den Erfolg symbolisiert und zeigt, womit und wie dieser Erfolg erzielt wurde oder welchen wichtigen Beitrag er zum Unternehmenserfolg als Ganzes beisteuerte.

Mitarbeiter-Events mit wichtigem Symbolgehalt

Ausgangslage

Anlässe und Ereignisse in Gruppen und Teams, die von symbolischen Handlungen begleitet und veranschaulicht werden, sprechen Gefühle an, vereinfachen oft auch eine Idee und fördern die Kommunikation auf direkte und indirekte Weise.

Wirkung

Tom Peters vertritt in "Leistung aus Leidenschaft" die klare Meinung: *"Aufmerksamkeit, Symbole, Theater, dramatische Effekte, Sprachregelung und Geschichten, Visionen und Liebe – das ist der Stoff, aus dem effiziente und motivierende Führung besteht. All dies ist unendlich wichtiger als Zahlen, Statistiken und formale Strukturen".* Es gibt viele Gründe und Anlässe für erfolgreiche Momente und Ereignisse, die man mit einer solchen Symbolhandlung verknüpfen kann.

Konkrete Beispiele im Betriebsalltag

- Change Management veranschaulichen: Das Kader steigt im Wintersport von gewohnten Skiern auf Snowboard um.
- Sozialkompetenzen erweitern mit einem Besuch in einem Kinderdorf oder einer anderen Sozialeinrichtung.
- In einem Bergsteigerkurs oder anhand eines kleinen Berges erlernen, was es heisst, gemeinsam Ziele zu erreichen.
- Kunden bei der Anwendung ihres Produktes besuchen und erleben, was nach dem Produktkauf geschieht.
- Der gesamte Betrieb geht in ein in der Natur liegendes Hotel und alle Mitarbeiter betätigen sich dort als Maler, um Kreativität und neue Erfahrungen zu erleben.

Konkrete Handlungsanregung

Ihr Unternehmen hat Visionen und Ziele zu einem Jahresmotto gewählt. Alle Mitarbeiter symbolisieren ihre Ziele und Abteilungen in Form von Drachen. Auch Familienangehörige werden dann zu einem Drachen-Tag eingeladen, an dem man die Drachen erklärt und sie steigen lässt. Eine externer Referent spricht zum Thema und der Geschäftsführer umreisst die Visionen und Ziele des kommenden Jahres. Ein solches Happening vermittelt starke Emotionen.

Wir-Gefühl stärken mit sozialen Aktivitäten

Ausgangslage

Im Team und in der Gruppe erlebte Anerkennungen und Erfolgserlebnisse verstärken die Wirkung und Nachhaltigkeit. Zudem übernehmen

Unternehmen immer mehr ethische und soziale, über reine Wirtschaftlichkeitsfaktoren hinausgehende gesellschaftliche Verantwortung.

Wirkung

Mit einem Wir-Gefühl gekoppelte soziale Engagements und Aktivitäten appellieren an oben genannte Ethik und soziale Verantwortung unter Einbezug der Mitarbeiter und beweist ihnen gegenüber, dass diese Verantwortung wahrgenommen wird. Dies verstärkt die Identifikation und das Zusammengehörigkeitsgefühl auf besondere Weise.

Konkrete Beispiele im Betriebsalltag

- Organisieren Sie Spendenaktionen und verdoppeln Sie den Betrag der Mitarbeiterspenden
- Ein soziales Anliegen zu einem Monats-Thema mit externen Referenten und weiteren Veranstaltungen machen
- Regionale soziale Einrichtung wie Kinderheim, Obdachlosenzentren, Asylheime usw. besuchen und aktiv unterstützen
- Mit dem Branchenbereich verwandt tätig sein (Sportartikelhersteller unterstützt Behindertensportgruppe)

Konkrete Handlungsanregung

Machen Sie ein soziales Anliegen zum Monatsthema. Greifen Sie ein aktuelles soziales Problem wie Hunger in der Dritten Welt, Aids, Opfer von Naturkatastrophen, Minderheiten, Umweltprobleme auf und berichten Sie in der Mitarbeiterzeitschrift über die Hintergründe. Ein externer Referent und Presseschauen zum Problem vertiefen die Problematik zusätzlich.

Dazu kommt ein Tag praktisches Engagement (Mithilfe und Besuch im Kinderdorf Pestalozzi) und Geldspenden oder ein Lohnprozent der gesamtbetrieblichen Lohnsumme. Darüber werden auch Medien informiert und eventuell Journalisten eingeladen. Ein abschliessendes Protokoll informiert auch Angehörige, Kunden und Lieferanten.

Das Bewusstsein für die Teamleistung stärken

Ausgangslage

Gerade dort, wo Leistungen erbracht werden und man einen Grosstei seines Lebens in einer nicht beeinflussbaren Schicksalsgemeinschaft verbringt, kommt dem Team und Wohlbefinden in einer Gruppe grosse Bedeutung zu.

Wirkung

Viele Untersuchungen und praktische Erfahrungen belegen, dass harmonische, gut geführte, solidarische und von Humor, Spass und Leistungsfreude gekennzeichnete Teams beträchtliche Potentiale von Eigenmotivation aufweisen und eine besondere Leistungsdynamik haben. Zentral ist dabei, dass Erfolge, Auszeichnungen und Sonderleistungen als Team erbracht und immer auch als Teamerfolg gewürdigt und kommuniziert werden.

Konkrete Beispiele und Regeln im Betriebsalltag

- Veranstaltungen nichtgeschäftlicher Art – auch ausserhalb von Geschäftsräumen – fördern den Teamgeist
- Es ist die Aufgabe der Führungskraft, ein ausgeprägtes "Wir-Gefühl" zu entwickeln
- Auch bei einem eingeschworenen Team sollten individuelle Leistungen nicht untergehen
- Gut eingespielte Teams sollten auch Aufgaben und Projekte haben, bei denen Teamzusammenarbeit besonders zum Tragen kommt
- Bei der Personalauswahl sollte besonders auf die Teameignung und die Integration von "Teamplayern" geachtet werden

Konkrete Handlungsanregung

Lassen Sie jeden neuen Mitarbeiter, bevor Sie ihn einstellen, auch vom Team "unter die Lupe nehmen". Besprechen Sie sogar Bewerberdossiers oder zumindest Auszüge daraus gemeinsam im Team. Wenn Kandidaten eingeladen werden, müssen diese dem Team "Rede und Antwort stehen", was auch den Auswahlentscheid untermauert und Inkompatibilitätsrisiken reduziert. Wenn das Team sogar beim Einstellungsentscheid ein Mitspracherecht hat, fördert dies die Teamstärke und die Teamoptimierungschancen ausserordentlich stark.

Business as unusual: Frischen Wind von aussen

Ausgangslage

Ein Betrieb ist im Allgemeinen, je nach Branche und Unternehmenskultur, ein in sich geschlossenes Ganzes mit wenig Öffentlichkeitspräsenz. Um so wichtiger ist es, externe Meinungen, neue Haltungen, interessantes Know-how und kritische Perspektiven in den Betrieb zu holen.

Wirkung

Frischer Wind von aussen belebt die Arbeit, bringt Abwechslung in den Geschäftsalltag und kann Anregungen und neue Sichtweisen für die Identifikation mit dem Betrieb und die eigene Arbeit bewirken. Vor allem aber zeigt dies Aufgeschlossenheit und Öffnung gegenüber externen Menschen, Trends und Einflüssen.

Konkrete Beispiele im Betriebsalltag

- Grosskunde einladen, um über seine Produkterfahrungen zu berichten
- Referenten holen, der sich in gewissen Aspekten kritisch mit Ihrem Produkt oder Ihrer Dienstleistung auseinandersetzt
- Tag der offenen Tür organisieren, an dem nur Freunde und Familienmitglieder sich den Betrieb anschauen
- Fachleute gewinnen, die über ein "Thema des Monats" wie z.B. Wellness, Technologien, Reisen berichten
- Als Jahresveranstaltung eine regional ansässige, talentierte Musik- oder Theatergruppe einladen
- An einer Betriebsfeier einen Komiker oder Satiriker einladen, der sich kritisch mit Betrieb oder Branche auseinandersetzt

Konkrete Handlungsanregung

Laden Sie jedes Vierteljahr einen "Gast des Quartals" ein, der durchaus sehr kontroverse, kritische neue und andere Meinungen und Haltungen politischer, wirtschaftlicher und kultureller Art vertreten kann.

Lassen Sie die Mitarbeiter aus Vorschlägen abstimmen und führen Sie anschliessend Podiumsdiskussionen durch, bei denen Vertreter des Managements und am Thema interessierte Mitarbeiter anwesend sind.

"Welcome Days" für neu eintretende Mitarbeiter

Ausgangslage

Neueintretende Mitarbeiter bringen immer einschneidende Veränderungen in den Betriebsalltag, und zwar für den Betreffenden, das Team und den Betrieb. Von Veränderungen betroffen sind Aufgaben, Arbeitsklima, Konkurrenzängste und mehr.

Wirkung

Den ersten Tag für beide Seiten positiv, locker, informativ und sympathisch zu gestalten, ist von grosser Bedeutung, denn auch hier ist der erste Eindruck oft entscheidend. Ein gelungener Beginn entkrampft, baut Vorurteile ab und gibt besonders Neueintretenden den wichtigen Eindruck, willkommen zu sein.

Konkrete Beispiele im Betriebsalltag

- Portraits aller Neueintretenden im Intranet
- Personenportrait in Mitarbeiterzeitschrift mit Foto
- Vorstellung im Betriebsrundgang mit ganzem Team
- Bestimmung eines "Göttis" als Ansprechperson und Betreuer
- Einführungsplan erstellen und Zwischengespräche führen
- Lob, Anerkennung aussprechen und Erfolgserlebnisse bieten
- "Welcome Package" mit Unterlagen und Informationen

Konkrete Handlungsanregung

Alle zwei Monate können neu eintretende Mitarbeiter gemeinsam als Gruppe vorgestellt werden. Dabei werden alle Mitarbeiter oder bestimmte Abteilungen eingeladen, sich und Ihre Aufgabe im Betrieb den Neuen vorzustellen und darüber zu berichten, woran sie gerade arbeiten und wo die Bezugspunkte für die Neueingetretenen liegen.

Dazu sollten Arbeitsproben und Beispiele zum Anfassen gehören. Die Neueingetretenen ihrerseits stellen sich persönlich aus einer bestimmten Perspektive vor, zum Beispiel: "Mein Charakter, meine Hobbies und Interessen und weshalb ich hierher gekommen bin und gerne mit euch zusammen arbeite".

Mitarbeiterklausuren fernab des Geschäftsalltages

Ausgangslage

Im Betrieb hält man sich in Sitzungsräumen auf, sitzt oft stundenlang vor dem PC und wandert durch altbekannte Korridore und Räumlichkeiten. Um den Stellenwert von Neuerungen oder sonstigem Brainwork zu erhöhen, können Mitarbeiterklausuren ausserhalb sehr motivierend sein.

Wirkung

Ereignisse, Meetings und Veranstaltungen ausserhalb der Firmenräume lockern auf, geben eine besondere Bedeutung und wirken nur schon infolge der Abwechslung inspirierend und teamfördernd.

Konkrete Beispiele im Betriebsalltag

- Ein zurückliegendes Geschäftsjahr kritisch reflektieren
- Team und Zusammenarbeit reflektieren und verbessern
- Strategien und Ziele besprechen und hinterfragen
- Neues lernen und vertiefen und in Workshops trainieren
- Motivations- und Teamprobleme offen aussprechen und erörtern, allenfalls unter fachkundiger, externer Begleitung
- "Chropfleerete": Alles auf den Tisch bringen, was stört, hemmt, demotiviert und Freude an der Arbeit beeinträchtigt.

Konkrete Handlungsanregung

Erstellen Sie eine Liste möglicher, aus Ihrer Sicht wichtiger Klausurthemen mit gemischten Themen (Innovation, Leistung, Zusammenarbeit, Planung, Personalentwicklung). Lassen Sie dann die Mitarbeiter der Abteilung oder des Betriebes in einer Befragung entscheiden und diese aktiv an der Organisation mitarbeiten und mitdenken (Hotelreservierung, Wahl des Ortes, eventuelle Referenten-Einladung, Ablauf und Traktanden usw.). Werden Mitarbeiter von Beginn weg konsequent einbezogen, stärkt man die Motivation und das Engagement für solche Klausuren.

Auch hier ist wieder Symbolhaftes wichtig: Die Landschaft oder Wahl des Hotels oder Referenten kann ein Ziel oder wichtiges Anliegen symbolhaft veranschaulichen und vertiefen. Beispiel: Beim Thema Innovation lädt man einen prominenten Querdenker als Referent ein.

Veranstaltungsserien unter bestimmtem Motto

Ausgangslage

Wir leben in einer schnelllebigen und von Modeerscheinungen geprägten Zeit, in der das, was heute gilt, morgen bereits wieder out ist. Dies gilt auch für Unternehmen und die Wirtschaft als Ganzes. Mottos, Schwerpunkte, Jahresthemen, Leitprojekte können hier Gegensteuer geben.

Wirkung

Was während eines ganzen Jahres zum Schwerpunkt erklärt wird, vertieft sich nachhaltig, wird verinnerlicht und regt zum Nachdenken und Handeln an. Dies hat eine starke Motivationswirkung und ist auch dazu angetan, Verhaltensänderungen zu bewirken, wenn die Aktivitäten interessant und vielseitig geplant werden.

Konkrete Jahresthemen-Beispiele

- Packen wir es an: Change Management und Innovation
- Gelebte Kundenorientierung und Serviceleistungen
- Das Jahr des Lernens und Sich-Weiterentwickelns
- Die Unternehmensverfassung: Entwicklung eines Leitbildes
- Diversity: Ausländische Mitarbeiter und andere Kulturen
- Technologie im Dienste von Mitarbeitern und Unternehmen

Konkrete Handlungsanregung

Nehmen wir an, Sie machen aufgrund der strategischen Ausrichtung Ihres Unternehmens Innovation zum Jahresthema. Dazu planen und organisieren Sie Aktivitäten, die das Ziel haben, die Innovationsfähigkeiten und die Chancenwahrnehmung zu fördern:

1. Entsprechende Personalentwicklungs-Massnahmen
2. Aufbietung mehrerer externer Referenten und Fachleute
3. Zeitschriften und Bücher-Angebote zu diesem Thema
4. Angehen mehrerer Innovationsprojekte mit Coaches
5. Modernisierung des Prämien- und Vorschlagsystem
6. Auszeichnung von realisierten Innovationen
7. Pressearbeit und lokale Aktivitäten zu Innovationen
8. Unterstützung eines innovativen sozialen Projekts der Region
9. Innovation intern: Prüfung von neuen Arbeitszeitmodellen

Mitarbeiter-Dienstleistungen bewusst und bekannt machen

Ausgangslage

Der Grundsatz der Public Relations "Tue Gutes und rede darüber" gilt auch für sämtliche Massnahmen, die für Mitarbeiter zur Förderung der Zufriedenheit und Motivation, z.B. auch im Bereich der Sozialleistungen, ergriffen werden.

Ebenen der Kommunikation

Die Personalabteilung und alle Führungskräfte müssen umfassend und aktuell informiert sein, um auch bei persönlichen Problemen, richtig informiert, reagieren zu können. Ferner sollten alle Kommunikationsinstrumente genutzt und auch an selbstverständlich gewordene Leistungen erinnert werden.

Möglichkeiten der Kommunikation und Information

- Konkrete Fallbeispiele in der Mitarbeiterzeitschrift
- Gesamtübersicht am Anschlagbrett
- Gelegentliche Beilage bei Lohnabrechnungen
- Informationsveranstaltungen zu aktuellen Themen
- Aufwand und materiellen Wert bekannt machen
- Anonym zugängliches Dokumentationsmaterial HR-Abteilung

Konkrete Handlungsanregung

Informationsveranstaltungen zu aktuellen Themen

Sozialleistungen und Dienstleistungen allgemeiner Art können auch in interessante Informationsveranstaltungen eingebunden, bzw. als Aufhänger dafür benutzt werden. Dabei dürfen bzw. sollten ohne weiteres auch heikle Themen aufgegriffen werden, wie Burnout, Depressionen, Suchtkrankheiten, Probleme allein erziehender Elternteile usw.

Im Vorfeld können Mitarbeiter über das Thema informiert werden. Dann werden Websites zum Thema bekannt gegeben, anhand derer man sich mit dem Thema vertraut machen kann. Dann kann ein Informationsabend mit einem Referenten folgen, der Berater, Arzt oder wissenschaftlicher Experte ist. Anschliessend stellt das Unternehmen vorhandene, allenfalls neue oder aktuell überarbeitete Dienstleistungen zum behandelten Thema vor. So wird eine wesentlich bessere Nachhaltigkeit erzielt.

Fallbeispiel Konzept für Mitarbeiter-Events

Ausgangslage
Der HR-Abteilung der Lakusa AG fällt auf, dass Mitarbeiter-Events und Informationsveranstaltungen besonders gut ankommen, auf grosse Akzeptanz stossen und den Teamgeist und das Arbeitsklima äusserst positiv beeinflussen. Deshalb möchte man diese Form der Mitarbeiterkommunikation fördern und ihr einen konzeptionellen Rahmen geben.

Zielsetzungen
Man einigt sich auf drei Ziele: 1. Die Themen und Anlässe müssen ein breites und ganzheitliches Spektrum aufweisen. 2. Der lockere Event-Charakter mit symbolischen Handlungen muss immer mit einem wichtigen und aktuellen Unternehmensanliegen und -ziel verbunden sein. 3. Die Mitarbeiter müssen in allen Phasen (Themenidee, Planung, Organisation) einbezogen werden und aktiv an der Gestaltung mitwirken.

Der konzeptionelle Rahmen
Aufgrund dieses Rahmens und dieser Vorgaben wird in Zusammenarbeit mit der HR-Abteilung und den Mitarbeitern einerseits ein Themenplan entwickelt und andererseits die Eventideen und der Eventrahmen festgelegt. Als Eventrahmen werden folgende Ideen und Vorschläge eingebracht:

- Jede Abteilung symbolisiert auf gegenständliche Art Jahresziele
- Mindestens eine Veranstaltung findet in der Natur statt
- Ein Event muss auch Kunden und Lieferanten einbeziehen
- Einmal möchte man sich auch der sozialen Verantwortung stellen
- Drei der acht Veranstaltungen finden jeweils ausser Haus statt
- Zwei Veranstaltungen sollen einen festlichen Unterhaltungswert haben

Event- und Veranstaltungs-Themenplan
Jeden zweiten Monat wird mit dem folgenden Eventplan eine Veranstaltung organisiert. Federführend ist die HR-Abteilung, die Organisation und Mitarbeit wird immer wieder von einer neuen Abteilung realisiert:

- Abteilungs Symbole eines Jahreszieles entwickeln mit Wettbewerb
- Sketch-Abend für Kunden und Lieferanten mit Produktanwendungen
- Angehörigen aller Mitarbeiter werden Abteilungen vorgestellt
- Für Innovationen aus fünf Abteilungen Vergabe von Innovations-Oscars
- Worklife-Balance Abend mit Referenten und Einbezug Angehöriger
- Besuch einer sozialen Institution mit Produktbezug und Geldsammlung

Wirkung und Erfolg
Schon nach drei Veranstaltungen erkennt man, dass sich dieses Projekt gelohnt hat. Mitarbeiter können exzellent für diverse Themen sensibilisiert werden, die Mitgestaltung stärkt das Teamklima und Teamengagement zusätzlich und der abteilungsübergreifende Kontakt verbessert auch die Zusammenarbeit.

Formular zur Durchführung einer Mitarbeiterinformation	
Thema	
Thema:	--
Datum:	--
Uhrzeit:	--
Wer informiert:	--
Teilnehmer:	--
Ort:	--
Präsentationshilfsmittel:	--
Ziel:	--
Mitanwesende Referenten:	--
Einladung und Adressaten	Notizen/Vermerke
Themenbereich:	
Art der Einladung:	
Mitarbeiterzielgruppen:	
Datum der Einladung:	
Teilnahme ❑ fakultativ ❑ obligatorisch	
Medienplattformen	
❑ Persönliche Veranstaltung mit mündlicher Information	
❑ Persönliche Veranstaltung mit Präsentation, Infomaterial	
❑ Mitarbeiterzeitschrift	
❑ Rundschreiben/Memo	
❑ Anschlagbrett	
❑ Gespräche mit Mitarbeitergruppen pro Abteilung	
❑ Information per E-Mail bzw. Intranet	
Hilfsmittel und Organisatorisches	
Anzahl Stühle:	
Raumgrösse:	
OrganisatorIn:	
Präsentationshilfsmittel:	
Ihr Punkt:	
Aushändigung Informationsmaterial ❑ ja ❑ nein	

Meetings und Sitzungen

Kaum eine Kommunikationsform wie Sitzungen und Meetings haben ein derart zweifelhaftes und mancherorts gar schlechtes Image wie Sitzungen. "Viele gehen hinein und wenig kommt heraus!" lautet beispielsweise eine der vielen bösartigen Bemerkungen, wenn es darum geht, Sinn und Zweck von Meetings zu beurteilen.

Sitzungen sind notwendig und erfüllen einen durchaus wichtigen Zweck, aber sie bleiben allzu oft eine Quelle der Unzufriedenheit. In der Praxis sind Meetings zu häufig, zu chaotisch und ziellos, die Resultate sind unbefriedigend und vor allem wird die Sitzungsdauer oft als viel zu lang beurteilt. Doch es ist nicht die Kommunikationsform als solche das Problem, sondern deren Handhabung, die Beherrschung von gewissen Techniken und die Disziplin und Motivation der Teilnehmer und vor allem der Sitzungsleiter, welche über Misserfolg oder Erfolg von Sitzungen entscheiden.

Sitzungsdauer und Zeitpunkt bestimmen

Eine generelle Empfehlung zur Dauer kann nicht ausgesprochen werden. Als Faustregel kann der Zeitrahmen aber zwischen ein und zwei Stunden gelegt werden. Empfehlenswert ist die Bekanntgabe der Endzeit eines Meetings schon am Anfang. Bei länger dauernden Sitzungen ist es empfehlenswert, nach 1 1/2 Stunden eine Pause einzuschalten. Es lohnt sich, die Teilnehmenden bereits zu Beginn eines Meetings zu fragen, welchen Zeitrahmen sie als sinnvoll und notwendig erachten, um das Sitzungsziel zu erreichen.. Damit wird die Sprechdisziplin erhöht. Ein Sitzungstermin sollte nicht am Montagmorgen oder am Freitagabend angesetzt werden. Geeignet ist der Dienstagmorgen um ca. 09:00 Uhr. Denn am Morgen werden überall zuerst die Post und Emails geöffnet und am Abend sind die Leute mental bereits abwesend.

Sitzungen müssen ein Ziel haben

Jedes Meeting muss ein, wenn immer möglich, messbares Ziel haben. Dies verhilft zu mehr Resultatorientierung, Disziplin der Teilnehmer und Motivation der aktiven und substanziell zufriedenstellenden Beiträge und Äusserungen von Teilnehmern. Klare Zielsetzungen vereinfachen auch die Moderation, da ein thematischer Rahmen ausufernde Plaudereien und Debatten verhindert und damit Leitplanken setzt und die Leistung und das Resultat eines Meetings an der Zielerreichung konkret gemessen und beurteilt werden kann. Es sollte im Vorfeld auch bestimmt werden, was man genau von den Teilnehmern an der Besprechung erwartet. Fragen sind: Was sollen die Anwesenden leisten, worin besteht ihre Aufgabe? Wozu werden welche Personen eingeladen? Wie soll der Arbeitsbeitrag der Gruppe aussehen? (z.B. Referat, Meinung, Vorschläge, kritisches Feedback usw.).

Mit diesem Vorbereitungsschritt stellt man einerseits sicher, dass das Zusammentreffen mehrerer Personen zu ihrem Thema wirklich notwendig ist. Und andererseits hat man zugleich das Ziel der Sitzung oder des Tagesordnungspunktes bestimmt.

Die Medien zur Visualisierung nutzen

Die Visualisierung situationsgerecht und in der angemessenen Dosierung einzusetzen, ist ein wesentlicher Erfolgsfaktor bei Meetings. Oft wird vergessen, dass man auch mit Worten visualisieren und wesentlich zum Verständnis beitragen kann. Zudem sind zahlreiche Menschen visuell orientiert und verstehen visualisierte Darstellungen besser und schneller. An einem Flipchart können komplexe Zusammenhänge bildhaft oder schematisch veranschaulicht oder die Kernargumente eines wichtigen Themas zusammengefasst werden. Auch eine kurze Powerpointpräsentation zum Thema kann eine Sitzung eröffnen, Grafiken und Zahlen näher bringen oder Gegenständliches (Pilotprodukte, Materialien) einen Sachverhalt klarer machen.

Vorbereitung und Unterlagen

Je nach Thema und Ziel eines Meetings ist eine gewissenhafte Vorbereitung sehr wichtig. Welche Informationen und Zahlen werden benötigt, verfügen alle Teilnehmer über die zum Verständnis und zur Lösung wichtigen Informationen sind einige Fragen. Ferner ist die Aktualität und Korrektheit von Zahlenmaterial zu prüfen oder Experten und Fachleute im Vorfeld zu bestimmen, die zentral wichtige Fragen beantworten können. Für die Organisation von Vorteil kann sogar die Vorbereitung der Beiträge und Äusserungen sein, in dem Voten von Teilnehmern vorab auf einer Sitzungsliste eingetragen werden. Eine klar strukturierte Traktandenliste mit Teilnehmern, Themen, Voten und Zeitrahmen gehört ebenfalls zur gründlichen Vorbereitung und Planung einer Sitzung.

Stimmung und Motivation

Es ist primär die Aufgabe des Sitzungsleiters, eine Stimmung und Atmosphäre zu erzeugen, die zur aktiven Teilnahme motiviert, die eine Prise Humor und Lockerheit zulässt, auch Fehler und unkonventionelle Standpunkte respektiert und Erfolgserlebnisse spüren und aufkommen lässt. Ob eine gute Stimmung und Motivation entstehen kann, hängt auch von den Teilnehmern, d.h. deren Zusammensetzung ab und von der Relevanz, Herausforderung und Klarheit des Zieles und Sitzungsthemas. Nebst der Persönlichkeit und Erfahrung des

Sitzungsleiters findet ein Meeting natürlich immer auch vor dem Hintergrund eines Abteilungs- und Betriebsklimas statt und ist von einer vorherrschenden Unternehmenskultur geprägt, die eben zum Beispiel Kritik zulässt und Fehler toleriert. Es gibt aber einfache und wirksame Techniken, die Chancen für eine gute Stimmung und Motivation bieten, wie die folgende Übersicht zeigt:

- Unerwartet humoristische Sichtweise einbringen
- Mit spannendem Kurzreferat eines Externen überraschen
- Explizite Anerkennung eines Sitzungsresultates
- Originellen Sitzungsort ausserhalb Geschäftsgebäude wählen
- Meeting einmal mit einem gemeinsamen Frühstück beginnen
- Erfahrungsbericht eines Praktikers zum Thema mit neuer Optik
- Gute Voten und Meinungen explizit würdigen und anerkennen
- Sachverhalt mit einem vertrauen Alltagsbeispiel symbolisieren

Kompetenz des Sitzungsleiters

Die Sozialkompetenzen, Rhetorik, Führungsqualifikationen und Moderationskenntnisse eines Sitzungsleiters sind für den Erfolg und die Zielerreichung eines Meetings oft ausschlaggebend. Gute Fragen sind: Teilnehmer nach ihren Meinungen und Erfahrungen fragen, offene Fragen stellen und sie so konkret wie möglich fragen. Zuhören: sich bemühen, die Beiträge der anderen zu verstehen, und dies auch zeigen. mit eigenen Worten die zentralen Inhalte von Besprechungsteilnehmern wiederholen lassen: "Verstehe ich Sie richtig, dass...". Wichtig ist, dass man sich konsequent bemüht, die Perspektive der anderen so wiederzugeben, wie man diese verstanden hat. Man erreicht damit, dass andere sich ernst genommen und verstanden fühlen, dass man in der Gruppe immer wieder ein gemeinsames Verständnis über die besprochenen Inhalte erzielt und dass man in der Gruppe ein gemeinsames Verständnis darüber herstellt, an welcher Stelle sich die Diskussion auf dem Weg zur Zielerreichung befindet.

Ein kompetenter Sitzungsleiter muss auch verschiedene Charaktere wie Vielredner, Profilierer, Introvertierte, Unsichere aktivieren, fördern und wenn notwendig disziplinieren können.

Zusammensetzung der Teilnehmer

Die richtige Zusammensetzung der Teilnehmer ist äusserst wichtig. Dies betrifft die Grösse (kleinere Sitzungen sind im Allgemeinen effizienter und ergiebiger). Auch die Frage nach Hierarchien und Funktionen sind zu beantworten:

Sollen oder müssen Führungskräfte teilnehmen, welche Abteilung kann wertvolle Erfahrungen beisteuern, ist nebst dem Marketingleiter auch die Sichtweise des Kundendienstes interessant, ist zur Beurteilung der Situation nicht auch die Finanzabteilung bedeutsam?

Wichtige weitere Kriterien sind Wissen, Kompetenzen und Erfahrung. Wer steht tagtäglich an der Kundenfront und kann direkt aus der Praxis berichten oder wer verfügt zu einem bestimmten Thema oder Sachgebiet die fundiertesten Erfahrungen. Zuweilen sollten auch Persönlichkeitsmerkmale miteinbezogen werden oder weniger "Sitzungserfahrene" ermuntert werden, ihre Meinung zu äussern. Die Kernfrage nach der Zusammensetzung sollte stets lauten, welche Teilnehmer es wirklich braucht und welche den besten Beitrag zur Lösung des Problems bzw. zur Erreichung des Zieles leisten können.

Schulung von Moderatoren und Teilnehmern

Für die Leitung und Moderierung von Sitzungen gibt es hilfreiche Fachliteratur und Seminare für verschiedene Aufgabenstellungen und guten Traingingsmöglichkeiten. Es ist allerdings eine lohnenswerte Investition, auch Teilnehmer zu schulen und zu trainieren und mit den Grundregeln und Grundanforderungen gewinnbringender Meetings und effizienter Sitzungen vertraut zu machen. Dies kann folgende Themenkreise betreffen:

- Lenkungstechniken
- Gesprächssteuerung
- Argumentationstechniken
- Visualisierungstechniken
- Antwort- und Fragetechniken
- Diskussionstechniken
- Verhandlungstechniken
- sind alles Bausteine, die genau so bekannt sein sollten wie:
- Aufbau eines Votums
- Aktives Zuhören
- Freies Reden und Argumentieren
- Grundlagen der Moderationstechnik

Zeitfaktor berücksichtigen

Das Zeitmanagement bei Meetings ist von grosser Bedeutung. Wichtig ist nebst einer professionellen und zielorientierten Moderation wie schon erwähnt die gründliche Vorbereitung und die klare Zielsetzung. "Zeitfresser" sind aber aus der Praxis auch oft die folgenden Punkte:

- Keine klaren Zielsetzungen
- Unzureichende Vorinformation
- Unpünktlicher Beginn des Meetings
- Ständig wechselnde Prioritäten
- Keine planmässige Struktur (Traktanden)
- Gesprächsleiter stoppt Langredner nicht
- Man will über alle Fakten orientiert sein
- Abschweifen von der Tagesordnung
- Unterbrechungen durch Störungen wie Telefonate oder Handys
- Teilnehmende, die nicht mehr gebraucht werden, müssen bis zum Schluss ausharren
- Zu lange Voten

Massnahmenplan und Protokoll

Eine häufig zu hörende Kritik an Besprechungen sind die fehlenden Konsequenzen und viele Besprechungen enden in allgemeiner Hektik. Wichtig ist daher, beispielsweise die wichtigsten Ergebnisse noch einmal zusammenfassen, die getroffenen Massnahmen wiederholen und das erreichte Ziel zu kommentieren. Dabei ist es von besonderer Bedeutung, die als Resultat der Sitzung beschlossenen Massnahmen mit Terminen und Verantwortlichkeiten zu versehen, besonders wertvolle Beiträge von Teilnehmern zu würdigen und für das Engagement zu danken.

Häufige Sitzungsfehler und Mängel

Aus der Praxis von Meetings sind es oft die nachfolgenden Punkte, die Sitzungen unbeliebt und ineffizient werden lassen.

- Die Dauer des Meetings wurde nicht im Voraus bekannt gegeben
- Das Meeting dauerte mehr als 1 1/2 Stunden ohne Pause
- Die Traktandenliste ist unklar
- Für wichtige Geschäfte oder Beurteilungen fehlen Unterlagen
- Das Ziel ist unklar (Worum geht es? Was sollen wir erreichen?)
- Der Leiter ist nicht vorbereitet (muss improvisieren)
- Es mangelt an konsequenter Führung
- Gehässigkeiten lähmen die Diskussionen
- Teilnehmer, die nicht anwesend sein müssten
- Teilnehmer, die dominieren, immer das Wort an sich reissen
- Beim Protokoll fehlt Hinweis, wer was bis wann zu erledigen hat

Fallbeispiel: Effizientere und motivierendere Meetings

Ausgangslage
Bei der Lamella AG beobachtet die HR-Leitung, dass Sitzungen immer lustloser und ineffizienter abgehalten werden. Sich häufende Abwesenheiten und zynische Äusserungen vieler Teilnehmer sind weitere Warnzeichen, dass man hier aktiv werden muss.

Situationsanalyse
Zuerst will man herausfinden, wo die Probleme liegen. Ist es die Häufigkeit, die zeitliche Inanspruchnahme, die Zusammensetzung, die fehlende Resultatorientierung? Mit einer mündlichen Einzelbefragung, einer Analyse der Häufigkeiten und Teilnehmer und dem Beizug eines Supervisors versucht man, dem Problem systematisch auf den Grund zu kommen. Dabei ortet man die folgenden fünf Hauptprobleme:

- Es finden zu viele Sitzungen statt und diese dauern zu lange
- Profilierer und Vielredner dominieren zu stark
- Die Themen sind zu routinehaft und zu wenig herausfordernd
- Sitzungsleiter sind nur mangelhaft oder oft gar nicht qualifiziert
- Teilnehmerkreise sind zu gross und schlecht zusammengesetzt

Massnahmenplan
Aufgrund dieser Mängel und Kritiken wird ein neues, in das interne Unternehmenskommunikatons-Konzept integriertes Meetingskonzept ausgearbeitet. Man will dabei vor allem auf der Ebene von Trainingsmassnahmen, externer Beratung, stärkerem Einbezug der Betroffenen und in der Erfolgskontrolle aktiv werden. Die konkreten Massnahmen:

- Professionelles Training der Sitzungsleiter mit Supervision
- Kürzung der Meetinganzahl um 30% und striktes Zeitmanagement
- Gemeinsame Neudefinition aller Teilnehmer und Sitzungsgrössen
- Aufstellung eines Verhaltenskodexes mit verbindlichen Regeln
- Halbjährliches Überdenken der Sitzungszyklen an neue Bedürfnisse
- Konsequentere Ausrichtung der Themen auf aktuelle Ziele
- Konsequente Massnahmenprotokolle und Umsetzungskontrolle

Wirkung und Erfolgskontrolle
Ein halbes Jahr später findet ein Meeting unter dem Beisein eines Kommunikationsberaters statt, dem eine Befragung vorausgegangen ist. Diese ergibt, dass man überall klare Fortschritte erzielt hat und man Sitzungen nun als bereichernd, motivierend und zuweilen sogar spannend erlebt. Als sehr wirksam wird nun vor allem die professionelle Sitzungsleitung, das neue Zeit- und Themenmanagement und die neuen besseren Teilnehmerzusammensetzungen betrachtet.

Aufgaben der Sitzungsmoderation auf einen Blick			
Aufgaben und Möglichkeiten	gut, OK	verbessern	prüfen
Formales klären (Themen, Vorgehensweisen)			
Bei der Eröffnung Übersicht schaffen			
Regeln vereinbaren. z.B. Votenäusserung oder -länge			
Rauchen erlaubt oder kein Rauchen			
Pünktlichkeit des Abschlusses			
Dafür sorgen, dass Handys ausgeschaltet sind			
Gespräche anstossen, beleben			
Helfen, sich zu äussern			
Alle mit einbeziehen			
Zeitmanagement			
Kreativität der Teilnehmenden mobilisieren			
Prozesse und Ergebnisse transparent machen			
Wesentliches und Substanzielles zusammenfassen			
Konsensfindung und Konsenssuche			
Sorge tragen, dass roter Faden nicht verloren geht			
Zur Reflexion der Prozesse anregen			
Für angenehmes Gesprächsklima sorgen			
Bei Störungen intervenieren			
Bei Konflikten vermitteln			
Regeln durchsetzen (Schiedsrichterin)			
Moderationstechnik mit situationsgerechter Visualisierung			
Ziel und Abschluss erreichen, positiv abschliessen			
Aussagen reflektieren und Beiträge strukturieren			
Was war wichtig? (Wichtiges und Wesentliches herausschälen)			
Nicht zu viel wollen und sich nicht zuviel vornehmen			
Immer wieder das Ziel betonen und auf das Ziel hinleiten			
Nicht nur das Endergebnis, auch Zwischenergebnisse fixieren			

Die wirksame Präsentation

Präsentationen sind populäre Methoden in Weiterbildungs- und Schulungsveranstaltungen und für Mitarbeiterinformation. Ob es um

- Die Präsentation von PE-Strategien vor der Geschäftsleitung
- Präsentationstechniken bei firmeninternen Veranstaltungen
- Beurteilung von Präsentations- und Workshop-Techniken Externer
- Die Organisation und Durchführung interner Workshop-Zyklen
- oder generelle didaktische Wissensvermittlungs-Techniken

geht - die nachfolgenden, nach praktischen Gesichtspunkten aufbereiteten, Regeln, Hinweise und Empfehlungen aus der Referentenpraxis sind Ihnen in allen obigen Punkten behilflich.

Vorbereitung und wichtige Fragestellungen

Man sollte in einer ersten Phase das Themenspektrum so weit wie möglich öffnen und alle Ideen und Inhalte notieren. Anschliessend ist eine Grobstruktur und auf das Ziel ausgerichtete Konzentration auf die wichtigen zu behandelnden Themen angebracht. Wichtig ist der Zeitplan, denn je kürzer eine Präsentation ist, desto gründlicher sollte die Vorbereitung sein, da jede Folie und jede Aussage an Bedeutung gewinnt. Wichtig sind Materialbeschaffung, Auflockerungen und Ideen der Präsentation wie Grafiken, Fotos, Diagramme, Zeitungsberichte, Fallbeispiele, Cartoons, Zusammenfassungen, Infografiken. Beachten Sie auch Infrastrukturen und Örtlichkeiten:

- Raumgrösse, Raumbeschaffenheit und Infrastruktur
- Materialien wie Beamer, Notebooks, Clipboards usw.
- Mögliche und sinnvolle Sitzordnungen
- Stromanschlüsse und Hauswart-Zuständigkeiten
- Ersatzmaterialien (Akkus, Leuchtstifte, Flipchartpapier usw.)

Halten Sie mindestens auszugsweise eine Probepräsentation vor ein bis zwei Bekannten und bitten Sie diese um Verbesserungsvorschläge. Auch eine Kurzbefragung per E-Mail zu interessierenden Themen oder Schwerpunkten bei Teilnehmenden kann eine hilfreiche Orientierung für die inhaltliche Konzeption sein.

Stoffplanung und Inhaltsgliederung

Die zentrale Fragestellung lautet immer: Welchen Nutzen erwartet mein Publikum von dieser Präsentation? So sollten Gliederungen vorgenommen und Überschriften und Fazite gemacht werden. Eine Präsentation lässt sich in die Teile Einleitung, Hauptteil und Schluss gliedern.

Einleitung:	Begrüssung, Themenübersicht, Ziel und Zeitplan
Hauptteil:	Klare Struktur und Nutzenorientierung plus Fazite
Schluss:	Zielerreichung, Kernaussagen, Zitat und Dankeschön

Der erste und letzte Eindruck sind immer entscheidend. Dafür sind nicht primär rhetorische Feuerwerke oder geniale Humoreinlagen notwendig, sondern vor allem überzeugende Fazite, klare Handlungsanweisungen und Unterstreichen des Nutzwertes des Präsentierten - immer auf der Basis von Vertrauen, Glaubwürdigkeit und Überzeugungskraft.

Kenntnisse über die Zuhörerschaft

Bei einer grösseren Gruppe kann es empfehlenswert sein, einen Assistenten zur Seite zu haben. Fragerunden sollten am Schluss gemacht werden. Kriterien wie Alter, Geschlecht, Bildungsniveau, Funktion, Lernerfahrung und Abstraktionsvermögen der Teilnehmer sind wichtig. Besonders wichtig sind die Vorkenntnisse der Zuhörerschaft zum Thema. Seien Sie sich auch der Möglichkeit bewusst, dass ein Thema auch emotional angegangen werden kann und es das Verständnis fördert, wenn der Zuhörer sich im eigenen Erfahrungsumfeld findet.

Visualisierung auf Folien und Charts

Cartoons, Comics, Zitate, beeindruckende Facts und Figures können Abwechslung und Aufmerksamkeit bewirken. Es sollte auf packende Überschriften und kurze Textblöcke und nur ein bis zwei Bildelemente geachtet werden. Steht die vortragende Person wieder im Zentrum, sollte ein Projektor abgeschaltet werden. Effektvoll kann auch eine Live-Präsentation aus dem Internet sein, die Aktualität und Beachtung bewirken kann.

Visualisieren von Inhalten

Ein Zuschauer behält nur 20-30 Prozent des Gesagten. Wenn Sie Ihre Präsentation noch durch Abbildungen ergänzen, behält das Publikum etwa 80 Prozent des Dargestellten. Hinzu kommt, dass eine Präsentation durch ansprechende Visualisierung interessanter und motivierender wirkt.

- Überlassen Sie die Kombination aus Layout, Schrift, Farben und Hintergründen nicht dem Zufall. Ziel ist ein einheitliches Bild.
- Legen Sie das Layout vor Beginn fest, dann vermeiden Sie mühsames Nacharbeiten Folie für Folie.
- Bleiben Sie bei einer durchgängigen Gestaltung. Die Gestaltungslogik Ihrer Darstellungen erhält somit zusätzliche Struktur und Ihr Publikum zusätzliche Orientierung.

- Reduzieren Sie die auf den Medien dargestellte Datenmenge ("Über Gift oder Medizin entscheidet die Dosis"). Kurze Sätze, knappe Aussagen und maximal 3 Farben im Layout.

Durch Animationen können Sie die Informationsmenge und damit die Aufmerksamkeit der Zuschauer steuern. Ob und wie viele Inhalte einer Seite Sie animieren, hängt von der Wichtigkeit der Informationen ab. Wenn Sie den Zuschauern mit einem Chart auf die Schnelle einige Vorabinformationen liefern möchten, sollten Sie auf eine Animation verzichten. Beachten Sie auch vor allem weniger ist mehr. Und animieren Sie die Präsentation möglichst einheitlich, da Ihr Vortrag sonst unruhig wirkt.

Reduktion auf das Wesentliche

Wir werden von immer mehr Informationen aus immer mehr Kanälen in immer aufdringlicherer Form bombardiert. Das Vereinfachen ist deshalb eine Erfolgsformel, die nicht nur bei Präsentationen, sondern auch in der Alltagskommunikation immer wichtiger wird. Was heisst vereinfachen? Es geht dabei primär immer um die "Reduktion auf das Wesentliche" und für den Präsentator und die Zuhörerschaft um die Frage "Was ist wichtig?". Vereinfachen heisst: Sinnvoll reduzieren. Vereinfachen ist eine Kunst, die zu beherrschen gelernt sein will und letztlich auch Anstand, mit der Zeit anderer sorgsam umzugehen. Das Weglassen darf jedoch die Aussage nie verfälschen.

Rhetorische Grundregeln und Sprechtempo

Man spricht tendenziell immer zu schnell. Pro Minute sollte man höchstens 60 Wörter sprechen. Bitten Sie Bekannte, dies zu prüfen und legen Sie ein Blatt "Langsam sprechen" vor sich. Bitten Sie jemanden, Ihnen während der Präsentation Hinweise auf das Sprechtempo zu geben. Laut zu sprechen ist wichtig und nebst des Verstandenwerdens immer auch ein Zeichen des Selbstvertrauens. Sprechpausen sind Erholungen für alle - diese sollten unbedingt eingesetzt werden, wobei fünf bis zehn Sekunden durchaus in Ordnung sind und vor allem Spannung und Aufmerksamkeit auf das dann Folgende aktivieren.

Wirkung auf das Publikum

Die Körperhaltung, Mimik, Gestik und der Augenausdruck sind nonverbale Kommunikationsformen und wirken mehr als man gemeinhin annimmt. Nutzen Sie Arme und Hände, um Gesagtes zu unterstreichen, auf Zusammenfassungen hinzuweisen oder schreiben Sie Keywords auf Flipcharts. Wichtig ist der Blickkontakt, der von Person zu

Person wechseln sollte. Man kann mit gewissen Personen durchaus kurzen Blickkontakt halten.

Einige konkrete Tipps und Möglichkeiten, wie man sein Publikum fesseln und die Aufmerksamkeit von Teilnehmern wach halten und steigern kann, verrät die nachfolgende tabellarische Übersicht.

Wie kann man die Informationsaufnahme wirksam fördern?

Einige Methoden und Mittel zur Förderung der Informationsaufnahme bei Präsentationen sind:

- Verschiedene Darstellungsformen für verschiedene Lerntypen
- Einbezug der Teilnehmer mit Fragen und Vorschlägen
- Fazite und Zusammenfassungen von Dozenten und Teilnehmern
- Wechsel von passivem Referieren und aktiver Eigenerarbeitung
- Gutes Pausentiming mit Kurz-, Kaffee- und Erholungspausen

Zudem hat es sich bewährt, tendenziell am Vormittag Theorien anspruchsvolleren Inhalts und nachmittags eher Vertiefungen und Übungen, Anschauungsmaterial und "Handfestes" zirkulieren zu lassen.

Richtiger Einsatz von Beamern

Beamer werden immer leistungsfähiger, kleiner, preiswerter und beliebter. Kaum eine Präsentation in Unternehmen und Agenturen, die heute ohne beamerprojizierte Powerpointfolien auskommt. Doch längst nicht jede Präsentation, die technisch auf dem neuesten Stand ist, überzeugt auch das Publikum. Richtig angewandt ist die Präsentation mit Beamer ein hervorragendes Mittel, komplexe Zusammenhänge und Botschaften anschaulich und überzeugend darzustellen. Deshalb hier einige Grundsätze für den zielgerichteten Einsatz von Visualisierungsmedien.

- Jede Folie, jeder kleine Info-Baustein und jeder Effekt braucht ein Ziel und sollte in den Zusammenhang der Gesamt-Präsentation passen. Je mehr neben dem Inhalt passiert, umso eher geht das Gesamtziel verloren.
- Legen Sie für jede Folie eine Kernaussage fest. Folien, die keine Kernaussage enthalten, sollten erst gar nicht präsentiert werden. Achten Sie darauf, dass pro Folie nur eine Kernaussage enthalten ist.
- Verwenden Sie Stichwörter statt ganzer Sätze. Bei Textcharts sollten Sie sich auf maximal sieben Zeilen beschränken. Sie reichen in den meisten Fällen aus, um die wichtigsten Inhalte zu vermitteln. Falls nicht, Punkte besser auf zwei Seiten verteilen.

Wichtig ist, eine gute Lesbarkeit zu gewährleisten. Um Inhalte hervorzuheben, markieren Sie diese deshalb fett und verwenden Sie die normale Gross- und Kleinschrift. Kursive Schrift wird manchmal durch den Beamer verzerrt. Grossbuchstaben sollten Sie vermeiden, da sie für das menschliche Auge ungewohnt und daher nur schwer zu erfassen sind.

Persönliche Wirkung und Auftritt bei einer Präsentation	
Das wichtigste und überzeugendste Element einer Präsentation ist jedoch immer der Mensch. Arbeiten Sie daher an Ihrer Aussenwirkung.	
Haltung	Schultern gerade, seien Sie körperlich präsent. Die Körperhaltung sagt viel über Sicherheit, Überzeugungskraft und Persönlichkeitswirkung aus.
Kopfhaltung	Dies ist gut und wichtig für den Kehlkopf und zeugt von einer optimistischen und selbstsicheren Erscheinung.
Blickkontakt	Halten Sie Blickkontakt mit dem Publikum, welcher eine Beziehung herstellt und Feedback gibt. Dabei sind einzelne Personen, Zuhörergruppen oder ein Schweifen des Blickes durch die gesamte Zuhörerschaft möglich.
Gesten	Unterstreichen Sie die Wörter mit den Ihnen gewohnten Gesten. Je mehr Menschen anwesend sind, desto auffallender sollten die Gesten sein, damit sie wahrgenommen werden.
Mimik	Ein Lächeln ist die kürzeste Verbindung zwischen den Menschen und bewirkt spontane Sympathie – dies gilt bei Präsentationen genau so.
Akustik	Sprechen Sie laut genug. Testen Sie wenn möglich die Akustik des Raumes vorher. Falls dies nicht möglich ist, fragen Sie, ob Sie auf allen Plätzen gut verstanden werden.
Sprechtempo	Wechseln Sie Ihr Sprechtempo. Machen Sie sich Notizen in Ihr Manuskript, wann Ihre Stimme dynamisch sein soll, wann langsam und deutlich die Inhalte unterstreichen soll.
Artikulation	Ob Sie mit oder ohne Mikrofon sprechen - wichtig ist, dass Sie deutlich artikulieren. Dies hat mit unserer Lippenbewegung zu tun, denn hier bekommt das Sprechen seine Deutlichkeit. Nehmen Sie Ihre Worte zur Übung einmal auf eine Kassette oder Video auf und kontrollieren Sie die Aussprache.
Stimmenwirkung	Wie ist der Klang Ihrer Stimme? Militärisch, dominant? Oder eher zaghaft, zurückhaltend? Passen Sie Ihrer Stimmklang der Bedeutung Ihrer Botschaft an. Sprechen Sie in kurzen verständlichen Sätzen.
Pausen	Machen Sie Pausen, damit Ihre Zuhörer Ihre Gedanken nachvollziehen können.

Tipps für Präsentations-Folien
Folien sollten Worte und Argumente veranschaulichen und verstärken, nicht wiederholen. Hierzu die folgenden Tipps, wie Sie Ihre Folien aussagekräftig und für Ihr Publikum gut lesbar gestalten.
Stellen Sie pro Folie nur einen Sachverhalt dar
Veranschaulichen Sie Zahlenmaterial in Diagrammen
Verwenden Sie kurze Wörter und Sätze
Beschränken Sie sich auf sechs bis acht Zeilen, bzw. 50-60 Wörter pro Folie
Verwenden Sie nicht mehr als drei Schriftgrössen
Ihre Überschriften benötigen eine Schriftgrösse von mindestens 30 pt,
Textgrösse 24 pt und die Unterpunkte 20 pt
Der Zeilenabstand sollte mindestens 20 pt betragen
Schreiben Sie waagerecht, schräg geschriebene Texte sind leseunfreundlich
Nutzen Sie das Querformat für mehr Fläche
Verwenden Sie kontrolliert und sparsam Farben
Visualisieren Sie Inhalte durch Bildmaterial
Gehen Sie sparsam mit Animationen um
Planen Sie für jede Folie zwei Minuten Vortragszeit ein
Entfernen Sie die Folie von der Projektorfläche, wenn der Zweck erfüllt ist
Lesen Sie den Text Ihrer Folien nicht vor
Beschriften Sie auch Folien während des Vortrags
Zeigen Sie nur das, was gerade besprochen wird
Achten Sie auf einen einheitlichen gestalterischen Auftritt
Verwenden Sie Farben, Schriften, Logo usw. Ihres Corporate Identity
Visualisieren zur Abwechslung auch auf Flipcharts oder Tafeln spontan
Setzen Sie Absatzpunkte oder Tabellen zur Strukturierung ein
Verwenden Sie nach Möglichkeit keine altbekannten Standard-Vorlagen
Achten Sie auf spannende themenverwandte Hintergrundsujets

Spannung erzeugen und Aufmerksamkeit gewinnen	
Provozieren	Plötzlich eine provokative Frage stellen, eine gewagte These oder Behauptung aufstellen oder eine unerwartete oder kuriose Aussage machen.
Humor	Eine humorvolle Einlage, eine ironische Kommentierung, witzige Bemerkung oder Anekdote zwischendurch.
Teilnehmer-Aktivierung	Ein bis zwei Personen aus dem Publikum um ein Erlebnis oder deren Meinung bitten, aus A-B-Aussagen die richtige Wahl treffen oder Meinung äussern lassen.
Fazite	Zusammenfassungen machen und kommunizieren: "Nun kommen die 10 Punkte, die Sie sich auf immer und ewig merken sollten..."
Medienwechsel	Wechsel der Lernformen und Medien (Vom Flipchart zum Zuhöreraufruf oder zur Pinwandkarte)
Zum Anfassen	Anschauungsmaterial, unerwartet etwas zum Anfassen und Ansehen präsentieren oder gar zirkulieren lassen.
Live-Aussage	Eine Live-Aussage mit Originalstimme zu einer Kernaussage vom Tonträger mittels Kassettengerät oder aus dem Internet, evtl. sogar mit gleichzeitiger Abbildung der prominenten Person oder der Koryphäe auf der Leinwand.
Rhetorische Fragen	Rhetorische Fragen stellen, die jedermann klar sind, aber wachrütteln: "Können wir es hinnehmen, dass wir jedes Jahr Tausende von Verkehrstoten haben, nur weil unsere Gesetze zu wenig streng sind?"
Teilnehmermeinungen	Meinungen aus der Teilnehmerschaft als Stichwort auf Pinwand-Karte schreiben, sammeln und dann kommentieren oder Brücke zu weiteren Informationen schlagen.
Testimonials	Fakten, Aussagen, Meinungen, Beweise von Prominenten, Wissenschaftlern, Experten, renommierten Medien und Meinungsführern haben besonderes Gewicht.
Storys	Geschichten mit Spannung, Überzeugungskraft, Emotionen, Originalität und Erlebnischarakter lockern immer auf und erhöhen die Aufmerksamkeit sofort.

Erfolgsfaktoren für Präsentationen
Nachfolgende Punkte sind eine Orientierungshilfe, um Ideen, Produkte und Meinungen klar, präzise und wirkungsvoll zu präsentieren und Methoden kennen zu lernen, wie man auch schwierige Situationen durch flexibles Handeln und den gekonnten Einsatz der Persönlichkeit meistern kann. Damit macht man sich auch seiner Kompetenzen bewusst.
Die Vorbereitung einer Präsentation
Analyse der Zielgruppe und ihre Vorkenntnisse
Chronologischer Aufbau mit psychologischen Aspekten
Probepräsentation (Zeitplanung, Zuhörer-Feedback usw.)
Umgang mit Lampenfieber - mentales Einstimmen
Einstieg und Aufmacher
Eigene Ziele und Vorstellungen
Einsatz von Humor und zielgruppenspezifischen Fallbeispielen
Der äussere Rahmen, die Raumgestaltung, Sitzordnung, Licht
Art der Präsentation
Multisensorisch präsentieren: Hören, Sehen, Fühlen und Aufnehmen
Überzeugendes Auftreten durch Körpersprache und Stimme
Medieneinsatz in der Präsentation
Stärken, Wirkung und Verständnisförderung u.a.m. verschiedener Medien
Medienauswahl - Medienmix
Einsatz von Anschauungsmaterial
Der Kontakt und die Kommunikation mit der Gruppe
Umgang mit Anmerkungen und Einwänden
Umgang mit Kritik und Störern
Versagen der Technik und andere Zwischenfälle
Steuerung der Diskussion - Diskussionsregeln
Entwicklung von Präsentationskompetenzen
Sprechweise und Rhetorik
Präsentationstechniken
Visualisierung und Ablauf

Disposition und Planung einer Präsentation

Eine Präsentation muss von A-Z gut geplant und durchdacht sein und auf alle Eventualitäten vorbereitet sein. Die nachfolgende über technische und organisatorische Aspekte hinausgehende Schritt-für-Schritt-Anleitung stellt sicher, dass Sie an alle wesentlichen Punkte denken und aus jeder Präsentation einen optimalen Nutzen ziehen:

1. Informationen sammeln

- Welche Kenntnisse haben Sie bereits über das Thema?
- Wo können Sie weitere Informationen in Erfahrung bringen?
- Wer kann Sie unterstützen (Know-how, Funktionales, Pausenkaffee)?

2. Präsentationsziel formulieren

- Welches Ziel möchten Sie mit Ihrer Präsentation erreichen: Ist es Information, Schulung, Verständnisförderung, ein Innovationsprojekt?
- Ist Ihr Ziel so weit wie möglich positiv, realistisch und messbar formuliert?

3. Zeitplanung

- Wie viel Zeit steht für Präsentation und Diskussion zur Verfügung?
- Wie gliedern Sie Ihre Präsentation in 20-Minuten-Einheiten?
- Wie viel Zeit kann für Fragen eingeplant werden?
- Sind die Teilnehmer über Termine und Zeitrahmen informiert?
- Ist eine Pause notwendig und wenn ja, wie lange sol sie dauern?

4. Zielgruppenanalyse durchführen

- Wer ist Ihre Zielgruppe und für wen präsentieren Sie?
- Welche Interessen haben die Teilnehmer?
- Welche Erwartungen und Vorerfahrungen bringen die Teilnehmer mit?
- Wie homogen oder allenfalls heterogen ist die Zielgruppe?
- Welchen Ausbildungs- und Wissensstand hat die Zielgruppe?

5. Material auswählen und strukturieren

- Informationsmaterial sichten, nach bestimmten Kriterien auswählen
- Inhalte nach Kernaussagen und Hintergrundinformationen strukturieren
- Berücksichtigen Sie konsequent die Zielgruppe und das Präsentationsziel
- Wesentliches von Unwesentlichem trennen und Prägnanz beachten

6. Manuskript erstellen

- Stichwortmanuskript erstellen als Guideline und Orientierungshilfe
- Wichtige Kernaussagen darin hervorheben, Beispiele notieren

- Im Manuskript Hinweise für die Durchführung, z. B. Pause machen! Oder: Folie auflegen!

7. Gliederung der Präsentation

Einleitung 15% der Präsentationszeit
- Begrüssung der Teilnehmer und Vorstellung der Person/Institution
- Anlass und Thema der Präsentation aufzeigen
- Tagesordnung und Regeln bekannt geben

Hauptteil 75 % der Präsentationszeit
- Konsequente Orientierung an der Zielgruppe und Zuhörerschaft
- Attraktive Darstellung und Auflockerung des Wissens
- Prägnanz, Präsentationsziel, Spannung und Abwechslung berücksichtigen
- Humor, Anekdoten, Beispiele, Aktuelles, Provokatives usw. einbringen

Schluss 10 % der Präsentationszeit
- Kurze und prägnante Zusammenfassung der wesentlichen Aussagen
- Denk- oder Handlungsaufforderung für Teilnehmer
- Auswirkungen auf die Praxis oder Handlungskonsequenzen aufzeigen

8. Visualisierung vorbereiten

- An welchen Stellen ist Einsatz von Medien zur Visualisierung erforderlich?
- Materialien (Folien, Flipcharts, Poster usw.) vorbereiten
- Thema und Gliederung und Kernaussagen hervorheben
- Komplexe Zusammenhänge mit Grafiken, Visuals usw. veranschaulichen

9. Verständlichkeit prüfen

- Überprüfen Sie Ihr Manuskript sprachlich und auf Verständlichkeit
- Verständlichmacher Einfachheit, Gliederung/Ordnung,
- Kürze, Prägnanz, zusätzliche Stimulanz

10. Körpersprache/Körperhaltung

- Körpersprache bedenken und nutzen
- Gelöste, selbstsichere und entspannte Haltung
- Blickkontakt bewusst und gezielt einsetzen
- Blick zuweilen in die Teilnehmerrunde schweifen lassen

11. Medien testen

- Überprüfen Sie die Funktionstüchtigkeit der benötigten Medien insgesamt
- Flip-Chart: ausreichend Blätter und Stifte vorhanden?
- Pinwand: genug Moderationskarten und -stifte sowie Pins verfügbar?
- Overheadprojektor: Ersatz-Glühbirne? Aufwärmzeit? Schärfeneinstellung?
- PC-Programm: Laufen PC und Programme, ist Beamer ok (Lichtstärke)?
- Lichtverhältnisse: stören sie gegebenenfalls die Projektion?

12. Rahmenbedingungen gestalten

- Sitzordnung vorbereiten (Kann Publikum hinten noch alles erkennen?)
- Störungen vermeiden (bspw. Telefon umschalten, Kollegen informieren)
- Für ein angenehmes Klima sorgen (Belüftung, Heizung, Licht)
- Erfrischungen bereithalten wie Kaffee, Backwaren, Snacks usw.

13. Fragerunde/Diskussion planen

- Wer soll diese Phase moderieren?
- Welche Fachleute werden allenfalls noch benötigt?
- Soll/muss das Management vertreten sein?
- Welche weiterführenden Quellen und Personen gibt es?
- Wie werden die Ergebnisse/Anregungen aus dieser Phase festgehalten?
- An Vereinbarungen/Absprachen/Aufträge/Termine erinnern

14. Auswertung durchführen

- Fragen und Beiträge aus der Frage- und Diskussionsrunde auswerten
- Massnahmen müssen im Anschluss an Präsentation?
- Was wollen Sie bei der nächsten Präsentation verbessern?
- Welche Erfolgskontrollen bzw. Vereinbarungen sind notwendig?

Die klassische Mitarbeiterzeitschrift

Hoher Stellenwert der Mitarbeiterzeitung

Die Mitarbeiterzeitung oder -zeitschrift bezeichnet ein internes Medium und unterscheidet sich daher von dem Sprachrohr eines Unternehmens wie der Kundenzeitschrift. Die Mitarbeiterzeitung ist vielmehr als Forum für den Dialog innerhalb eines Unternehmens oder einer Institution zu verstehen. Auch im Zeitalter von Intranet und elektronischem Publizieren ist die Mitarbeiterzeitung nach wie vor eines der wichtigsten und beliebtesten Instrumente der internen Kommunikation.

In verschiedenen Studien zu interner Kommunikation und Bedeutung der unterschiedlichen internen Medien rangiert die Mitarbeiterzeitung immer wieder auf Spitzenplätzen: Die grosse Mehrheit der jeweils Befragten misst ihr steigende oder gleich bleibende Bedeutung zu. "Gedruckte Magazine als nachhaltige Instrumente der Mitarbeiterkommunikation werden vor allem im Sinne des Change- und Knowledge-Managements und des Internal Branding auch in Zukunft eine herausragende Rolle spielen", lautet jeweils der Grundtenor der Aussagen.

Auch wenn es keine inhaltlichen Vorgaben für Mitarbeiterzeitungen gibt, finden sich meist neben Informationen zur Lage des Unternehmens unterhaltende Elemente sowie praktische Tipps. Mitarbeiterzeitungen können die Motivation der Belegschaft dann erhöhen, wenn diese auch intensiv an der Gestaltung des Mediums beteiligt werden. Formal sind alle Elemente der Corporate Identity wichtig. Die Gestaltungsmöglichkeiten einer Mitarbeiterzeitung reichen von Intranet bis zum klassischen schwarzen Brett.

Aufgabe und Zielsetzung

Die Mitarbeiterzeitschrift hat ihren festen Platz in einer internen Unternehmenskommunikation. Sie ist Spiegelbild der Kommunikations- und Informationskultur und in ihr kommt das Management und die Mitarbeiter aus unterschiedlichen Unternehmensbereichen zu Wort. Neue Strategien und die Ziele für das nächste Jahr können genauso präsentiert werden wie das geplante Betriebsfest und das Interview mit dem Geschäftsführer. Eine gute Mitarbeiterzeitschrift gewährt das "Big Picture" und gibt einen umfassenden Gesamtüberblick des unternehmerischen Denkens und Handelns. Sie dient primär der über das Tagesgeschäft hinausgehenden, vertiefenden Information aller Mitarbeitenden. Angestrebt wird oft die Identifikation Mitarbeitender mit dem Unternehmen und Bindung von Mitarbeitenden an das Unternehmen. Die folgenden konkreten Ziele können dabei als relevant betrachtet werden:

- Die Visionen und Ziele des Unternehmens werden transparent
- Die MitarbeiterInnen können ihre Zukunftsperspektiven erkennen, womit die Motivation der MitarbeiterInnen verstärkt wird
- Das Zugehörigkeitsgefühl der MitarbeiterInnen wird gefördert
- Die Identifikation mit dem Unternehmen und seinen Zielen und Visionen wird aktiv und kontinuierlich gestärkt und gefördert
- Zusammenarbeit zwischen Abteilungen/Teams wird verbessert
- Die Mitarbeiterzeitschrift ist ein Signal der Wertschätzung der Unternehmensleitung für die MitarbeiterInnen
- Die Bereitschaft der MitarbeiterInnen, sich aktiv am Unternehmen zu beteiligen, wird gefördert

Redaktion und Inhaltskonzept

Die leitende Redaktion wird oft von der Personalabteilung übernommen. Eine Mitarbeiterzeitschrift verfügt – je nach Priorität, Ressourcen und Betriebsgrösse - über einen drei- bis fünfköpfigen, freiwilligen Mitarbeiterstab. Sporadisch steuern weitere Mitarbeitende aus dem Unternehmen oft ihre Beiträge und Ideen bei und schreiben Artikel gemäss einem Redaktionsplan. Oft ist auch ein Beitrag der Geschäftsleitung (Businessreport, Interview, Stellungnahme, Grossereignis) enthalten oder dafür eine Rubrik vorgesehen.

Die Sprache sollte einfach, direkt und schnörkellos sein und auf Management- und Businessdeutsch verzichtet werden. Humor, Karikaturen, Fotos, Grafiken, Überraschendes, Originelles und Unkonventionelles haben genau so ihren Platz und sind ideale Auflockerungsmittel.

Wichtiges Gebot: Kreativ kommunizieren

In vielen Unternehmen ist gute Kommunikation, die von Mitarbeitenden beachtet und verstanden wird, Mangelware, es wird gerade in diesem Bereich gerne gespart. Dabei wäre gerade das Sparen ein gutes Thema, um intern darüber offen und ehrlich zu schreiben und Mitarbeiter als kompetente und urteilsfähige Partner zu behandeln. Eine gute Firmenzeitung von den Mitarbeitenden für die Mitarbeitenden gestaltet, geprägt und geformt, ist Teil der Firmenkultur.

Zusätzlich zu Intranet, Foren oder Blogs stellt gerade sie ein hochwertiges Medium mit nachhaltiger Wirkung dar, das in der gedruckten Version für Seriosität und Verbindlichkeit sorgt und zwar im Inhalt und in der Form. In einem hausinternen Blatt wird so geschrieben, wie es im Unternehmen Kultur ist und sein sollte. Das setzt voraus, dass eine solche Publikation von einer geschulten Redaktion herausgegeben wird, die im Idealfall sogar mit den Grundregeln des Journalismus vertraut ist. Ob diese der Kommunikationsabteilung angegliedert ist oder von externen Journalisten oder PR-Verantwortlichen betreut wird, ist sekundär. Entscheidend ist, dass die Mitarbeitenden im Mittelpunkt stehen und sie als interne Kunden ernst genommen werden.

Medienverbund

Eine Mitarbeiterzeitschrift sollte im Zeitalter des Intranets und digitaler Medien Bestandteil eines Medienverbundes sein und dabei auch auf weitere Informations- und Kommunikationsaktivitäten hinweisen. Dies kann konkret sein:

- Hinweise auf kommende Veranstaltungen und Events
- Berichte und Erfahrungen aus zurückliegenden Veranstaltungen
- Reminder für Informations- und Kommunikationsinstrumente
- Verlinkung mit elektronischen Angeboten und Informationen
- Linkhinweise auf Internet und Intranet oder das Wissensarchiv

Themenkonzept

Das Themenkonzept hat eine sehr grosse Bedeutung. Es sollte alle Mitarbeitenden und deren Angehörige ansprechen und private und geschäftliche Gefässe und Themen enthalten. Dabei können sowohl feste wie auch flexible Rubriken geführt werden. Zuweilen ist es empfehlenswert, Rubriken und Gefässe bei Mitarbeiterbefragungen auf ihre Beachtung und das entgegengebrachte Interesse zu prüfen.

Die nachfolgende Tabelle gibt einen Überblick über mögliche Rubriken und deren Bezeichnung.

Rubrikenbeispiele für eine Mitarbeiterzeitung	
Links geben mögliche Bezeichnungen von Rubriken, rechts die Inhalte in Stichworten, Anregungen, wie ein Rubrikenplan einer Mitarbeiterzeitung konzipiert und organisiert werden könnte.	
Editorial	Geschäftsleitungsmitglied oder Abteilungsleiter
Business today	Rück- und Ausblick der Geschäftsentwicklung
Projekte und Aktivitäten	Kurzportraits mit Zielen und Aktivitäten
Agenda	Wichtige Unternehmensereignisse u. Neuerungen
Hallo, ich bin neu	Neue Mitarbeiter stellen sich vor
Bildung & Wissen	Weiterbildungsangebote und Know-how-Quellen
Innovation	Neue Produkte, Report aus "We proudly present"
Das Interview	Geschäftsleitungsmitglied zu aktuellem Thema
Outside	PR-Aktivitäten, Konkurrenz, Kunden, Meinungen
Neu im Intranet	Neue Informations- und Kommunikationsangebote
Privat	Hobby, Reisebericht, Erlebnis von Mitarbeitenden
News-Telegramm	Neues in Kürze, evtl. mit Link auf Intranet
Geschmunzelt....	Humor mit und von Mitarbeitenden
Wussten Sie, dass...	Interessantes, weniger Bekanntes in Kürze
Der Link	Interessantes im Web, Mailservice und Intranet
Books, Media & More	Bücher-, Film- und DVD-Empfehlungen
Work & Life	Beiträge zur Balance von Privat- und Berufsleben
Congratulation	Kurz gewürdigte kleine und grosse Erfolge
Wettbewerb	Neuerungen in Form von Wettbewerben vertiefen
Privat	Hobbies, News u.m. privat von Mitarbeitenden
Im Fokus	Wichtige Innovationen und Zielerreichungen

Weitere Beitragsthemen und periodisch erscheinende Artikel können sein:

Berichte aus dem Unternehmen selbst

wie neue Verfahren und Technologien, Meldungen und Berichte zur aktuellen wirtschaftliche Lage und besondere Erfolge, PR-Aktionen, geplante Aktivitäten.

Mitteilungen aus dem sozialen Zusammenhang

wie Betriebsversammlungen, Ausflüge, Veranstaltungen, Ereignisse, Betriebssport, Vorschlagswesen, Sozialleistungen, Transparentmachen von internen Zusammenhängen und Fachfragen, Unfallverhütung.

Berichte aus dem Umfeld des Unternehmens

wie wirtschaftliche und gesellschaftliche Themen, Gesundheit, Umweltthemen, politische Fragen, Branchengeschehen, Nachbarn, Wettbewerber usw.

Konkrete Orientierungshilfen für Mitarbeiterzeitungen

Die Herausgabe und die Beachtung von Mitarbeiterzeitungen hängen von vielen Faktoren ab, die von der inhaltlichen Konzeption über die Erscheinungsweise und Produktionsform bis zur redaktionellen Machart reichen. Die nachfolgenden Punkte sollen einige Orientierungs- und Realisierungshilfen bieten.

Die Zielgruppe und Leser sind Mitarbeiter

Mitarbeiterzeitungen, die verkappte Propaganda-Sprachrohre der Geschäftsleitungen sind oder das Unternehmensimage auf Hochglanz halten sollen, erfüllen den Zweck kaum. Bei einer Mitarbeiterzeitung soll das inhaltliche Schwergewicht auch tatsächlich auf die Mitarbeitenden ausgerichtet sein. Wer als Unternehmer will, dass seine Mitarbeiter die eigene Mitarbeiterzeitung auch mit Spass und Interesse lesen, der muss sie vor allem mit den Mitarbeitern und nicht nur für die Mitarbeiter machen. Der Einbezug von Mitarbeitenden bei Themenplänen und der Wahl von Rubriken helfen dabei. Empfehlenswert sind Befragungen und Aufforderungen zu Feedback, die sicherstellen, dass die Publikation auch wirklich den Bedürfnissen und Erwartungen der Leserschaft entsprechen.

Mitarbeiterzeitungen sind ein Teil der Corporate Identity

Die Mitarbeiterzeitung ist ein Instrument der internen gesamtbetrieblichen Kommunikation. Sie muss daher auch ein Ausdruck der Corporate Identity des Unternehmens sein und diese auch visuell vom

Erscheinungsbild her mit kommunizieren, sowohl inhaltlich als auch in der optischen Aufmachung. Dies gilt ebenso bei einfachen und kostengünstigen Zeitschriften. Dadurch identifizieren sich Mitarbeitende stärker mit einer Mitarbeiterzeitung und sie fügt sich schnell erkennbar in das Gesamtgefüge des Auftrittes des Unternehmens gegen innen und gegen aussen ein.

Möglichkeiten und Foren für Kritik

Die eingesetzte Redaktion sollte die Unabhängigkeit der Leitung und allfällig freier Mitarbeiter garantieren und ein selbständig und frei von Geschäftsleitungszensuren arbeitendes Redaktionsteam sicherstellen. Das betrifft vor allem Fragen nach dem Status der redaktionellen Arbeit als Teil der Arbeits- oder Freizeit, nach dem Ort der Redaktionssitzung und nach unternehmenskritischen Äusserungen. Ein Unternehmen, welches eine Mitarbeiterzeitung wünscht, sollte, im Interesse von Motivation und Glaubwürdigkeit bestrebt sein, Kritik zuzulassen, einen eigenen Stil zu entwickeln und nicht zuletzt den Mut zu haben, heisse Eisen anzufassen.

Mitarbeiterzeitung: Teil der gesamtbetrieblichen Information

Eine Mitarbeiterzeitung kann nur einen Teil der internen Kommunikation abdecken. Sie ist kein Ersatz für andere zusätzlich notwendige Massnahmen und schon gar kein Ersatz für mangelnde Kommunikationsfähigkeiten - oder bereitschaft der Geschäftsführung und Führungskräfte. Die Hauptaufgabe einer Mitarbeiterzeitschrift ist es, über Neuigkeiten im Unternehmen offen, schnell und vollständig zu informieren und auf die vielfältigen Interessen und Bedürfnisse der Mitarbeiter einzugehen.

Erscheinungsweise und Versand

Von den Kosten, der Beachtung und den Kapazitäten her beurteilt, ist die monatliche Erscheinungsweise meistens die beste Wahl. Das aber setzt einen gewissen Aufwand, eine gute Organisation, die entsprechenden Ressourcen und Engagement der Beteiligten und Mitarbeitenden voraus. Die vierteljährliche Erscheinungsweise ist ein Kompromiss, der dann aber stark auf Kosten fehlender Aktualität und fester Integration der betrieblichen Gesamtkommunikation geht. Die Zeitung sollte am Besten an die private Wohnadresse geschickt werden. Dort haben die Mitarbeiter in einer entspannten Atmosphäre eher Zeit zum Lesen, und überdies erreicht man damit Familie und Lebenspartner, was eine positive Auswirkung auf das Unternehmensimage hat. Ebenso sinnvoll kann aber eine interne Verteilung, ein Terminplan am schwarzen Brett, eine Ankündigung per E-Mail und ein Auflegen an geeigneten Orten wie beim Empfang, im Pausenraum oder in der Kantine des Betriebes sein.

Produktionsform: Digital oder Print?

Eine physisch greifbare und in Händen haltbare Mitarbeiterzeitung, die verteilt, mitgenommen und archiviert werden kann, hat auch im digitalen Zeitalter eine stärkere und nachhaltigere Wirkung als digitale Medienformen. Digitale Produktionsformen können aber durchaus flankierend eingesetzt oder mit Printvarianten kombiniert werden. So kann ein E-Mail-Newsletter "Breaking News" bekannt machen, ein PDF-Versand ein Sonderthema aufgreifen oder während der Sommerferien digital erscheinen. Oder eine Leserbriefrubrik kann zum Beispiel nur oder auch im Intranet geführt werden. Auch eine Diskussion zu einem in der Mitarbeiterzeitung behandelten Schwerpunkt-Thema online in Chatform ist eine weitere Möglichkeit. Am empfehlenswertesten sind also sinnvolle Kombinationen und Ergänzungen, welche die Stärke des jeweiligen Medienträgers nutzen.

Mitarbeiterzeitungen sind ein Teil der Öffentlichkeit

Die Mitarbeiterzeitung sollte auch an die ehemaligen Mitarbeiter, Pensionäre und eventuell sogar an Geschäftsfreunde, Lieferanten, Aktionäre und andere Geschäfts- und Marktpartner versandt werden. Im Mittelpunkt bleibt das, was im Unternehmen selber passiert und für dieses auf der Ebene der internen Kommunikation wichtig ist. Niemals sollte eine Mitarbeiterzeitschrift zu einer Imagebroschüre für Kunden und Aktionäre mutieren oder nur propagandistische Interessen der Geschäftsleitung verfolgen. Neue Kunden, Kundenjubiläen oder zum Beispiel Mitarbeiterbemühungen von Kunden betreffende Wertschätzung können aber dennoch ein Thema sein, in denen sich externe Partner ebenfalls finden.

Beizug externer Dienstleister

Für Layout, Gestaltung, Korrekturlesungen, und Redaktion sind entweder Fachleute und externe Dienstleister oder hauseigene verborgene Talente unter den Mitarbeitenden empfehlenswert, die gestalten, recherchieren, schreiben und produzieren können und für diese Aufgabe motiviert sind und die notwendige Begeisterung mit sich bringen. Eine Mitarbeiterzeitung steht in ihrer Akzeptanz und Wahrnehmung auch in Konkurrenz zu professionell gemachten Erzeugnissen externer Medien und Marketing- und PR-Medien. Für inhaltliche Erstkonzepte oder Grundlayouts können auch externe Fachleute engagiert werden, deren Arbeit man dann übernehmen und einsetzen kann, wie beispielsweise ein Grundlayout.

Redaktionen in Informationsfluss einbinden

Wer immer für eine Mitarbeiterzeitung redaktionell verantwortlich zeichnet, sollte in den betriebsinternen Informationsfluss eingebunden sein und Zugang zu den wichtigen und interessanten Informationen haben. Dies gilt besonders auch für Krisensituationen und bevorstehende tief greifende Veränderungen wie Fusionen, Personalabbau-Massnahmen, strategische Neuausrichtungen und dergleichen. Regelmässige Treffen und der Beizug zu wichtigen Informationsveranstaltungen sind dafür die Voraussetzung. Externe Dienstleister, Journalisten und PR-Berater sind das Sprachrohr des Betriebes und müssen entsprechend umfangreich gebrieft und informiert werden.

Verschiedene Beitragsformen nutzen

Die Umsetzungstechniken des Personalisierens, Problematisierens, Lokalisierens und Visualisierens können auch eine hausinterne Publikation wesentlich aufwerten und den Auftritt einer Mitarbeiterzeitung erheblich professionalisieren, was sich letztlich positiv auf die Beachtung und Akzeptanz auswirkt. Die unterschiedlichen journalistischen Möglichkeiten sollten voll genutzt werden: Bericht und Meldung, Portrait und Interview, Kurznachricht, Reportage, Kommentar und Glossen. Auch die Wahl der Rubriken hat einen erheblichen Einfluss: Pointierte Meinungen und Kommentare, kritische Stimmen von aussen, Abteilungsportraits sind einige Möglichkeiten.

Rubriken und beliebte Themen

Kommentare, Glossen und andere - vielleicht auch einmal kritische - Meinungselemente kommen gut an und erhöhen die Lesefrequenz und Glaubwürdigkeit entscheidend. Auch interne Personalien (Geburtstage, Jubiläen, Hochzeiten und nicht zuletzt Hobbys und sportliche Leistungen) sind - wenn gut aufgemacht und informativ mit einer Prise Humor und Originalität präsentiert - Renner und dürfen in Mitarbeiterzeitschriften nicht fehlen. Wichtig ist, dass sich niemand bloss gestellt, sondern respektvoll vorgestellt fühlt. Dazu gehört auch die Verwendung von Fotos. Es ist sinnvoll, für die Mitarbeiterzeitung ein erkennbares und wiederkehrendes System von Rubriken anzubieten. Dabei sollte man auch Leserbriefe, Flohmarkt und andere Personal-Serviceleistungen und -themen (z. B. Steuer-, Einkaufs und Gesundheitstipps) des privaten Bereiches berücksichtigen.

Matchentscheidend sind attraktive Themenpläne

Das redaktionelle Konzept ist je nach Branche, Betriebsgrösse, Unternehmenskultur und Mitarbeiterzusammensetzung unterschiedlich. Empfehlenswert und meistens gut beachtet werden aber folgende Rubriken und Themen:

Mustervorlage Produktionsplan Mitarbeiterzeitschrift			
Dieser Produktionsplan soll helfen, die Planung, Terminierung und Organisation im Ablauf zur Produktion einer Mitarbeiterzeitschrift zu systematisieren.			
Tätigkeit/Arbeitsschritt	Wer	Termin	erledigt
Jahres-Erscheinungsplan			
Redaktorenteam zusammenstellen			
Umfangbestimmung			
Themenideen sammeln und Abteilungen befragen			
Themen und Beiträge entscheiden			
Verfasser und Termine festlegen			
Bild- und Illustrationsmaterial organisieren			
Gast-Mitarbeiterbeitrag organisieren			
Redaktionskonferenz Verabschiedung Beiträge			
Abschlussredaktion			
Korrekturlesung			
Kostenbestimmung			
Produktionsort und -techniken entscheiden			
Produktion			
Verteilung intern			
Verteilung an weitere Empfänger			
Elektronische Distribution und Archivierung			
Redaktionsbesprechung und Leserfeedback			

Muster eines Redaktionsstatutes

Präambel
Die Mitarbeiterzeitschrift "Ours" ist ein Informationsorgan der Mitarbeiter der Muster Unternehmens AG. Sie soll die Mitarbeiter über das Unternehmen und seine Aktivitäten informieren. Dies umfasst auch die Interessen der Mitarbeitenden einbeziehenden Aspekte und Anliegen, die über das Unternehmensgeschehen hinausgehen. Auch das Verständnis für innerbetriebliche und überbetriebliche Zusammenhänge soll dabei gefördert werden. Weitere Aufgaben sind die Sicherstellung eines für die Leistungserbringung wesentlichen Informationsstandes, die Förderung des Verständnisses für unternehmerische Zusammenhänge und die gesellschaftliche Rolle der Muster Unternehmens AG, die Förderung der Arbeitsmotivation und des Arbeitsklimas und die Verbesserung der Zusammenarbeit von Teams und Abteilungen. Grundlage für die Arbeit der Redaktion von "Ours" bildet das folgende Redaktionsstatut:

Redaktionsstatut
Dieses Statut ist eine Vereinbarung zwischen der Muster Unternehmens AG und der Redaktion sowie Bestandteil der Arbeitsverträge der Redaktionsmitglieder mit der Muster Unternehmens AG. Es regelt die Aufgaben, Rechte und Pflichten der Redaktion und den Zweck und die Aufgabe der Mitarbeiterzeitung "Ours". Dieses Statut gilt für die Dauer von jeweils drei Jahren, wenn es nicht ein halbes Jahr vor Ablauf des jeweiligen Zeitraumes schriftlich von der Muster Unternehmens AG, vertreten durch den verantwortlichen Chefredaktor, gekündigt wird.

Redaktion und Redaktionsausschuss
Die Redaktion besteht aus Mitarbeitern des gesamten Unternehmens. Die Redaktion ist zuständig und verantwortlich für den Inhalt und die Gestaltung der Mitarbeiterzeitung. Sie hat Zugang zu allen Informationen, die für ihre Arbeit notwendig sind. Die Redaktion hat bei ihrer Arbeit Rücksicht auf das Gesamtinteresse der Muster Unternehmens AG zu nehmen, ist aber ansonsten redaktionell frei und darf auch kritische Themen aufgreifen, sofern diese keine gravierenden negativen Auswirkungen auf das Unternehmen haben. Zur Veröffentlichung bestimmten Manuskripte werden vor Abdruck dem Abteilungs- und Personalleiter oder der Ressortleitung, dessen Aufgabengebiet sie berühren, zur Durchsicht vorgelegt. Diese prüfen die Artikel. Grundsätzliche Einwände gegen Veröffentlichungen werden über die Redaktion dem Redaktionsausschuss mitgeteilt.

Zusammensetzung Redaktionsausschuss
Der Redaktionsausschuss setzt sich zusammen aus je einem Vertreter HR-Abteilung und dem Leiter der PR-Abteilung oder einem von ihm ernannten Verantwortlichen. Der Redaktionsausschuss berät und unterstützt die Redaktion auf der Grundlage dieses Statuts.

Einsichtnahme und inhaltliche Verantwortung
Die Redaktion übersendet allen Beteiligten und Verantwortlichen sämtliche Artikel, die für die Veröffentlichung bestimmt sind. In einem Inhaltsverzeichnis werden auch die zur Veröffentlichung vorgesehenen Fotos und Zeichnungen aufgeführt. Die Mitglieder des Redaktionsausschusses können diese Fotos und Zeichnungen zur Einsicht anfordern. Bei der Durchsicht entstandene Fragen

werden, wenn sie nicht durch Rücksprache mit der Redaktion geklärt werden können, in den Ausschusssitzungen besprochen. Diese Ausschusssitzungen finden möglichst unmittelbar nach Redaktionsschluss der jeweiligen Ausgabe, auf jeden Fall aber vor Beginn der Produktion der Mitarbeiterzeitung statt.

Publikationsentscheidungen
Der Redaktionsausschuss entscheidet darüber, ob Artikel, Fotos und Zeichnungen von unternehmenspolitischer Bedeutung und Artikel, gegen deren Veröffentlichung von einer anderen Stelle der Muster Unternehmens AG grundsätzliche Einwände erhoben worden sind, in der vorliegenden oder in abgeänderter Fassung veröffentlicht werden können oder nicht. Der Redaktionsausschuss hat bei seiner Entscheidung auf das Gesamtinteresse der Muster Unternehmens AG Rücksicht zu nehmen. Bei sehr kritischen Themenbereichen klärt der Personalleiter die Sachlage mit der Geschäftsleitung, wobei diese Ablehnungen oder Änderungen begründen muss. Der Redaktionsausschuss hat maximal drei Arbeitstage Zeit, um über die Veröffentlichung von Artikeln, Fotos und Zeichnungen zu entscheiden.

Einspruchsmöglichkeiten
Gegen eine Entscheidung der Mehrheit des Redaktionsausschusses, dass Artikel, Fotos und Zeichnungen in der vorliegenden oder in abgeänderter Fassung veröffentlicht werden können oder nicht, kann jedes Redaktionsmitglied Einspruch erheben. Wird davon Gebrauch gemacht, entscheidet der Leiter PR darüber, ob der betreffende Artikel oder das betreffende Foto in der vorliegenden oder in abgeänderter Form veröffentlicht werden kann oder nicht.

Redaktionsgeheimnis
Die Redaktion sowie der Redaktionsausschuss sind zur Wahrung des Redaktionsgeheimnisses verpflichtet.

Fallbeispiel: Renovation einer Mitarbeiterzeitschrift

Ausgangslage
Bei der Simptoma AG stellt man seit längerem fest, dass die Mitarbeiterzeitschrift immer weniger beachtet wird, die Themen nicht interessieren und die Redaktion die Aufgabe nur noch als Routine ohne Herausforderung empfindet.

Situationsanalyse
Man konzentriert sich bei der beschlossenen Renovation und Neuausrichtung konsequent auf die Mitarbeiterbedürfnisse und aktuellen Unternehmensbedürfnisse. Dabei werden folgende Massnahmen in die Wege geleitet:

- Schriftliche Befragung zu Themen, Periodizität, Umfang, Mitwirkung usw.
- Aufforderung zu Artikelbewertungen und Themenideen
- Projektgruppe mit Geschäftsleitung zur Unternehmensintegration
- Ausschöpfung sämtlicher Möglichkeiten des Medienverbundes
- Fachinformationen und Seminare zum Thema

Massnahmenplan
Aufgrund dieser umfassenden Massnahmen zur Erlangung einer Bestandsaufnahme zeichnet sich immer mehr ab, wo die Hebel anzusetzen sind. Die Ziele der Neuausrichtung sind ein besseres und attraktiveres redaktionelles Konzept, aktuelleres und spannenderes Themenmanagement, aktiverer Einbezug aller Mitarbeiter, mehr Persönliches und "Storys" und stärkere Einbindung in das Gesamtkommunikationskonzeptes des Unternehmens. Konkrete Massnahmen sind dabei:

- Neue Rubriken aufgrund von Mitabeitervorschlägen und Bewertungen
- Rubriken *Reporter des Monats* und *Fotograf des Monats* werden gebildet
- Neues von den Mitarbeitern gewähltes Redaktionsteam
- Bei jeder Ausgabe arbeitet eine Abteilung aktiv mit
- Fotogalerien, Reports, Weiterführendes, Interaktives im/vom Intranet
- Eine neue Leserbriefseite verstärkt die Interaktivität
- Bei Redaktionssitzungen sind wechselnd Mitarbeiter dabei
- Die Geschäftsleitung leistet in jeder Ausgabe einen aktuellen Beitrag
- Bei einem neuen Layout werden alle Mitarbeiter eingebunden und befragt
- Gastbeiträge zu aktuellen Unternehmensthemen von aussen für Neues

Wirkung und Erfolgskontrolle
Kurz nach der Realisierung aller Massnahmen steigt die Beachtung und das Interesse markant. Als beste und nachhaltigste Massnahmen stellen sich die konsequente Einbindung und aktive Mitgestaltung der Mitarbeiter, die neuen Rubriken und die verbesserte Aktualität heraus.

Kosteneinsparungspotenziale bei Mitarbeiterzeitschriften			
Mitarbeiterzeitschriften verursachen oft hohe Kosten, die es zu budgetieren und zu kontrollieren gilt. Es bestehen aber auch Kostenpositionen, bei denen sich, ohne zu starke Einbussen in Qualität und Inhalt, Kosten einsparen lassen.			
Anlass/Kriterien: .... **Kostenposition/Einsparungsmöglichkeit**	ja, machen	kommt in Frage	ungeeignet
Kürzung der Erscheinungshäufigkeit			
Veröffentlichungsunterbrüche Sommermonate und Dezember			
Umfangreduktionen, beispielsweise während Ferienzeiten			
Teilweise oder gesamte digitale Produktion, z.B. via PDF			
Kombination digitale Ausgaben und Printausgaben			
Verzicht auf externe, kostenpflichtige Beiträge/Fotomaterial			
Kostengünstigere Alternativen Bildmaterial via Internet			
Zweitverwertung von schon vorhandenen Inhalten			
Korrekturlesung/Redigieren an Studenten oder inhouse			
Nur ein Exemplar pro Abteilung oder Team produzieren			
Inhouse-Produktion mit Schnelldrucker			
Auslastung ungenutzter Druck- und Distributions-Kapazitäten			
Nutzung von Standard-Vorlagen			
Eventuell Einsatz von Word als Software prüfen			
Papiereinkauf mit Jahresvolumen			
Vereinbarung Jahrsvolumen mit Kopieranstalt/Druckerei			
Umstellung auf ausschliesslich digitale Archivierung			
Umstellung von Farbe auf schwarz/weiss			

Die klassische Mitarbeiterzeitschrift und das Intranet

Leider ist die klassische Printversion der Mitarbeiterzeitung in erster Linie ein Instrument der "Einwegkommunikation" mit eingeschränkten Interaktions- und Dialogmöglichkeiten. An dieser Stelle kann das Corporate Intranet seine Vorteile als interaktives, multimediales Dialogmedium voll ausspielen. Dabei geht es nicht um die Ablösung des klassischen Printperiodikums, sondern vielmehr um eine Erweiterung: On- und Offline-Publishing im Verbund ist dabei ein guter Weg. Damit können sämtliche Beiträge, auch älterer Ausgaben, bequem im Intranet recherchiert werden. Interessante Themenbereiche kann der Nutzer als Newsletter abonnieren.

Zusätzlich ist es möglich, Artikel und Themen im Intranet mit anderen Kollegen zu diskutieren (per Forum- oder Chat-Software). Der Autor jedes Artikels kann direkt aus dem Intranet kontaktiert werden – etwa für Fragen oder Anregungen zu einem laufenden Projekt oder be Einführung einer neuen Software oder eines neuen Produktes. Bestens geeignet ist das Intranet auch, um weiterführende Informationen zu einem Artikel oder Thema zu verlinken bzw. umfassende Hintergrundinformationen bereitzustellen, die den Rahmen der Printpublikation sprengen würden. Mittelfristige Optionen erweitern das Informationsnetzwerk auch in den mobilen Bereich: Ist zum Beispiel ein Mitarbeiter unterwegs, bestellt er sich Zusammenfassungen der Artikel einfach für sein Handy (SMS oder WAP) oder für seinen persönlichen digitalen Assistenten (PDA). Die E-Mitarbeiterzeitung in elektronischer Form macht das klassische Magazin somit zum Dialog- und Kommunikationsmedium.

Intranet-Vorteile:	**Mitarbeiterzeitschrift-Vorteile:**
Aktualität und permanente Verfügbarkeit Nachschlagewerkartiges Zurverfügung-Stellen von Informationen Interaktivität Unbeschränkte Kapazität	hohe Wertigkeit und Aufmerksamkeit der Information Emotionalität der Botschaften Schaffen von Verständnis für Zusammenhänge und von Transparenz
Intranet-Nachteile: falsche/halbe Informationen sind im Intranet relativ leicht möglich und Selbstdarsteller können sich gut in den Vordergrund rücken Informations-Overflow wer keinen PC hat, ist vom sozialen Informationsgefüge ausgeschlossen	**Mitarbeiterzeitschrift-Nachteile:** wenig Dauerhaftigkeit Platzbeschränkung keine lexikale Funktion Aktualität der Informationen Produktionskosten Fehlende Interaktivität

E-Communication und Intranet

Balance zwischen technischer und persönlicher Kommunikation

Im Zeitalter der sich mehr und mehr digitalisierenden Information und Kommunikation besteht vielerorts Unsicherheit, wann nun welches Medium das Richtige sei. Auch die Technisierung und Instrumentalisierung von Informations- und Kommunikationsfragen und die Vernachlässigung von psychologischen und inhaltlichen Fragen trägt zusätzlich zur Verunsicherung bei.

Grundsätzlich kann man den Standpunkt vertreten, dass es Aufgabe der Kommunikationstechnologie ist, Daten, Informationen und Inhalte zu liefern, also die Verfügbarkeit zu gewährleisten und sozusagen logistische Aufgaben zu erfüllen. Die Technologie ist also

- vor allem Träger und bildet die Plattform von Informationen
- sie produziert Informationen oder erleichtert Kommunikation
- sie bereitet sie optisch ansprechend und strukturiert auf
- sie verteilt sie schnell, effizient und kostengünstig

Der persönliche Dialog und die persönliche Kommunikation hingegen sollen das Verständnis für die grösseren Zusammenhänge fördern und Gespräche über Inhalte und Know-how ermöglichen. Überall dort, wo ein individueller Austausch von Informationen notwendig ist und die Nachhaltigkeit eine wichtige Rolle spielt, ist die persönliche Kommunikation angebracht. Wichtig ist in diesem Zusammenhang die Individualität der Informationsbedürfnisse und der Inhalte.

So können durch eine individuell familiäre Situation entstehende Leistungsprobleme nur im persönlichen Dialog und Gespräch besprochen werden. Durch Führungsprobleme in einem Team entstehende Leistungsprobleme werden im Team besprochen und grundsätzliche, durch eine bestimmte Unternehmenskultur oder neue strategische Ausrichtung, entstehende Fragen können im Intranet, in einem digitalen Chat oder in einer Mitarbeiterzeitschrift erörtert werden. Demzufolge ist der persönliche Dialog und die persönliche Kommunikation in den folgenden Situationen das richtige Mittel:

- Individuelle Situationen von Unternehmen und Mitarbeitenden
- Beiderseitige persönliche Bedürfnisse und Erwartungen
- Problem- und lösungsbasierende Kommunikationsziele
- Hohe Prioritäten von Nachhaltigkeit und Verständnis

Der Medienverbund

Wie schon an anderer Stelle aufgezeigt, ist jedoch oft die Kombination, der Verbund technischer und persönlicher Medien nicht nur sinnvoll, sondern lässt viele der oben genannten Kommunikationsaufgaben und -ziele schneller und einfacher erreichen.

Demnach können in technischen Medien beispielsweise der Sachverhalt, die Fakten und Zahlen aufgezeigt und im persönlichen Gespräch die kommenden Veränderungen, Fragen und Ängste erörtert und vertieft werden. Oder nach einer persönlichen Information an einer Betriebsversammlung wird in einem digitalen Newsletter eine Zusammenfassung publiziert und im Intranet Fragen von Mitarbeitern von der Geschäftsleitung beantwortet.

Insbesondere das Verständnis und die Nachhaltigkeit werden von solchen Medienverbunden stark gefördert. Zudem wird auch den individuellen Informations- und Kommunikationspräferenzen von Mitarbeitenden Rechnung getragen.

Einsatz von E-Mails

E-Mail als Kommunikationsinstrument

Im Geschäftsalltag ist die E-Mail zu einer wesentlichen Form der Kommunikation geworden. Beim Kommunizieren via E-Mail sind aber gewisse Regeln zu befolgen, um Erfolg mit seiner Botschaft zu haben. Nachfolgend sind einige wichtige Punkte zusammengefasst, die dazu dienen, E-Mails zielorientierter und partnerschaftlicher zu formulieren und zu formatieren. Durch die bewusste Gestaltung der E-Mails wird die Botschaft klar transportiert und die Entscheidung des Lesers positiv beeinflusst. Folgende Punkte sind dabei zu beachten:

Betreffzeile als Starthilfe

Nutzen Sie die Betreffzeile als Starthilfe. Die Betreffzeile ist zum einen das Erste, was der Empfänger liest und zum anderen der Titel Ihrer E-Mail im E-Mail-Ablagesystem des Empfängers (z.B. Outlook, Lotus Notes). Aussagekräftige Betreffzeilen sind Anstand gegenüber dem Empfänger als Einordnungs- und Beurteilungshilfe und für den Verfasser ein wichtiges Mittel, im Spam-Zeitalter beachtet und nicht untergangen zu werden.

Sprachkultur

E-Mails sind ein schnelles, modernes Instrument der Kommunikation. Eine kurze, prägnante und kompakte Sprache mit einfachen und auf den Punkt kommenden Worten ist gestattet. Dennoch sollte auf eine klare und korrekte Sprache geachtet und auf unverständliche Kürzel und andere Hyroglyphen verzichtet werden.

Der Eröffnungssatz

Wecken Sie mit dem Eröffnungssatz Interesse und sprechen Sie Ihren Empfänger an. Stellen Sie sich die Frage: "Welchen Nutzen hat mein Empfänger, wenn er die E-Mail liest?" Bringen Sie es schnell auf den Punkt, denn in den vielen E-Mails und anderen Schreiben etc., die der Empfänger pro Tag liest, will er schnell erfassen, worum es geht. Heben Sie sich von der Masse der E-Mails positiv ab.

Kurze Sätze

Bitte verwenden Sie kurze Sätze in Ihrer E-Mail. Versuchen Sie maximal 15 Wörter pro Satz zu schreiben. Schachtelsätze fördern nicht das Verstehen einer Nachricht und können zur Verärgerung beim Leser führen. Bevor Sie ein Komma setzen, überlegen Sie, ob nicht ein Punkt gemacht werden kann. Starten Sie einen neuen Satz.

Gliedern Sie in kurze Absätze

Machen Sie lieber einen Absatz mehr als einen zu wenig. Die E-Mail ist so besser lesbar, sie schont die Augen des Lesers und erleichtert die Orientierung im Text. So bieten Sie Ihrem Empfänger einen höheren Lesekomfort. Er kann sich besser in der E-Mail orientieren und bekommt verdiente Pausen.

Senden Sie Ihre Adresse mit

Eine E-Mail sollte bei geschäftlichen Anlässen unbedingt als Signatur die Adresse, Telefon, Telefax etc. beinhalten. Öffnen Sie Ihrem Adressaten alle Kommunikationskanäle. So kann er schnell und bequem mit Ihnen in der von ihm gewünschten Form, in Kontakt treten.

BCC und CC

Die Blindkopie (BCC) und Kopie (CC) Ihrer E-Mail bitte nur an relevante Personen versenden. Überlegen Sie bitte genau, ob es Sinn macht. Pro Tag wird zu viel Datenmüll produziert, der die Postfächer überschwemmt und Leute von ihren wichtigen Aufgaben abhält. Machen Sie da bitte nicht mit.

Vorteile von E-Mail-Services

E-Mails weisen nebst der Vertrautheit der Bedienung und einer generell verbreiteten Akzeptanz einige weitere, ganz klare Vorteile auf:

- Nachrichten erreichen den Empfänger innert weniger Minuten mit einer Just-in-time-Information": Aktuelle Informationen können zeitgleich an alle Mitarbeiter an allen Standorten des Unternehmens übermittelt werden.

- Der Adressat kann sofort und schnell am Bildschirm eine Antwort formulieren und in die oder aus der E- Mail kann ein anderer oder bereits vorhandener Text kopiert werden.

- Durch die Möglichkeit, Mails abzuspeichern, kann die Information dann abgerufen werden, wenn der Mitarbeiter die Zeit dafür hat (wenig Störfaktoren).

- E-Mails fördern durch ihre einfache und schnelle Bedienungsweise die Spontanität und Bereitschaft zur Kommunikation und Information generell.

- E-Mails ermöglichen eine einfache und effektive Archivierung und Informationen können durch einfache Stichwortsuche oder Sendergruppierungen aufgefunden und eingesehen werden.

Einsatzbereiche von E-Mails	
E-Mails haben eine grosse Vielfalt von Einsatzbereichen und bieten attraktive Möglichkeiten. Hier einige konkrete Anregungen:	
Flankierende Massnahmen	E-Mails können flankierend eingesetzt werden, indem Sie auf einen wichtigen Beitrag in der Mitarbeiterzeitschrift hinweisen, Weiterbildungshinweise im Internet bieten oder die Resultate einer Besprechung nochmals zusammenfassen.
Express-Meldungen	Eine E-Mail kann in fünf Minuten an 2000 Mitarbeiter weltweit versandt werden. Diese Stärke der Schnelligkeit, der Distribution und der Einfachheit sollte öfters genutzt werden, indem man beispielsweise bei Gerüchten oder Krisen sofort reagiert und einen Sachverhalt klar stellen kann.
Bildung von Mitarbeiter-Zielgruppen	In E-Mail-Programmen lassen sich auf einfache Weise Gruppenkontakte bilden. Dies ermöglicht das einfache, automatisierte Versenden von spezifischen Mitteilungen bspw. an bestimmte Kaderstufen, Abteilungen, Filialen, Sparten oder anderen Kriterien.
E-Mails als Mitarbeiterzeitschrift	E-Mails lassen sich mit den heutigen Mitteln der Technik attraktiv gestalten, strukturieren und Inhalte hervorragend archivieren. Deshalb kann es aus Kostengründen oder taktischen Überlegungen (lieber besser und häufiger, dafür weniger aufwändig kommunizieren) durchaus angebracht sein, E-Mails als Mitarbeiterzeitschriften herauszugeben. Eine Mitarbeiterzeitschrift zudem kann auch in Form eines PDF (Adobe-Acrobat Dokumente, die aus jedem Dokument heraus generiert werden können) erstellt und distribuiert werden.
Ergänzung zur Mitarbeiterzeitschrift	Ein wöchentlicher E-Mail-Service, der an alle Mitarbeitende geht, kann eine Ergänzung zur klassischen Mitarbeiterzeitschrift sein, zum Beispiel nur Anreisser, Hinweise und Kurzmeldungen oder Links auf Veranstaltungskalender und eine Agenda für Events und neue Informationen enthalten.
Wissens- und Erfahrungsaustausch	Durch Anreize und Themenvorgaben können Mitarbeiter auch ihre Erfahrungen, neu gewonnenes Wissen und mehr austauschen, wodurch die Kommunikation als ganzes gefördert wird. Dies wird durch die Bequemlichkeit und Einfachheit des Kommunikationskanals E-Mail insgesamt erleichtert.

Beispiel eines E-Mail-Newsletters "E-Intern"

Sender: Redaktion E-Intern
Empfänger Alle Mitarbeitende des Unternehmens
Datum: 00.00.20XY

Ausgabe 18 des E-Intern

Liebe Mitarbeitende

Wir freuen uns, Sie auch diese Woche in der gewohnten Kürze und Prägnanz über die wichtigsten Neuigkeiten zu informieren.

Neue Mitarbeiterin: Laura Müller
Laura Müller hat am 00.00.20XY in der Abteilung Produktion als Assistentin ihren ersten Arbeitstag. Sie lernen sie bei Ihrem Vorstellungs-Rundgang am 00.00.20XY und an der Veranstaltung neu eintretender Mitarbeitenden am 00.00.20XY kennen.

Neue Preisliste
Bitte neue Preise beachten. Im Intranet als PDF-Liste zum Downloaden. Hintergründe und Kundenargumente zu Preiserhöhungen in der Mitarbeiterzeitschrift vom 00.00.20XY.

Neue Weiterbildungsangebote MS Office
Neue empfehlenswerte Weiterbildungsangebote rund um das MS Office hat unsere IT-Abteilung recherchiert. Flyer ist am Schwarzen Brett oder bei Herrn Häusermann bei der IT-Abteilung erhältlich. Bei Fragen ist auch er unter Telefon 345 66 77 oder unter E-Mail a.hausermann@firma.ch erreichbar.

Neue Telefonzentrale im Betrieb
Am 00.00.20XY wird die neue Telefonzentrale in Betrieb genommen. Bitte Verständnis aufbringen für Einführungsprobleme. Verbesserungen im Intranet unter "News-Technologie".

Ferien von Adrian Hunziker
Unser Geschäftsführer Herr Adrian Hunziker ist vom 00.00.20XY bis 00.00.20XY in den Ferien. Seine Stellvertreterin ist während dieser Zeit Frau Marianne Müller.

Auszeichnung unserer Serviceleistungen
Das Customer Magazin hat in einem 50 Unternehmen umfassenden Test unser Unternehmen mit dem "Servicepokal" der besten Serviceleistungen ausgezeichnet. Hintergrundinformationen im Intranet unter News und in der kommenden Mitarbeiterzeitschrift ein Interview mit unserem Marketingleiter.

Bericht von der Veranstaltung XY
Robert Wegmüller hat freundlicherweise von der letzten Veranstaltung XY einen guten Bericht und eine äusserst lesenswerte Zusammenfassung geschrieben. Auszudrucken unter "Linkhinweis".

Mit freundlichen Grüssen
Redaktion des E-Intern
Maja Gubler und Reto Sennhauser

Effizientes und effektives E-Mail-Management

E-Mails sind ein effektives, aus dem Betriebsalltag nicht mehr wegzudenkendes Kommunikationsinstrument. Allerdings ist eine gut organisierte Handhabung, die Beachtung gewisser Regeln und der gekonnte Umgang aber Voraussetzung, um diese Vorteile nutzen zu können.

Grundsätzliche Kommunikationsregeln

Nicht alle Informationen eignen sich für die E-Mail-Kommunikation. Wichtige und vertrauliche Informationen wie Verträge, Vereinbarungen oder Finanzinformationen sind in einer Aktennotiz besser aufgehoben, komplexe Zusammenhänge lassen sich dort ohnehin auch besser und ausführlicher darstellen. Stets im Mittelpunkt stehen sollte dabei die Frage: Was ist die Botschaft, was soll sie beim Empfänger bewirken? Vermittelt die Mail wirklich eine wichtige Information oder dient sie nur dazu, Verantwortung zu delegieren? In diesen Fällen gilt dann: Mut zur Verantwortung zeigen!

Auch auf Sprache und Form sollte man achten, gerade bei E-Mail welche Gefahr läuft, sprachliche Konventionen und Sorgfaltspflichten bisweilen arg zu strapazieren oder zu missachten. Eine sprachlich und formal korrekte Mail zeugt vom Respekt gegenüber dem Empfänger. Internet-typische Formen der E-Mail-Kommunikation - etwa die Verwendung von Emoticons oder die Beantwortung und Kommentierung direkt im Text des Absenders - sollte man nur dann verwenden, wenn der Adressat sie sicher versteht und sie der Sache und dem Verständnis dient.

E-Mails nicht als Pausenfüller oder als Ablenkung nutzen

Mitarbeiter nutzen ihre Arbeitspausen oft, um zu schauen, ob neue E-Mails da sind oder sie unterbrechen zu oft die laufende Arbeit, um einen Blick in die eigene Inbox zu werfen oder unnötige Kurzmeldungen an Bekannte und Arbeitskollegen zu versenden. Deshalb ist die Disziplin wichtig, dem Impuls zu widerstehen, ständig nach neuen E-Mails zu schauen. Automatische Aufruffunktionen können so eingestellt werden, dass der E-Mail Client den Eingang von E-Mails selbsttätig alle zwei oder drei Stunden prüft.

Bearbeiten von E-Mails nach Plan

Statt zu oft das Postfach zu überprüfen, plant man am besten pro Tag zwei oder drei Termine ein, an denen man seine E-Mail lesen und beantworten kann. Das könnte z.B. einmal morgens und mittags und am späten Nachmittag der Fall sein. Somit wird man schneller mit dem Bearbeiten der E-Mails fertig, wenn man sich dafür pro Tag einen oder zwei feste Blöcke in Seinem Terminplan reserviert.

Inbox konsequent freihalten

Bei vielen Mitarbeitern sammeln sich oft Hunderte von Nachrichten in der Inbox, was schnell einmal den Überblick erschwert oder gar verunmöglicht. Heutzutage bieten alle E-Mail-Programme die Möglichkeit, zusätzliche Ordner anzulegen, in die E-Mails zugeordnet werden können. Deshalb sollte man verschiedene Unterordner in der Inbox einrichten und eingehende Nachrichten systematisch in diese Unterordner verschieben. Dies gewährt einen wesentlich besseren Überblick über E-Mails. Auch dieser Prozess kann automatisiert werden, in dem Nachrichtenregeln nach gewissen Kriterien (Absender/Empfänger, Stichwort im Betreff) definiert und die E-Mails dann automatisch in den korrekten Ordner gelangen. Möglichkeiten für Unterordner sind:

- Newsletter
- Heute noch beantworten
- Bescheid abwarten
- Wichtige Mails
- Wiedervorlage
- Abteilungen, Fachpersonen, Niederlassungen
- Mailinglisten

Solche Ordner können also den Bearbeitungsstatus, Empfänger oder Absendernamen oder sachbezogene Stichwörter sein, die in der Betreffzeile oder im Nachrichtentext enthalten sein können. Ziel sollte es sein, in der Inbox keine Nachrichten mehr zu haben.

Routinierte Bearbeitung von E-Mails

Weil das Bearbeiten der E-Mails für die meisten eine tägliche Aufgabe ist, lohnt es sich hier, wenn ein fester Ablauf und eine fixe tägliche Bearbeitungsroutine eingehalten wird. So können bei der Inbox zum Beispiel die folgenden Ordner angelegt werden, welche die Bearbeitung systematisieren und erleichtern:

Aufhebungs-Archiv: Nachrichten, die Sie aufheben wollen, wie z.B. elektronische Rechnungen, Bestätigungen von Online-Shops oder Registrierungsinformationen von Websites, bei denen Sie sich angemeldet haben.

Konsequentes Entsorgen: Gehen Sie die Inbox durch und löschen Sie unerwünschte Werbenachrichten (SPAM) oder andere Nachrichten, bei denen Sie anhand des Betreffs erkennen, dass Sie sie nicht lesen brauchen. Die Ansammlung wertloser und unnützer E-Mails erschwert die Übersicht und erhöht das Risiko von Fehlern wie unbeantworteten Nachrichten.

Bearbeitungsplan: Planen Sie sich einmal pro Woche einen festen Zeitraum ein, an dem Sie alle E-Mails aus dem Ordner "Später lesen" lesen. Kommen Sie mehrfach nicht dazu, empfiehlt es sich, diesen Ordner immer mal wieder komplett zu löschen, damit die Nachrichten darin nicht ins Unendliche anwachsen.

Übrigens: Die E-Mail ist ein schnelles Medium, weshalb man E-Mails am besten immer am selben oder spätestens am nächsten Tag nach dem Eingang beantwortet. Usanz ist eine Beantwortung mindestens innerhalb des gleichen Tages oder mindestens von 24 Stunden.

Nutzung von Vorlagen und Textbausteinen

Mails haben in zahlreichen Fällen sich wiederholende Formulierungen, die immer wieder von neuem eingetippt werden müssen. Hier lohnt sich das Anlegen von Textbausteinen. Dafür gibt es Software-Programme, mit denen man Textbausteine definieren und diese in jedes andere Programm einfügen kann. Ein solches Textbaustein-Programm ist z.B. GhosterTyperXML. Für E-Mail-Vorlagen kann man z.B. einen eigenen Ordner "Vorlagen" anlegen und dort E-Mails mit dem Text vorschreiben, den man dann immer wieder benutzen kann. Bei Bedarf kopiert man diese E-Mail dann einfach und nimmt sie als Grundlage für die zu verfassende Nachricht. Gute E Mail-Programme ermöglichen aber das rationelle Anlegen von Templates, bzw. festen Vorlagen, die inklusive Absender und Betreffzeile einen vordefinierten Nachrichtentext enthalten.

E-Mail als Bestandteil des Webs

Oft werden in E-Mails Informationen wiederholt oder aufwändig verfasst, welche in attraktiverer und besserer Form schon auf der Firmen-Website enthalten sind. In solchen Fällen sind Links, die auf die spezifische Seite verweisen, durchaus angebracht. Dies können Frequently asked Questions, Lageskizzen oder Instruktionen sein oder Informationen über Produkte und Dienstleistungen. Möglich sind auch interessante Artikel oder Fachbeiträge, die den Empfänger aus geschäftlichen oder privaten Gründen interessieren könnten, wie z.B ein Zeitschriftenartikel, eine Buchempfehlung oder eine kulturelle Veranstaltung.

Auch der E-Mail-Umgang kennt einen Knigge

Auch für das Medium E-Mail gibt es bestimmte Regeln, die den Austausch reibungsloser machen. Diese Regeln werden im E Mail-Bereich als "Netiquette" bezeichnet und dazu gehört u.a.:

- Alles in Grossbuchstaben zu schreiben, bedeutet im E-Mail-Verkehr zu schreien und gilt als unhöflich.

- Hängen Sie nie ungefragt einen Dateianhang an Ihre E-Mail, der grösser als 0,5 MB ist, weil diese das Postfach des Empfängers verstopfen und zu hohen Empfangszeiten führen können. Die zunehmende Virengefahr ist ein weiterer Grund, mit Anhängen sorgfältig umzugehen und diese nur an bekannte Geschäftspartner oder darüber informierte zu senden.

- Schreiben Sie nur dann HTML-E-Mails, wenn Sie sicher sind, dass der Empfänger diese auch wirklich empfangen kann. Am besten Sie schreiben die Nachrichten grundsätzlich als "Nur Text".

- Wenn Sie antworten, dann zitieren Sie die Originalnachricht bitte eher sparsam und sorgen Sie dafür, dass die Zitate lesbar formatiert sind.

E-Mail gestattet eine sehr speditive und schnelle Kommunikation. Diese sollte nicht missbraucht werden, indem unnötige Mails oder solche im Plauderton verfasst werden, welche dem Empfänger nur Zeit stehlen. Andererseits sind kurze Mails, mit denen man ein persönliches Dankeschön ausspricht, ein kurzes aber klares Feedback zur Erledigung einer Angelegenheit gibt oder sich auf originelle Art wieder einmal in Erinnerung ruft, eine kreative und kommunikative Möglichkeit der Nutzung der Vorteile.

Signaturen – die Visitenkarten der E-Mails

Signaturen sind die Visitenkarten des E-Mail-Verkehrs und enthalten oft Absenderinformationen wie Adresse, Firmen- und Personennamen. Ausführliche E-Mails, welche auch Kontaktdaten (Fax, Telefon, Handy) enthalten, drücken eine kommunikative Grundhaltung aus und erleichtern dem Empfänger die Kontaktnahme. Die Firmen-Website und ein prägnanter Hinweis auf eine aktuelle oder interessante Leistung dürfen in einer Signatur ohne weiteres hinzukommen. Moderne E-Mail-Programme gestatten zudem nach Absendern oder Empfänger ausgerichtete individuelle Signaturen. Eine solche Unterscheidung ist beispielsweise bei Kunden oder Lieferanten sinnvoll.

Gezieltes Suchen nach E-Mails

Mit gezielter Suche können Informationen bzw. E-Mails schnell gefunden werden. Eine Suche ist in modernen Programmen nach diverser Kriterien wie Betreffzeilen, Absender/Empfänger, Datum des Erhalts oder Versandes oder eine Volltextsuche im Nachrichtentext usw möglich.

Mailnutzung mit Historyzitaten

Es ist sehr empfehlenswert, bei mehrmaligem E-Mail-Verkehr zu einer bestimmten Angelegenheit für die Festhaltung der Geschichte das jeweils gleiche Mail mit den Zitaten und Antworten zu verwenden. Dies erleichtert später, einen bestimmten Vorfall einfacher und schneller in seiner Gesamtheit abrufen und beurteilen zu können.

Gruppenkontakte nutzen

In den meisten Programmen können Gruppenkontakte definiert werden. So können bestimmte Gruppen wie Abteilungen, Kaderleute, Ressorts, Niederlassungen durch einen Versand gesamthaft und effizient informiert werden. Allerdings sollte man dabei die Adressaten gezielt auswählen. Die Möglichkeit, E-Mails an beliebig viele Personen zu versenden, verleitet dazu, den Adressatenkreis weiter zu fassen als notwendig. "An/To" bedeutet, dass der Angeschriebene etwas tun soll oder muss. "cc" - die Abkürzung steht für "carbon copy" - bedeutet, dass der Adressat nichts tun muss, aber Bescheid wissen sollte.

Adressaten, die nichts miteinander zu tun haben, nur "bcc" ("blind carbon copy") anschreiben. Die Adressierung "An/To" und "cc" machen jedem Empfänger den kompletten Verteiler zugänglich. Und nicht jeder schätzt es, wenn seine E-Mail-Adresse herumgereicht wird. Wer eine bcc-Mail erhält, sieht hingegen nur seine Adresse und die des Absenders. Die nachfolgende Übersicht zeigt alle Themenbereiche nochmals auf und hilft Ihnen bei Schulungen und Mitarbeiterinformationen oder bei der Evaluation von Beratern.

Alle Bereiche eines E-Mail-Managements auf einen Blick	
Eingehende E-Mails	
Arbeitsorganisation	Die allgemeine Arbeitsorganisation ist ebenfalls ein Aspekt. Wie oft sollen Mails beantwortet werden, welche Art von Mails gehen an welche Stellen weiter, welche Möglichkeiten von Textbausteinen bestehen, sind einige Faktoren mit Einfluss auf die Organisation.
Ordner und Filter	Die Grundlage für ein E-Mail-Ablagesystem bilden Ordner. Ein solches Ablagesystem hilft Ihnen, bestimmte E-Mails schnell wieder zu finden. Filter können Ihnen in verschiedenen Situationen lästige Sortierarbeit abnehmen.
Arten von E-Mails	Es gibt verschiedene Arten von E-Mails, welche man täglich erhält. Deren Besonderheiten sollte man kennen und auch entsprechend verwalten und erledigen: Newsletter, Antworten verlangende E-Mails, Rundschreiben, Reminder, Werbung und viele mehr.
Spam filtern	SPAM-Mails stellen häufig die grösste Gruppe von E-Mails dar. Wie reagiert man richtig, welche technischen Möglichkeiten gibt es.
Ordnung ins Chaos	Nachdem Sie den SPAM herausgefiltert haben, müssen Sie sich nun um die anderen E-Mails kümmern. Man sollte eine mögliche Vorgehensweise kennen, wie man der Mailflut begegnen kann.
Ausgehende E-Mails	
Wichtige Regeln	Diese vereinfachen vieles und vermeiden Probleme und Unklarheiten. Beispiele sind Anhänge, Sicherheitsfragen, Fragen der Vertraulichkeit, die Erlaubnis privater E-Mails und vieles mehr.
E-Mails schreiben	In diesem Themenbereich geht es um die E-Mails, die Sie schreiben. Worauf sollten Sie achten, damit es möglichst effizient ist?
Richtig zitieren	Beim Schreiben von Antworten gilt es ebenfalls ein paar Aspekte zu beachten, damit das Schreiben der Antwort schneller klappt und auch der Empfänger wieder schneller antwortet.

Textbausteine nutzen	Die tägliche E-Mail-Bearbeitung lässt sich mit Bausteinen enorm vereinfachen und damit beschleunigen. Nämlich in der Beantwortung von immer wiederkehrenden (Kunden-) Anfragen oder in Anfangs- und Schlusssätzen.
E-Mail-Verteiler	Da das Versenden von Newslettern ein sehr wichtiges Thema ist, sollte man sich diesem widmen. Als Grundlage das Permission Marketing, die Aufbereitung von Informationen und verschiedene Newsletter-Dienstleister zum Ausprobieren.
Sicherheit & Tools	
Komprimierung	Beim Versenden von Dateien per E-Mail sollte man, wenn möglich, die Dateien komprimieren. Dies sollte ab 1 Megabyte schweren Datei mit Komprimierprogrammen gemacht werden, welche eine gute Vebreitung haben, wie zum Beispiel Winzip.
Virenarten und Virengefahren	Eine der grossen Gefahren beim Empfang von E-Mails mit Dateianhängen besteht in der Übertragung von Computer-Viren. Mitarbeiter sollten die verschiedenen Viren-Arten kennen und wissen, wie man genau vorgeht und welche groben Fehler man nicht machen sollte. Auch ein schnelles, wirksames Warn- und Meldesystem kann ein Thema sein.
Verschlüsselung	E-Mails werden immer offen durch das Internet geschickt. Die Gefahr besteht, dass jemand vertrauliche E-Mails mitliest. Die Verschlüsselung von E-Mails kann das (fast) unmöglich machen.
Tools und Dienste	Es gibt zahlreiche nützliche und leistungsfähige Tools und Dienste: Reminder-Dienste, Internetseiten per Mail-Abo, Sprach-E-Mails, Fax-Weiterleitungen, Chatprogramme, Weblogs und mehr.

Do's and Don'ts beim Mailverkehr

Abschliessend informieren wir Sie hier nochmals als eine Art Zusammenfassung über die wichtigsten Knigge-Verhaltensregeln im E-Mail-Verkehr.

Anrede und Gruss

Schreiben Sie E-Mails so, wie Sie auch einen Brief schreiben würden: mit Anrede und Gruss. Es mag sich durchgesetzt haben, dass man beides im kurzen E-Mail-Talk einspart – zum guten Ton gehört es dennoch weiterhin.

Betreffzeile

Da E-Mail-Programme Absender, Betreff und Datum hervorgehoben zeigen, kommt der Betreff-Zeile besondere Bedeutung zu – sie entscheidet oft über Beachtung und vorzeitige, irrtümliche Löschung und hat auch Einfluss auf die Spamfilter. Formulieren Sie den Betreff aussagekräftig. Dann weiss der Empfänger gleich, worum es geht. Und Sie selbst können Ihre E-Mails besser archivieren.

Gliederung

Gliedern Sie mit den Funktionen, die Ihr E-Mail-Programm Ihnen bietet. Nutzen Sie Aufzählungszeichen, um Ihre Aussage in ihren Details übersichtlich darzustellen. Kurze Sätze. Sorgsam einsetzen: Hervorhebungen wichtiger einzelner Worte.

Bessere Lesbarkeit mit Leerzeilen

Verfügt Ihr Programm über keine eleganten Gestaltungsfunktionen, setzen Sie Leerzeilen, um Ihren Text übersichtlich und prägnant zu machen.

Korrekte Angaben und Einstellungen

Prüfen Sie Ihre E-Mail auf konkrete Angaben, die Rechtschreibung und korrekte Anhänge hin. Stimmt die Telefonnummer, die Sie jemandem mitteilen? Ist die Produktkennzeichnung richtig? Das schnelle Mail verführt zu flüchtigen und voreiligen Versendungen – die Entertaste ist schnell gedrückt – was zuweilen schwerwiegende Auswirkungen haben kann. Dies kann beispielsweise ein fehlerhafter Vertrag oder ein falsch zusammengestellter Empfängerkreis sein.

Korrekte Verwendung von Signaturen

Den Empfänger interessiert nicht nur Ihr Name, mit dem Sie ihn grüssen. Vergessen Sie nicht, auch Ihre vollständige Adresse und Ihre Funktion zu notieren. Ihr Ansprechpartner mag Sie bereits kennen – aber warum sollte er in seinem Filofax wühlen müssen, um Ihre Telefonnummer herauszufinden. Notieren Sie ihm alle Ihre Kontaktdaten.

Abwesenheits-Informationen
Sofern Ihr E-Mail-Programm über diese Funktion verfügt, nutzen Sie sie. Lassen Sie Ihren E-Mail-Kontakt auf der anderen Seite wissen, wann Sie wieder erreichbar sind, damit er weiss, wann seine Post Beachtung findet. Oder nennen Sie ihm einen Kontakt, an den er in eiligen Angelegenheiten seine Mail weitersenden kann.

Antwortfunktion
Technisch einfach, kommunikativ brisant: Achten Sie darauf, wer nach dem Klicken des Antwortbuttons im Adressfeld steht. Antworten an «alle» auf eine E-Mail, die per Mailingliste bei Ihnen eintraf, kann je nach Inhalt Ihrer E-Mail riskant sein.

Forwarding (Weiterleitungen)
Achten Sie beim Weiterleiten darauf, welche Botschaft Sie wirklich weiterleiten wollen. Löschen Sie die ursprüngliche E-Mail auf das für den neuen Empfänger Notwendige (Achtung: Sie dürfen dadurch aber nicht die Aussage manipulieren).

Zuständigkeiten beachten
Leiten Sie eine E-Mail weiter, wenn jemand anders zuständig ist. Lassen Sie dies den Absender wissen.

Achtung Anhänge
Wenn Ihr Empfänger keinen Anhang erwartet oder Sie noch nicht kennt, schicken Sie keine Anhänge. Muss Ihr Anhang sein? Dann schicken Sie PDFs, keine offenen Word-Dateien – sie können Virenträger sein.

Achtung Witze

Keine Witze per Mail. Versenden Sie einfach Ihre Information; dekorieren Sie sie mit authentischer Freundlichkeit. Vermeiden Sie Anspielungen – diese gelingen allenfalls im direkten Kontakt oder wenn Sie Ihr Gegenüber sehr gut kennen.

Achtung Verkürzungen
Keine Verkürzungen in Geschäftspost. cu («See you») oder MfG («Mit freundlichem Gruss») mögen zwar inzwischen verständlich sein, entsprechen aber deshalb noch lange nicht den geschäftlichen Gepflogenheiten.

Achtung Wichtig
Setzen Sie das Wichtig-Ausrufezeichen nur, wenn es wirklich wichtig ist.

Musterreglement zur Nutzung von Internet und E-Mail

Betriebliche Nutzungsregelung

Das Internet darf im Rahmen der Aufgabenstellung und Informationsbedürfnisse des jeweiligen Mitarbeiters, der Abteilung und des Unternehmens zu geschäftlichen Zwecken, ohne jede Einschränkung, benutzt werden. Dieser Rahmen wird auf Abteilungsebene definiert und konkretisiert und permanent neuen Anforderungen angepasst.

Nutzungsrechte für private Zwecke

Das Internet darf für private Zwecke während der Mittagszeit von 11.30 Uhr bis 13.30 während der maximalen Dauer einer halben Stunde genutzt werden. Davon ausgenommen sind krasse, das moralische Empfinden und rechtliche Bestimmungen verletzende Website-Inhalte (Pornographie, politischer Extremismus, illegale Inhalte oder Downloadtätigkeiten usw.). E-Mails privaten Inhaltes dürfen nur dann empfangen, geschrieben und versandt werden, wenn dies ausserhalb der Arbeitszeit nicht erledigt werden kann oder eine begründete Dringlichkeit besteht.

Kontrollmassnahmen

Unsere Firma achtet und schützt die Persönlichkeit des Arbeitnehmers und nimmt auf dessen Gesundheit gebührend Rücksicht. Die Überwachungs- und Kontrollsysteme zur Einhaltung der Internet-Nutzung am Arbeitsplatz findet nur in Anwesenheit des Mitarbeiters und mit seinem Wissen statt.

Kontrollstichproben

Zu Kontrollstichproben berechtigt ist der Abteilungsleiter und die IT-Mitarbeiter. Nur wenn es, trotz diesen Bestimmungen und technischen Schutzmassnahmen, zu Missbräuchen kommt, werden personenbezogene Auswertungen der Internet- und E-Mail-Spuren vorgenommen. Darüber wird der Mitarbeiter aber informiert.

Massnahmen bei Missbrauch

Wenn unsere IT-Spezialisten den begründeten Verdacht schöpfen, dass eine Straftat per Internet oder E-Mail begangen oder unsere Regelung in krasser Weise illegal missachtet wurde, so kann sie die entsprechenden Beweise, bestehend aus den Protokollierungen und eventuellen Backups, durch die Informatikdienste sichern lassen.

Weisungsberechtigung

Der Mitarbeiter verpflichtet sich, alle künftigen Anweisungen, betreffend Internet-Nutzung, zu befolgen. Weisungsbefugt sind die IT-Abteilung und deren Supportmitarbeiter, der direkte Vorgesetzte, die Geschäftsleitung und die Personalabteilung.

Befugnisse des Informatikzentrums

Die Befugnisse des Informatikzentrums oder gegebenenfalls des zuständigen Informatikdienstes bei der Kontrolle der Informatiksicherheit bleiben vorbehalten. Wenn die durchgeführten Kontrollen Lücken in der Sicherheit der Personendaten zutage bringen, so erstattet das Informatikzentrum dem direkten Vorgesetzten Meldung. Stellen Mitarbeiterinnen oder Mitarbeiter bei der Erfüllung ihrer Aufgaben Lücken bei der Sicherheit der Personendaten fest, so informieren sie dies vorher genannten Stellen.

Virenschutzbestimmungen
Onlinemedien sind gegen Viren und andere Sicherheitsrisiken relativ anfällig und exponiert. Deshalb ist den Anordnungen der IT-Spezialisten jederzeit sofortige Folge zu leisten und Informationen wie z.B. Virenwarnungen gründlich zu lesen. Insbesondere muss die Antivirensoftware gemäss Weisungen der IT-Abteilung immer auf dem neuesten Stand sein und E-Mail-Anhänge von unbekannten Absendern dürfen prinzipiell nicht geöffnet werden. Bei verdächtigen Beobachtungen oder Feststellungen muss die IT-Abteilung unverzüglich informiert werden.

E-Mail Attachments
Attachments bergen ein hohes Risiko, einen Virus über eine E-Mail-Nachricht zu verbreiten. Der Empfänger einer E-Mail-Nachricht sollte sich daher vergewissern, dass eine angehängte Datei von einer verlässlichen Quelle stammt. Zudem sollte der Inhalt solcher Dateien bekannt sein, bevor man sie öffnet oder versendet. Die Grösse solcher Dateien ist derzeit auf 1-2 MB begrenzt. Grosse Dateien belasten ein Netzwerk und das Internet übermässig und sind zu vermeiden. Die Benutzer sollten deshalb auf den Versand grosser angehängter Dateien verzichten und stattdessen die Gruppenverzeichnisse bzw. einen Serverplatz nutzen.

Löschen und Speicherung von E-Mails
E-Mail Software gewährleisten weder eine langfristige Speicherung noch eine vollständige Löschung von E-Mail Nachrichten. Sie sind nicht für die Langzeitspeicherung wichtiger Geschäftsinformationen vorgesehen und beanspruchen oft auch ungenutzten Speicherplatz. E-Mails sollten deshalb nur solange gespeichert werden, wie dies aus geschäftlichen Gründen notwendig ist. Um bestehende rechtliche bzw. kaufmännische Aufbewahrungsvorschriften zu erfüllen, sind Informationen, die als E-Mails verschickt oder empfangen wurden, auf geeignete Speichermedien zu übertragen, die nach Instruktionen der IT-Abteilung zu nutzen sind.

Downloads und Installation von Programmen
Die Installation von Software (beispielsweise Download von Software oder Plug-ins) auf Arbeitsplatz-PCs ist verboten, da die Risiken von Systemkonflikten und Viren zu gross sind und verheerende Auswirkungen haben können. Die IT-Abteilung bezeichnet die Stellen, welche die entsprechenden Programme nach Überprüfung bewilligen und installieren dürfen.

Sicherheitsbestimmungen
Vertrauliche Geschäftsinformationen müssen durch die vorgesehenen Übertragungskanäle übermittelt werden und dürfen nicht über öffentlich zugängliche Online-Dienste laufen. Die für Internet-Belange zuständige Stelle ist unverzüglich zu benachrichtigen, sobald Missbrauch, Viren oder Hackeraktivitäten vermutet werden. Dokumente vertraulichen Inhalts (Verträge, sensible Kunden- und Personendaten und Geschäftsinformationen) dürfen nicht per E-Mail - weder als Anhang noch im E-Mailbody selber - übermittelt werden.

Regelungen zur E-Mail-Nutzung
Eingehende geschäftliche E-Mails, wie z.B. Kunden- oder Lieferantenanfragen, dürfen aus Geschäftskontrollgründen von unserem Betrieb durch den Abteilungsleiter oder eine andere Führungskraft eingesehen werden. Diese ist in zu begründenden Ausnahmefällen berechtigt, in den E-Mail-Briefkasten abwesender Arbeitnehmer Einsicht zu nehmen.

Einsichtsrecht in die Mailbox
Wenn private und berufliche E-Mails nicht durch eine entsprechende Ordnerorganisation auseinander gehalten werden können, wird davon ausgegangen, dass das E-Mail beruflich ist. Bestehen berechtigte Zweifel an der beruflichen Natur eines E-Mails, so wird dies mit dem Arbeitnehmer zuerst abgeklärt. Die Einsicht in den Inhalt des fraglichen E-Mails ist in diesem Fall nicht gestattet.

Achtung des Personen- und Datenschutzes
Bei Verletzung der Voraussetzungen und Regeln der Überwachung der Internet- und E-Mail-Aktivitäten, stehen dem betroffenen Arbeitnehmer die zivilrechtlichen Ansprüche wegen Persönlichkeitsverletzung zu. Zu den unzulässigen und von uns nicht eingesetzten Überwachungen gehören die personenbezogene Auswertung, die Einsicht in den Inhalt privater E-Mails, der Einsatz von Spy-Software und das unbegründete Nachverfolgen von Surfaktivitäten im Browser des Mitarbeiters.

Der unterzeichnende Mitarbeiter wurde über Zugang und Nutzungsmöglichkeiten der in der Firma bestehenden elektronischen Kommunikationsmittel instruiert und bestätigt untenstehend, mit seiner Unterschrift, die Regeln im Umgang mit Online-Diensten einzuhalten:

Vorname: ....

Nachname: ....

Abteilung: ....

Datum: ....

Unterschrift: ....

Das Intranet

Erfolgsvoraussetzungen für Intranets

Mit dem vermehrten Fussfassen des Intranets in den Betrieben entwickelt es sich immer mehr zum Rückgrat der innerbetrieblichen Informationsinfrastruktur. Allerdings gilt es dabei einige Faktoren zu berücksichtigen, damit eine nachhaltige Intranetstrategie zum Erfolg führt und die hohen Investitionen rechtfertigt. Dabei gehört es auch zu den Aufgaben der Anbieter und Berater, die Grundregeln eines lebendigen und von den Mitarbeitern akzeptierten Intranets zu verstehen und zu berücksichtigen. Im Folgenden sollen einige Grundregeln auch in technischer Hinsicht für die erfolgreiche und lebendige Umsetzung eines Intranets bei einer erfolgreichen Realisierung helfen.

Aktuelle, interessante Inhalte sind die Grundvoraussetzung

Ziel aller Erweiterungen und Verbesserungen am Intranet muss es sein, die Inhalte so aktuell und attraktiv wie nur möglich zu halten. Eine Plattform für den Informationsaustausch wird ihrer Rolle nur gerecht, wenn die angebotenen Informationen eine hohe Qualität haben und vor allem auch aktuell sind, denn Aktualität ist ja gerade eine der besonderen Stärken elektronischer Medien. Dies kann unter anderem durch eine einfache Anbindung an diverse Schnittstellen eines bestehenden IT-Systems geschehen. Durch die Anbindung an bestehende Datenbanken und andere Informationssysteme lässt sich sicherstellen, dass das Intranet immer die aktuellsten Informationen des gesamten Unternehmens zur Verfügung stellt und von den Mitarbeitern als nützliche Anwendung wahrgenommen wird. Wie bei einer Mitarbeiterzeitung auch, sollte ein Intranet redaktionell gepflegt werden, interessant rubriziert sein und beispielsweise auch die Dialogfähigkeit des Mediums nutzen.

Einfache Bearbeitung ist wichtig für Akzeptanz und Nutzung

Einfache Eingabemöglichkeiten sind die wichtigste Voraussetzung, um die Aktualität und Qualität zu gewährleisten. Das verwendete System sollte die Möglichkeit bieten, komplexe Inhalte leicht erfassbar zu machen und den Redakteur bestmöglich bei seinen Aufgaben zu unterstützen. Neben den gängigen Werkzeugen wie WYSIWIG-Editoren zur Erfassung von Inhalten mit Layout, ist es insbesonders wichtig, dass die Autoren die Möglichkeit haben einfach strukturierte Inhalte zu erfassen und dies vor allem auch in grossen Mengen. Moderne Intranetlösungen, die auf Content Management-Lösungen (Informationsverwaltungssysteme) basieren, bieten hier meist einen grossen Umfang an Standardfunktionen. Allerdings bieten nur wenige Anbieter Lösungen, die die effiziente Erfassung von grossen Datenmengen ergonomisch, und auf individuelle Bedürfnisse angepasst, ermöglichen. Es ist daher besonders wichtig, dass das System, neben den gängigen browserbasierten Erfassungsformularen, auch eine Desktop-Anwendung zur Verfügung stellt, die optimierte Formulare und Masken für die Eingabe von speziellen und grossen Mengen von Inhalten vorsieht.

Anreize des Intranets steigern

Grundvoraussetzung für die Nutzung des Intranets sind spannende Informationen, welche Mitarbeiter auch ausserhalb der Arbeitswelt und in sehr direkten persönlichen Belangen betrifft. Dies steigert die Effizienz der Arbeit, die Motivation und die Qualität der Leistungserbringung und verkürzt Kommunikationswege. Das Miteinander der Mitarbeiter kann durch Foren, virtuelle Marktplätze (z.B. Mitfahrerzentrale) u.a. ergänzt und so der Teamgeist gestärkt werden. Bei der Entscheidung für eine Intranetlösung ist somit darauf zu achten, inwieweit Anreize für die Mitarbeiternutzung über die reine Informationsbeschaffung hinaus gegeben sind. Erst wenn Ihre Mitarbeiter das Intranet gerne und immer wieder aktiv nutzen, kann man sicher sein, dass auch fachliche und organisatorische Dinge hierüber effizient abgewickelt werden.

Ausbau und Erweiterung des Intranets fördern

Die Frage des Ausbaus eines Intranets muss von der Nutzenstiftung aus betrachtet werden. Ein etabliertes Intranet sollte das Hauptmed - um zum Informationsaustausch im Unternehmen darstellen. Eine solche Investition ist ein schwer imitierbarer Wettbewerbsfaktor, der zu langfristigen Wettbewerbsvorteilen führen kann. Gerade deshalb sollten Investitionen im Intranet von erfahrenen Technikern und Spezialisten einerseits und Kommunikationsfachleuten mit praktischen Erfahrungen andererseits durchgeführt werden. Es ist dabei darauf zu achten, dass neben fachlichen und organisatorischen Aspekten auch soziale Komponenten angeboten werden, die den Mitarbeitern weitere Anreize zur regelmässigen Nutzung des Intranets bieten. dazu gehört auch die Einbindung des Intranets in traditionelle und andere Medien, wie zum Beispiel die Anregung einer Diskussion nach einem kritischen Artikel in der Mitarbeiterzeitung.

Styleguides garantieren ein einheitliches Erscheinungsbild

Eine weitere Voraussetzung für eine optimale Nutzung des Intranets ist eine klare Struktur der Inhalte und ein übersichtliches Erscheinungsbild, damit sich die Mitarbeiter im Intranet auch in den verschiedenen Nutzungsformen (Dialog, Informationsabruf, Beitragsverfassung, Bewertungsvergaben usw.) schnell zurechtfinden und gezielt auf die gewünschten Informationen zugreifen können. Ein Styleguide enthält Richtlinien, die die Standards und Anforderungen an einer

Seite im Intranet definieren. Er sichert die Konsistenz des Erscheinungsbildes und vereinfacht die Entwicklung.

Ein Styleguide für ein Intranet ist notwendig, sobald mehr als eine Person Inhalte für das Intranet erstellen. Beispiele von Fragen, die ein Styleguide beantworten sollte, sind die nachfolgenden:

- Wie ist das Intranet aufgebaut?
- Aus welchen Hauptbereichen besteht eine Intranetseite?
- Werden Frames verwendet?
- Gibt es Vorlagen für eine Intranetseite?
- Welche Schriftgrösse und Schriftart soll verwendet werden?
- Welche Farben sollen Links, Hintergrundbereiche etc. haben?
- Welche Typen von Buttons werden verwendet und wofür?
- Welche Logos werden verwendet?
- Welchen Stil sollen Tabellen haben?
- In welcher Form werden graphische Elemente eingesetzt?
- Wie und wo sollen die erstellten Dateien abgelegt werden?
- Wer ist verantwortlich für das Intranet?
- Wenn kann ich fragen, wenn ich Unterstützung brauche?
- Gibt es Empfehlungen zum Textaufbau und zur Farbgestaltung?

Nur durch die Einhaltung der Richtlinien kann gewährleistet werden, dass die Mitarbeiter sich im Intranet zurechtfinden und die Informationen finden, die sie suchen. Eine unübersichtliche, benutzerunfreundliche Navigation, unübersichtliche Seiten mit vielen Animationen, Fliesstexten, Bildern, grafischen Buttons und Überschriften und lange Ladezeiten schrecken den Benutzer ab und die Akzeptanz des Mediums Intranet wird nicht erreicht.

Fallbeispiele zur Intranetnutzung

Über die rein innerbetriebliche Kommunikation und Information hinaus bietet ein Intranet eine ganze Reihe von Vorteilen, welche die Kommunikation, den Informationsstand, die Produktivität und aktuelles und fundiertes Wissensmanagement unterstützen. Dies können sein:

Projektplanung und -abwicklung:

Mit einem Intranet können Projekte in Phasen und übersichtliche Arbeitspakete aufgegliedert werden. Jedem Arbeitspaket können

Aufwand, Mitarbeiter, Zeiten und Prioritäten zugeordnet werden. Die Projektmitarbeiter können sich innerhalb des Teams über den aktuellen Stand informieren und Ihre Arbeitszeiten und den aktuellen Arbeitsfortschritt eintragen. Das Intranet wird auch zum Austausch projektrelevanter Dateien in einem Team verwendet.

Vor- und Nachbearbeitung von Seminaren:

Die effiziente Vor- und Nachbearbeitung von Seminaren trägt wesentlich zur Qualität von Weiterbildungsmassnahmen und deren Transfer bei. Oftmals sind die Teilnehmer aber nicht am gleichen Standort, eine adäquate Betreuung ist daher aufwendig. Hier unterstützt ein leistungsfähiges Intranet deshalb Weiterbildungsmassnahmen. Jede Seminargruppe erhält einen eigenen virtuellen Raum im Internet. In diesen virtuellen Lernzimmern können Teilnehmer Unterlagen austauschen, Termine koordinieren, über Probleme diskutieren oder auch Projektarbeiten planen und durchführen. Der Praxistransfer der Weiterbildungsmassnahmen wird dadurch spürbar verbessert.

Steuerung und Kontrolle externer Dienstleister:

Die Zusammenarbeit mit externen Dienstleistern ist heute aus vielen Bereichen nicht mehr wegzudenken. Den Vorteilen der externen Vergabe stehen aber häufig erhöhte Aufwendungen bei der Planung, Steuerung und Kontrolle der einzelnen Arbeiten gegenüber. Mit einem Intranet können Aufgaben geplant und benötigte Zeiten und Budgets von den jeweiligen Mitarbeitern dezentral erfasst werden. Als Auftraggeber wissen Sie damit zu jeder Zeit, was bereits gemacht wurde und welche Kosten angefallen sind. Alle Daten können aktuell gepflegt werden, unabhängig davon, ob der externe Mitarbeiter zuhause oder bei Ihnen in der Firma arbeitet.

Home-Office-Anbindung und Telearbeit:

Das so genannte "Home-Office", also der Arbeitsplatz zuhause, wird immer häufiger von Mitarbeitern genutzt. Ist der Mitarbeiter jedoch zuhause, benötigt er auch weiterhin Zugriff auf aktuelle Termine, wichtige Dateien und Adressen. Für Firmen, die Ihren Mitarbeitern diese Daten auch zuhause zur Verfügung stellen möchten, bietet ein dafür genutztes Intranet auch die Möglichkeit, die Büroorganisation in das Internet zu verlegen. Damit können Sie von überall auf der Welt, also vom Büro, von unterwegs und von zuhause auf Ihre Daten zugreifen und sind stets über alle wichtigen Ereignisse informiert.

Netzwerke und virtuelle Unternehmen:

Die Arbeit und das Engagement in Netzwerken und virtuellen Unternehmen ermöglicht vielfältige Synergieeffekte. Innerhalb des Netzwerks bedarf es einer konkreten Aufgabenteilung und Koordination, um den Aufwand für die einzelnen Mitglieder gering zu halten und gleichzeitig einen möglichst hohen Nutzen zu erzielen. Mit einem Intranet können Netzwerke und virtuelle Unternehmen aller Grössen effektiv und professionell anfallende Tätigkeiten koordinieren, Informationen und Daten austauschen und in den internen Diskussionsforen Ideen konkretisieren.

Anbindung von mobilen Mitarbeitern:

Ein Mitarbeiter ist beim Kunden und benötigt dringend eine wichtige Datei. Einen Tag später kommt ein anderer Kollege zum gleichen Kunden und möchte wissen, was der erste Kollege am Vortag gemacht hat. Mit einem Intranet können sich mobile Mitarbeiter koordinieren und jederzeit Daten austauschen. Über die Tätigkeitsprotokollierung wissen jeweils auch alle, wer wann was gemacht hat.

Leistungselemente eine Intranets

Im Gegensatz zu traditionellen Medien bietet ein Intranet erhebliche Mehrleistungen und kann so die Kommunikation im Betrieb qualitativ und quantitativ fördern, die Informationsbereitschaft als ganzes steigern und durch interaktive Elemente vor allem auch die Dialogbereitschaft und aktive Auseinandersetzung mit wichtigen Themen verbessern. Beispiele von Modulen, die ein Intranet enthalten kann.

- Kalender, Kontakte und Aufgaben
- SMS Dateiablage
- Projektmanagement
- Diskussionsforum
- Ideenfindung E-Mail
- Pinwand
- Umfragen Chat
- Dokumentenmanagement
- Terminplanung und Adressverwaltung

Das nachfolgende Musterkonzept eines Unternehmens zeigt Voraussetzungen und organisatorische Aspekte auf.

Fallbeispiel: Musterkonzept betriebliches Intranet

Neben den traditionellen Medien eröffnet die elektronische Kommunikation völlig neue Perspektiven: Weiterbildungs-Angebote, Informationsveranstaltungen, Vorträge oder Unternehmensnachrichten werden zusammen mit Informationen für Mitarbeiter und Führungskräfte als E-Mail verschickt und zeitgleich im Intranet veröffentlicht. Mit dieser Technik ist es möglich, in unserem dezentralen Unternehmen die Mitarbeiter aktuell und umfassend zu informieren.

Wichtige Voraussetzungen für ein erfolgreiches Intranet

Die Einführung eines Intranets

betrachten wir als Chefsache. Die gesamte Führungsebene muss hinter unserem Intranet-Konzept stehen und es auch aktiv nutzen.

Wir stellen die Nutzungsmöglichkeiten

des Intranets verständlich, beispielhaft und nutzenstiftend heraus und beginnen mit einem Pilotprojekt. Wir starten mit einer Mitarbeitergruppe, die ein gemeinsames Interesse hat. Mit ihr zusammen definieren wir die Grundlagen und Ziele.

Wir geben unseren Mitarbeitern die Möglichkeit,

aktiv am Intranet-Konzept mitzuarbeiten und Ihre Bedürfnisse und Erwartungen einzubringen. Wir ermutigen sie, eigene Informationen und konkrete Beispiele und Inhalte zu publizieren.

Wir legen Wert auf eine systematische Informationsstruktur

und klare Navigationselemente, welche die Benutzung einfach und unkompliziert halten. Die Nutzer müssen sich problemlos im Intranet orientieren können, und Informationen müssen leicht zu finden sein.

Das Intranet sollte in seiner Erscheinung und Struktur

dem Unternehmen angepasst sein und wir sorgen für ein spannendes und aktuelles Intranet, da das Motivationspotential eines lebendigen Intranets von grosser Bedeutung ist.

Das Intranet hat die Aufgabe, die Informations-, Produktions- und Distributionskosten zu senken und die Schnelligkeit und Aktualität der Informationen und Kommunikation zu verbessern. Zentral ist der einfache und schnelle Zugriff auf unser Unternehmenswissen in seiner ganzheitlichen Form. Unser Intranet soll aber auch

- die interne Transparenz erhöhen
- Informationen besser und klarer strukturieren
- die Meinungsbildung ermöglichen und vernetztes Denken fördern
- die Motivation zur Information und Kommunikation erhöhen
- und die Qualität, Quantität und Verfügbarkeit optimieren

Im Verständnis dieser Ganzheitlichkeit ist das Intranet für uns also Informationsmedium, Kommunikations- und Arbeitsmittel, Archivierungs- und Weiterbildungsmedium, ein Motivationsmedium und ein Instrument, welches die

Kommunikationsbereitschaft und –fähigkeit fördern und aktivieren und vorhandene Instrumente und Plattformen vernetzen soll.

Pflege und Verwaltung

Vorläufig wird die Pflege unseres Intranets von unserem Webmaster wahrgenommen. Mit zunehmender Grösse und Komplexität des Intranets werden wir jedoch früher oder später einen Mitarbeiter benötigen, der das Gesamtsystem mit dem notwendigen Technologie- und Kommunikations-Know-how selbstverantwortlich verwalten und pflegen kann. Dieser Webmaster wird z.B.

- Abteilungsübergreifenden Rubriken des Intranet (Anwenderhilfe, Suchmaschine, Terminkalender, Telefon- und Adresslisten etc.) verwalten
- Schutz und die Integrität der Daten überwachen und gewährleisten
- Netzweiten Design- und Inhaltsrichtlinien überwachen, weiterentwickeln
- Fortschritte der Webtechnologie im Auge behalten
- Autoren und Benutzern bei Problemen weiterhelfen
- Neue Mitarbeiter gründlich und umfassend einweisen

Unser Intranet steht zur Zeit am Anfang seiner Entwicklung. Wie und wem es nützlich sein wird, hängt letztlich vom Engagement der einzelnen Abteilungen und Mitarbeiter und deren Bereitschaft zur Akzeptanz und Nutzung eines neuen Mediums ab. Überdies ist das Intranet keine starre Einrichtung, sondern wird sich permanent weiterentwickeln. Es kann den sich verändernden Bedürfnissen angepasst werden mit der Möglichkeit, diese Entwicklung, entweder als Redaktor oder mit Vorschlägen, zu fördern.

Darstellungsformen im Intranet

Die Beherrschung publizistischer Darstellungsformen gehört zum Handwerkszeug der Mitarbeiterkommunikation. Nicht nur in klassischen Medien wie der Mitarbeiterzeitschrift, sondern auch im Intranet gilt: Die Inhalte müssen in eine mediengerechte Form gebracht und interessant aufbereitet werden. Publizistische Techniken zur Aufbereitung von Themen der Mitarbeiterkommunikation im Intranet sind grundsätzlich:

Aktualisieren Themen im Unternehmen, an denen kontinuierlich gearbeitet wird, lassen sich im Intranet regelmässig in kurzen Intervallen ohne übermässigen Produktions- und Distributionsaufwand aktualisieren.

Illustrieren Viele Fragestellungen sind so komplex, dass die Mitarbeiter für Übersichten und das Aufzeigen von Zusammenhängen dankbar sind. Abstrakte Themen können zum Beispiel durch Schaubilder, Visuals, Grafiken die Zusammenstellung von Pro und Contra, Fragen und Antworten illustriert werden.

Fokussieren: Ein zentraler Aspekt eines Themas kann im Intranet mit vielen Darstellungstechniken hervorgehoben werden. Ein Detail oder eine besondere Ausprägung lässt sich hinterfragen und analysieren.

Personalisieren Komplexe Themen lassen sich auch über handelnde Personen vermitteln. Es kann anschaulicher sein, ein Interview mit einem Mitarbeiter zu veröffentlichen oder persönliche Erfahrungen zu beleuchten als einen Sachverhalt zu trocken und theoretisch darzustellen.

Extrapolieren Die Folgen eines bestimmten Themas können dargestellt werden. Es lässt sich verdeutlichen, was eine bestimmte Entwicklung im Unternehmen für die Mitarbeiter bedeutet wie zum Beispiel das Vorstellen einer neuen Strategie oder die Einführung einer neuen Produktegruppe.

Diskussionsgruppen und Kommunikationsformen

Die Diskussionsgruppe bzw. Newsgroup ist eine Art elektronisches Schwarzes Brett im Intranet. Die Nutzer können themenspezifisch ihr Wissen austauschen und miteinander kommunizieren. Die Mitteilung des Aussagenden kann sich an dem orientieren, was er von anderen gerade als Diskussionsbeitrag erhielt. Die Entstehung und der Verlauf einer Diskussion kann mitverfolgt werden. Die Nutzer können jederzeit auf Beiträge anderer Teilnehmer antworten, Informationen kommentieren oder neue Themen initiieren, über die anschliessend ein Austausch stattfinden soll.

Im Unterschied zur Diskussionsgruppe ist ein Kommunikations- bzw. Chatforum dadurch gekennzeichnet, dass die Kommunikationsteilnehmer gleichzeitig im Intranet präsent sind. Chatforen haben eher den Charakter eines lockeren Gesprächs. Die Diskussionen verlaufen daher stärker unstrukturiert und werden im Gegensatz zu Diskussionsgruppen meist nicht geleitet oder moderiert. Diskussionsgruppen können im Intranet eingesetzt werden, um einen fachlichen Austausch zwischen den Mitarbeitern zu erleichtern und damit das Wissensmanagement zu stärken.

Chatforen eignen sich sehr gut für Diskussionen in Unternehmen, zum Beispiel kann die Unternehmensleitung regelmässig den Mitarbeitern die Gelegenheit zum gegenseitigen und persönlichen Austausch geben. Gerade in größeren Unternehmen kann damit die Distanz zwischen den handelnden Personen verringert werden.

Interaktive Stilformen im Intranet

Die interaktive Kommunikation im Intranet ist – abgesehen von der chatgewohnten jüngeren Generation – für viele Mitarbeitende eine neue und eher ungewohnte Erfahrung. Berührungsängste sollten abgebaut und Handhabungen und technische Features trainiert werden. Zudem gibt es Spielregeln zu beachten, die einen geordneten Umgang erleichtern und Hürden ebenfalls abbauen helfen. Es sind dies:

- Seien Sie bereit für den Dialog und beantworten Sie eingehende Fragen der Mitarbeiter.
- Gehen Sie mit eingehender Kritik konstruktiv um – bei Rückmeldungen überwiegen erfahrungsgemäss kritische Äusserungen.
- Begleiten Sie Diskussionsgruppen, Chats und Weblogs am Anfang redaktionell.
- die Mitarbeiter müssen den Umgang mit den neuen interaktiven Formen erst erlernen und benötigen entsprechende Schulung.
- Machen Sie die Interessen der internen PR und der Unternehmensleitung transparent.
- Trennen Sie auch bei den interaktiven Formen soweit möglich Meinungen und Tatsachen.
- Kombinieren Sie solche interaktive Kommunikationsformen mit traditionellen Medien, indem Sie beispielsweise bei einem Beitrag in der Mitarbeiterzeitschrift auf eine weiterführende Diskussion im Intranet hinweisen.

Mögliche Inhalte und Services eines Intranets

Die folgenden Gefässe, Inhalte und Services sind konkrete Anregungen für die inhaltliche Organisation und Rubrizierung eines Intranets:

Betriebsdaten
Betriebsinformationen, Unternehmensdaten und Präsentationen Portraits, Fakten zur Personalentwicklung, Leitbilder, Projekte, Unternehmenshistory.

Tagesaktualitäten
IT-Probleme, Newsticker, Branchen-News, Facts and Figures, aktuelle Pressemitteilungen, neue Kunden.

Befragungen
Mitarbeiterbefragungs-Resultate, Zusammenfassungen mit Berichten und Grafiken und Originalstatements. Diese können auch über die Intranetplattform realisiert und automatisch ausgewertet werden.

Arbeitshilfen
wie Handbücher, Manuals, Checklisten, Musterbriefe, Best-Practices, Erfahrungsberichte, Stellenbeschreibungen.

Contactpoints
E-Mail, Website, Postadresse, Telefonnummer und Fax zu allen internen Stellen, Abteilungen und Personen und externe Kontaktkoordinaten wie Berater, Grosskunden, Lieferanten usw.

Sicherheit
Sicherheit & Erste Hilfe, Ärzte, Medikamente, Apotheken, Sicherheitsbestimmungen, Notfallverordnungen, Versicherungsinformationen sind einige konkrete Möglichkeiten.

Knowledge DB
In jedem Unternehmen sammelt sich wertvolles Wissen an, welches von Experten, Untersuchungen, Projektarbeiten stammen kann. Die Strukturierung dieses Wissens und der vereinfachtere Zugang kann ein Intranet besser als traditionelle Medien ermöglichen.

Daily Business
Zugriff auf aktuelle Preislisten, Telefonverzeichnisse, Preiserhöhungen, Ausfälle und Störungen, Protokolle, Terminlisten, Abwesenheiten, interne Jobbörsen usw. Recherchepool für Vorlagen und Formulare des HRM.

Marktinformation
Konkurrenzinformationen, Kundenstrukturen, Marktbefragungen, Preisübersichten, neue Serviceleistungen, Benchmarks, Verkaufs- und Umsatzinformationen, Presseschauen und Pressedienste.

Magazine
Ergänzungen, Vertiefungen und Erweiterungen zu anderen Informationsmodulen. Bericht zu Informationsveranstaltungen XY, Links zum Thema XY in der Mitarbeiterzeitschrift, Referat in gedruckter Form sind einige konkrete Möglichkeiten.

Mitarbeiter
Portraits von Mitarbeitern, Angaben zu Abteilung, Alter, Funktion und mehr und Informationen zu deren Wissen und Erfahrung.

Neue Mitarbeiter
Für neue Mitarbeiter bietet sich neben einer "Guided-Tour" als virtueller Rundgang durch die Abteilungen des Unternehmens auch ein Einführungsheftchen mit den wichtigsten Basisinformationen zum Herunterladen an.

Elektronische Mitarbeiterportale

Mitarbeiterportale sind zum Synonym geworden für eine einfache und schnelle Informationslogistik im Unternehmen. Zusätzlich lassen sich Prozesse elektronisch abbilden. Das spart der Personalabteilung Arbeitszeit, vereinfacht die Abläufe und organisiert und intensiviert die Kommunikation und Information unter Mitarbeitern. Ein Mitarbeiterportal stellt prinzipiell Anwendungen, Prozesse und Inhalte zentral über eine Internet-Arbeitsplattform zur Verfügung. Entsprechend einem definierten Rollen- und Rechtekonzept greift damit jeder Beschäftigte genau auf die Informationen zu, die er benötigt.

Definition von Mitarbeiterportalen

Das Mitarbeiterportal ist die logische Weiterentwicklung vom Intranet, das zuerst als internes Informationsmedium diente. Technisch ist das Mitarbeiterportal eine webbasierte Anwendung, die mittels des Internet-Browsers sämtliche Informationen, Prozesse und Applikationen eines Unternehmens auf einer gemeinsamen und einheitlichen Oberfläche bündelt und allen Mitarbeitern personalisiert zur Verfügung stellt. Informationen, die zur Verrichtung der täglichen Arbeit benötigt werden, können vom Mitarbeiter schnell und aktuell über das Mitarbeiterportal beschafft und weitergegeben werden. Betriebliche Arbeitsabläufe und administrative Aufgaben werden durch Geschäftsanwendungen und entsprechende Services effizient unterstützt. Mitarbeiter- bzw. Unternehmensportale sind das zentrale Instrument zur Umsetzung des Electronic Human Resources Management. Sie beziehen alle Funktionsbereiche des Unternehmens ein und werden zukünftig das universelle Online-Arbeitsmittel für die gesamte Belegschaft des Unternehmens sein.

Bedeutung und Stellenwert von Mitarbeiterportalen

Ein gutes Mitarbeiterportal kann viel leisten: Es verbessert die Kommunikation, erleichtert administrative Tätigkeiten, gestaltet den Personalbereich effizient und beschleunigt insgesamt Geschäftsprozesse. Hochentwickelte Portale unterstützen sogar virtuelle Teamarbeit und greifen auf Datenbanken und Systeme externer Partner zu. Mitarbeiterportale verbinden, je nach Anwendungsbereich, die unterschiedlichsten Anwendungen. Häufig steht bei Mitarbeiterportalen der Gedanke des Employee-Self-Service im Vordergrund, bei dem sich Mitarbeiter Informationen und Dienstleistungen aktiv und aus eigener Initiative beschaffen. Ein gutes Beispiel hierfür sind die Prozesse, die sich hinter Reisekostenabrechnungen verbergen. Über das Portal durchläuft die Abrechnung vollautomatisiert und ohne manuelle Eingriffe alle Schritte von der Dateneingabe über die Freigabe des Vorgesetzten bis zur Auszahlung durch die Buchhaltung. Auch Zeitabrechnungen, Urlaubs- und Reiseanträge, Beschaffungsprozesse und vieles mehr lassen sich auf die gleiche Weise behandeln. Zu den personenbezogenen Systemen zählen unter anderem das Personalinformationssystem, die Gehaltsabrechnung, die Zeiterfassung und andere Fachanwendungen. Ein Mitarbeiterportal unterstützt die Personalverantwortlichen bei diesen Aufgaben. Es optimiert und vereinfacht die gängigen Arbeitsprozesse in der Personalabteilung. So bleibt mehr Zeit für beratungsintensive Tätigkeiten.

Wichtige Funktionen eines Portals

Die Abweichung zwischen der gewünschten Funktionalität und der tatsächlich vorhandenen bzw. umgesetzten Funktionalität mag unter anderem daran liegen, dass die Vorstellungen über die gewünschte Portalfunktionalität in den Unternehmen sehr unterschiedlich sind. Deshalb ist es auch schwer ein allgemeingültiges Modell für die abgedeckten Funktionen eines Portals zu ermitteln. Unternehmen bleibt damit nichts weiter übrig, als sich ein eigenes Modell zusammenzustellen und den Abdeckungsgrad mit den vorhandenen Produkten zu überprüfen. Typische Funktionalitäten eines Portals sind:

- Verwaltung von Inhalten
- Collaboration
- Knowledge Management
- Suchfunktionen
- Personalisierung
- Zugriff
- Sicherheit
- Verzeichnis (Directory)
- Integration und Architektur

Verwaltung von Inhalten

Das Content Management ist entscheidend für die gesamte Verwaltung eines Portals hinsichtlich Qualität und Aktualität und deckt den kompletten Lebenszyklus von publizierten Informationen in einem Portal ab. Das Content Management umfasst die Erstellung von Informationen, ihre Zusammenwirkung mit den Workflows, die Versionskontrolle, die Bereitstellung und die Publikation neuer und aktualisierter Inhalte. Diese bestehen meistens aus unternehmensinternen, für den Portal-Benutzer interessante Daten, können aber auch aus externen Quellen stammen. Da also der Inhalt eines Portals aus den unterschiedlichsten Quellen kommen kann, ist das Content Management extrem wichtig, um fehlerhafte und nicht genehmigte Inhalte zu vermeiden.

Collaboration
Der Funktionsbereich Collaboration ist sicher der derzeit am unschärfsten definierte. In diesen Bereich fallen unter anderen Funktionen wie Projektmanagement, E-Mail Management, Newsgroups, Instant Messaging, Web Meetings, Personensuche, Kalender und das Aufgabenmanagement.

Knowledge Management
Am weitesten von einer produktiven Abbildung entfernt ist sicher ein umfassendes Knowledge Management in einem Portal, welches weit über die (intelligente) Volltextsuche hinausgeht. Zu den Funktionen zählen dabei unter anderem Topic Maps, die Abhängigkeiten von Themen untereinander visualisieren oder auch mathematische Algorithmen (etwa Entscheidungsbäume oder Scoringverfahren), die Wissen aus Prozessen und Inhalten extrahieren können und so schnellere und bessere Arbeitsergebnisse liefern können. Diese Mechanismen dienen aber auch dazu, um etwa dynamische Produktangebote oder Pricingmechanismen abzubilden.

Suchfunktionen
Die am meisten genutzte Funktion eines Portals ist die Suche. Diese muss dementsprechend leistungsfähig sein, also sowohl nach, als auch innerhalb von Dokumenten und nach Mitarbeitern suchen können. Dabei muss sie eine scharfe, ebenso wie eine unscharfe Suche unterstützen und die Ergebnisse rechteabhängig aufbereiten können.

Personalisierung
Personalisierung bedeutet die dynamische Anpassung eines Portals an Nutzerspezifika und Nutzerwünsche. Dabei wird sowohl regelbasiert personalisiert, als auch über fest definierte Profile. Vorteil der Personalisierung ist die sehr viel genauere und spezifischere Nutzeransprache, so dass der Nutzer Zeit und Aufwand spart, was zu einer höheren Produktivität oder auch zu höheren Umsätzen führt.

Zugriff
Im Bereich des Zugriffs spielt vor allem das Single-Sign On eine Rolle, also die applikationsübergreifende Anmeldung durch das Portal. Weitere Funktionen sind das User und Device Management, die zum einen die Profile der Benutzer steuern und zum anderen den Zugriff durch unterschiedliche Kanäle und Endgeräte erlauben.

Sicherheit
Sicherheit ist eines der Kernthemen eines Portals. Der Sicherheitsaspekt bezieht sich auf viele unterschiedliche Funktionalitäten. Dazu zählen die Authentifizierung, die Verschlüsselungen der Kommunikation zwischen Benutzer und Portal, individuelle Zugriffsberechtigungen

eines Benutzers auf bestimmte Inhalte und Anwendungen und zentral hinterlegte Virenschutzprogramme zur Datensicherheit.

Verzeichnis (Directory)
Die meisten Portale nutzen in irgendeiner Weise ein Directory als zentralen Datenspeicher bzw. als Repository. Dieses Directory kann ein Server sein oder eine Datenbank. Directories haben die Aufgabe, alle zu einem Portal und seinen Benutzern gehörigen Informationen in einem definierten Bereich abzulegen und zu verwalten: Benutzerprofile samt Authentifizierung und Zugangserlaubnis zu den entsprechenden Informationen und Anwendungen.

Integration
Zu den Funktionen der Integration gehören neben den allseits bekannten vordefinierten Portlets für unterschiedliche Quellen auch die einfache Entwicklung eigener Portlets, die Verwendung von Standardtechnologien zur Integration externer und interner Systeme und die Unterstützung von WebServices.

Mehr Effizienz und Kostenvorteile
Der grosse Vorteil liegt darin, dass alle Mitarbeiterdaten nur einmal erfasst werden müssen. Das fängt schon bei den persönlichen Daten an, die der Bewerber im Internet selbst eingibt, und geht bis hin zu allen Vertragsinformationen, Gehaltsdaten, Veranstaltungen, aktuelle Informationen usw. Auch für die Abrechnung am Monatsende, die Zeiterfassung oder bei Vertragsauflösung stehen diese Daten über das Portal zur Verfügung. So lässt sich der gesamte Prozess von der Einstellung bis zum Austritt über das Mitarbeiterportal unterstützen. Mitarbeiterportale führen bestehende Anwendungen und Daten beispielsweise aus dem Personalbereich zusammen und machen sie über eine Internetseite zugänglich. Mitarbeiter können so Informationen der Personalabteilung erhalten, nach Weiterbildungsmöglichkeiten suchen oder ihre persönlichen Daten wie Adressmutationen selbst pflegen und sich breiter, aktueller und individueller informieren.

Verschiedene Entwicklungsstufen
Ein Mitarbeiterportal kann verschiedene Reifegrade bzw. Entwicklungsstufen aufweisen, die unter anderem von Technologie, Integration, Akzeptanz und Investitionsbereitschaft abhängen.

Stufe 1: Die Intranetlösung stellt den Mitarbeitern in erster Linie Informationen über das Unternehmen, Produkte, Organisationen, einzelne Abteilungen und Services bereit.

Stufe 2: Zur Informationsgewinnung stehen den Benutzern zusätzlich Suchmaschinen zur Verfügung. Die Anwender können auf externe Daten und Verzeichnisse zugreifen, es werden allerdings Zugriffsrechte vergeben, so dass die Mitarbeiter über einen personalisierten Zugang nur bestimmte Informationen abrufen oder Daten ändern können.

Stufe 3: Neben rollenspezifischen Zugriffsrechten der Mitarbeiter spielt die Interaktivität eine wichtige Rolle, so dass Interessengruppen leichter zusammenfinden. Damit können Mitarbeiter beispielsweise standortübergreifend ein gemeinsames Produkt entwickeln oder als Mitglied einer Funktionsgruppe Erfahrungsaustausch im Rahmen einer virtuellen Gemeinschaft betreiben.

Stufe 4: Das Portal wird durch den Zugriff auf Datenbanken und Systeme externer Partner erweitert. Vom Intranet aus kann über elektronische Marktplätze eingekauft werden.

Ein Mitarbeiterportal bündelt unterschiedliche Infoquellen
Insbesondere in beratungsintensiven Berufen, etwa der IT-Branche ist ein Skill-Management unerlässlich. Es stellt Informationen über die Fähigkeiten und das Know-how der Mitarbeiter bereit. Auch dabei hilft das Portal. Ist bereits eine Datenbank dafür angelegt, wird diese ins Portal integriert. Je nach Grösse des Unternehmens ist auch eine Content-Management-Lösung denkbar. Üblicherweise steht ein Teil der hierfür benötigten Informationen bereits in den Personalakten. Was fehlt, tragen die Mitarbeiter mittels vorgegebener Kategorisierungen direkt im Portal ein. Abschliessend überprüft der Vorgesetzte den Eintrag in der Skill-Datenbank. Über das Portal erhalten Führungskräfte in der Regel einen Zugriff auf Daten, die sich alternativ nur telefonisch oder persönlich übermitteln lassen. Dies sind Auswertungen über Gehaltsentwicklungen, die Mitarbeiterhistorie oder Ausbildungsdaten. Aus datenschutzrechtlichen Gründen dürfen diese Informationen nicht einfach per E-Mail verschickt werden.

Verbesserter Service und intensivere Kommunikation
Beim Bewerber-Management über das Portal gelten ähnlich strenge datenschutzrechtliche Bestimmungen, die bei der Technologieauswahl zu berücksichtigen sind. Die einzelnen Anwendungen werden dem Nutzer über Portlets zur Verfügung gestellt. Dies sind Funktionsmodule beziehungsweise Miniprogramme des Portals, mit denen sich der Benutzer seine Portal-Benutzeroberfläche selbst zusammenstellen kann. Der Anwender vermag das Portal entsprechend seinen Bedürfnissen personalisieren. Alternativ kann voreingestellt werden, welcher

Mitarbeiter welche Dienste nutzen darf. Im Zuge der Integration in das Portal lösen elektronische bisher papierbasierte Prozesse ab und führen zu einer beschleunigten Abwicklung. Nutzen stiftet zudem die Bündelung und Gliederung der Informationen innerhalb des Portals. Eine weitere Erkenntnis: Die einheitliche Präsentation der verschiedenen Unternehmensbereiche und deren Mitarbeiter innerhalb des Portals führt in der Praxis zu einer besseren Identifikation mit dem jeweiligen Bereich, die meist in eine grössere Arbeitszufriedenheit mündet. Auch der deutlich verbesserte Service für die Mitarbeiter durch die schnelle und umfassende Bereitstellung der für sie wichtigen Informationen trägt dazu bei. Die positiven Auswirkungen dieser Zufriedenheit - geringere Fluktuation, reduzierte Fehlzeiten usw. - lassen sich allerdings nur schwer messen.

Probleme und Hürden in der Praxis

Nebst vielen unbestreitbaren Vorteilen von Mitarbeiterportalen stossen diese in der Praxis aber auch auf Hürden und Probleme. Im Mittelpunkt stehen dabei hohe Investitionen, die Akzeptanz bzw. Sicherstellung der Nutzung durch Mitarbeiter und eine technisch und datenmässig intensive Pflege und Wartung. Auf einen Blick:

- Fehlende Budgets, Investitionen
- Ängste bzw. Akzeptanz der Mitarbeiter
- Fehlende Verantwortlichkeit
- Geringe Priorität in der Geschäftsleitung
- Qualifikation der Mitarbeiter
- Technologische Erreichbarkeit
- Know-how der IT Abteilung

Webblogs: E-Tagebücher interner Kommunikation

Webblogs gelten als ein interessantes, zukunftsträchtiges Phänomen. Diese im Internet entstandene neuartige Form elektronischer Kommunikation, eine Mischung aus Tagebuch, Kolumne, Leserbrief und Presseschau, bietet auch Mitarbeitern die Möglichkeit, beispielsweise ihre private Sicht der Dinge zu einer neuen Strategie oder einem neuen Arbeitszeitmodell allen Mitarbeitern des Unternehmens mitzuteilen. Die Leser können das Veröffentlichte sofort mit eigenen Kommentaren anreichern. Längst haben auch Kommunikationsprofis die Blogs entdeckt und sie versuchen die Aura der Authentizität, Ehrlichkeit und Engagement, die diesem Medium anhaftet, für kommerzielle Zwecke zu nutzen.

Blogs durchbrechen traditionelle Informationshierarchien

Sie sind technisch einfach einzusetzen, können aber zu einer vollständigen Umwälzung der bisherigen Organisation führen. Die Kommunikation wird vereinfacht und beschleunigt, Innovation vorangetrieben. Soll das Instrument auf Dauer eingesetzt werden, müssen alle Beteiligten lernen, damit umzugehen. Das Blogging kann auch für die interne Unternehmenskommunikation genutzt werden. So kann der persönliche Kommentar eines Unternehmenschefs in einem Blog mit grösserem Interesse als trockenes Strategiepapier aufgenommen oder der Erfahrungsbericht eines Mitarbeiters während einer neuen Seminarreihe stärker beachtet werden.

Die Stärken von Webblogs

Eine erfolgreiche interne Unternehmenskommunikation zeichnet sich unter anderem auch dadurch aus, dass sie abteilungs- und hierarchieübergreifend eingesetzt wird, dass sie allen Mitarbeitern schnell und einfach zugänglich ist und einen gemeinsamen Wissenstand gewährleistet. Genau in diesem Punkt spielen Web-Blogs ihre Stärken aus: Jeder Mitarbeiter verfasst beispielsweise regelmässig einen "Newsletter", dessen Hauptthemen persönliche Erfahrungen und deren Bezug zum Unternehmenserfolg sind. Die wichtigsten Ereignisse werden für die anderen Mitarbeiter kurz und präzise aufbereitet. Der Vorteil: Im Gegensatz zu E-Mails werden die Neuigkeiten nicht an einzelne Kollegen verschickt, die Informationen sind in einer Datenbank gebündelt und somit allen zugänglich.

Dies trägt auch zu einem intensiven Teamgeist bei. Um diesen Effekt noch zu verstärken, ist es wichtig, dass neben fachlichen Informationen auch private Neuigkeiten und Themen ausgetauscht werden dürfen. Viele Unternehmen legen bei den Online Blogs grossen Wert auf Neuigkeiten aus dem Freizeitleben Ihrer Mitarbeiter und schaffen so eine zusätzliche, aber nicht minder wichtige, Verständigungsebene.

Dazu gehören beispielsweise sportliche Erfolge oder familiäre Ereignisse.

Vorteile in der Projektarbeit

Besonders in der Projektarbeit zeigt die neue Kommunikationsform seine Stärken: Die Koordinationsfunktion der Blogs erlaubt eine gezielte Abstimmung aller Prozessschritte, die innerhalb eines Projektes anfallen, von der Akquise bis zum Abschluss. Durch den effektiven Informationsaustausch lernen die Mitarbeiter voneinander und profitieren von den Erfahrungen anderer. Doppelspurigkeiten werden reduziert und der Experte auf einem bestimmten Gebiet ist schnell gefunden. Das Ergebnis ist neben der höheren Arbeitsqualität auch ein besseres Verständnis von Prozessabläufen. Ganz nebenbei dienen die internen Berichte so auch als Innovationstreiber und regen die Weiterentwicklung von Projekten an: Durch das Feedback von Kollegen und Vorgesetzten reflektieren die Mitarbeiter ihre Leistungen kontinuierlich. Dabei wirkt selbst Kritik als Motivationsschub.

Chancen und Vorteile von Webblogs

Webblogs können immer nur ein ergänzendes Kommunikationsinstrument sein, welches im Verbund mit anderen, vor allem dem persönlichen Gespräch, eingesetzt wird. Es bietet einige interessante Vorteile und Chancen:

Intensivierung von Teamerlebnissen

Erfolge verbreiten sich schnell über Blogs. Sie werden gemeinsam gefeiert, man kann die Freude beim Kollegen "nachlesen" und sich anstecken lassen.

Webblogs als Stimmungsbarometer

Das Stimmungsbild der einzelnen Mitarbeiter wird sehr gut in den jeweiligen Blogs abgebildet. Es ist dann die Aufgabe der Führungskraft und der Personalentwicklung, darauf einzugehen und korrigierend oder aufmunternd zu wirken.

Zielgerichtete Weiterbildungsmassnahmen

Zwischen den Zeilen, häufig aber auch explizit, werden die Stärken und Schwächen der Mitarbeiter oder deren aktuellen Probleme und Bedürfnisse erkennbar. Das ist ein guter Ansatz für eine mitarbeiterorientierte Personalentwicklung.

Steigerung der Arbeitsqualität

Die Mitarbeiter nutzen Blogs, um ihre Leistungen im Zusammenhang mit dem Unternehmen bewusst zu reflektieren oder aktuelle Probleme und Chancen zu diskutieren und zu erörtern. Das erhöht die Qualität der Arbeit, die Kommunikation und das Verständnis für Zusammenhänge - bei sich und ihren Kollegen.

Bessere Steuerung

Blogs erlauben einen Blick hinter aktuelle Projektzahlen, Zielvereinbarungen und Meilensteinplanungen. Laufen die Projekte wirklich so gut, wie es der offizielle Projektbericht nahe legt? Die Blogs der Mitarbeiter bieten oft wertvolle Zusatzinformationen, über Hierarchiegrenzen hinweg, ungefiltert und daher sehr authentisch.

Bessere Abstimmung innerhalb von Projekten

Die Koordinationsfunktion der Blogs führt neben einer intensiveren und ungefilterten Kommunikation auch dazu, dass Mitarbeiter alle Arbeitsprozesse z.B. von der Projektakquise bis zum Projektabschluss gezielter aufeinander abstimmen.

Mitarbeiterbeurteilung und Zielvereinbarungen

Mitarbeiterbeurteilung

Die Mitarbeiterbeurteilung ist ein wichtiges Standbein der internen Kommunikation. Es gibt vom Ansatz her unterschiedliche Methoden von Mitarbeiterbeurteilungen. Sie zu kennen ist wichtig und sie zu kombinieren sehr oft nicht nur möglich sondern auch sinnvoll. Die Wahl der Methoden ist immer von mehreren Faktoren abhängig, wie zum Beispiel der Ressourcen, der Unternehmensgrösse, der Erfahrung bei Mitarbeiterbeurteilungen, der Führungs- und Unternehmenskultur und dem Stellenwert der Mitarbeiterbeurteilung ganz allgemein. Die Vor- und Nachteile aller Methoden sind immer sorgfältig abzuwägen und vor allem auf unterschiedliche Interessen von Mitarbeiter und Unternehmen auszurichten.

Grundsätzliche Methoden der Mitarbeiterbeurteilung

Grundsätzlich kann man zwischen folgenden Methoden der Beurteilung unterscheiden:

Die freie Beurteilung

Bei dieser meistens in Form eines unstrukturierten Gespräches stattfindenden Beurteilung bestehen keine inhaltlichen Vorgaben und Raster, es findet eine Beurteilung nach individuellen Stärken und Schwächen statt. Dieses nicht standardisierte Vorgehen kann selten systematisch sein, bietet keine Vergleichsmöglichkeiten und erfordert sehr viel Beurteilungserfahrung und schriftliches bzw. sprachliches Ausdrucksvermögen.

Die Anwendung von Einstufungsverfahren

Die Anwendung von Einstufungsverfahren nach vorgegebenen Merkmalen wie zum Beispiel Persönlichkeit, Verhalten, Leistung mit einer Skalagewichtung ist die häufigste und am weitesten verbreitete Beurteilungsform. Die Arbeitsmerkmale werden genau beschrieben, womit die Beurteilung in fein abstufenden Skalen durchgeführt werden kann. In diesem Buch konzentrieren wir uns auf diese Methode, da es die in der Praxis am häufigsten angewandte ist und auch die wohl besten Beurteilungsresultate liefert.

Das Rangreihenverfahren

Bei diesem standardisierten Verfahren werden die Beurteilungskriterien in eine Rangfolge gebracht. So kann bei der Arbeitsqualität durch den Mitarbeiter XY der Rang 1 belegt und im Kundenverhalten von der Mitarbeiterin ZY der Rang 3 eingenommen werden. Voraussetzung ist, dass Mitarbeiter in gleichen Tätigkeitsbereichen arbeiten. Die Leistungen und das Verhalten können zwar sehr gut verglichen werden, doch die Genauigkeit und Systematik sind ungenügend und das Verfahren beeinflusst das Teamklima nachhaltig negativ und fördert ein zu weitgehendes Konkurrenzverhalten.

Zielorientierte Beurteilung

Hier wird nicht nach klassischen Leistungsmerkmalen beurteilt, sondern nach Aufgaben und Zielen und deren Grad der Erfüllung. Diese Form der Beurteilung gewinnt vor allem mit der Zielvereinbarung – welche ein Hauptkapitel dieses Buches darstellt – immer mehr an Bedeutung. Der Hauptgrund: Ein effektiv leistungsbezogenes Beurteilungsverfahren muss die Persönlichkeit, das individuelle Leistungsprofil eines Mitarbeiters und sein Potential vor dem Hintergrund seiner Aufgaben und mittel- und langfristigen Laufbahnziele im Unternehmen widerspiegeln.

Eher im Trend liegt deshalb die Verlagerung des Bewertungsschwerpunktes, der in bisherigen Einschätzungsverfahren mit Leistungs- und Verhaltensmerkmalen zu tätigkeitslastig sein kann, hin zu einer ziel- und ergebnisorientierten Beurteilung mit Zielvereinbarungen.

Gut konzipierte Zielvereinbarungssysteme erfüllen zielorientierte Leistungsbeurteilungsverfahren unter Umständen deshalb eher, da sie das gesamte Leistungsbild eines Mitarbeiters zum Bewertungsmittelpunkt machen und gesamtunternehmerische Ziele in den Mittelpunkt rücken. Mitarbeiter werden damit nicht mehr nur anhand von einigen statischen Standardmerkmalen beurteilt, sondern anhand von konkreten Unternehmenszielen. Vereinbarte Ziele werden zu Leitplanken der eigentlichen Tätigkeit und bilden zugleich den Beurteilungsmassstab.

Dieser Ansatz eines Beurteilungsverfahrens verfolgt letztlich die Philosophie des Führungsansatzes *"Management by Objectives"*. Die Verwendung von Zielvereinbarungssystemen kann allerdings nur dann positive Resultate liefern, wenn einige wichtige Prinzipien und Regeln konsequent beachtet werden. Da aber der merkmalsorientierte Ansatz durchaus auch seine Vorzüge hat und in der Praxis immer noch oft angewandt wird, wird er in diesem Buch dennoch ausführlich behandelt.

Kennzeichnungsverfahren

Dies sind Checklisten mit nicht klar und genau differenzierten Leistungs- und Verhaltenskriterien, von denen jeweils ein, zwei oder drei als zutreffend angekreuzt werden. Aufgrund der unklaren Spezifikation und nur sehr groben Beurteilung ist diese Methode im Allgemeinen nicht zu empfehlen, ausser es handelt sich um sehr einfache und thematisch begrenzte Beurteilungsanlässe, zu denen man sich möglichst schnell ein Bild machen möchte. Ein Beispiel für ein Kennzeichnungsverfahren im Verhaltensbereich:

Der Mitarbeiter ist in seinem Verhalten	
❑ kollegial	❑ ehrgeizig
❑ zielgerichtet	❑ teamfähig
❑ hilfsbereit	❑ konstruktiv
❑ couragiert	❑ handlungsorientiert
❑ engagiert	❑ lernwillig und lernbereit
Bitte jeweils zwei bis höchstens drei zutreffende Merkmale ankreuzen	

Alternative Beurteilungsmethoden

Neben der traditionellen in diesem Buch behandelten Methode der Mitarbeiterbeurteilung gibt es auch Sonderformen und alternative Möglichkeiten, die es wert sind, in Betracht gezogen oder mit der traditionellen Mitarbeiterbeurteilung kombiniert zu werden.

Mitarbeiterbeurteilung mit der 360-Grad-Rückmeldung

Interessant ist diese Methode der Beurteilung, die sowohl objektive Beurteilungen wie auch subjektive Wahrnehmung aus dem gesamten beruflichen Umfeld umfasst. Bei dieser Feedbackmethode geben Vorgesetzte, Kollegen, Mitarbeitende und Kunden Rückmeldung zum persönlichen Verhalten und zu individuellen Leistungen am Arbeitsplatz des Beurteilten.

Ziele und Nebeneffekte von 360-Grad-Feedback

Mit dem 360-Grad-Feedback-System lassen sich hauptsächlich folgende Ziele erreichen:

- Feststellung des aktuellen Leistungsstatus verschiedener Organisationseinheiten z.B. Geschäftsbereiche, Abteilungen, Teams usw.
- Ableitung und Umsetzung unternehmensstrategischer Massnahmen zur Leistungsentwicklung spezifischer Organisationseinheiten
- Identifizierung der Leistungsträger des Unternehmens, Ableitung und Implementierung bedarfsorientierter Development-Programme für Führungskräfte und Mitarbeiter.
- Entwicklung und Implementierung zielgruppenspezifischer Anreiz- und Entlohnungssysteme.

Vergleich von Fremd- und Selbstbild

Interessant ist der Vergleich von Fremd- und Selbstbild und die starke Motivation zu Veränderungen, da ein breites Spektrum von Rückmeldungen aus dem unmittelbaren, real bestehenden Arbeitsumfeld in authentischer Umgebung ein hohes Mass an Glaubwürdigkeit aufweist. Somit werden positive Veränderungen bei Verhaltensweisen und Einstellungen ausgelöst. Bei einer professionellen Anwendung dieses Instrumentes sind umfassende Berichte zu folgenden Punkten eine gute Grundlage:

- Welche Stärken/Schwächen werden genannt und rückgemeldet
- Wie verhält sich das Selbstbild mit den Fremdeinschätzungen
- Welche Defizite und wie schwerwiegend werden sie eingestuft
- Was wird in welchen Situationen wie empfunden und erlebt

Die Notwendigkeit effektiv erfolgender Veränderungsarbeit

Wichtig ist auch hier, dass ein solcher 360-Grad-Bericht nicht einfach in der Schublade verschwindet, sondern umfassend analysiert wird und konkrete Impulse und Anleitungen zu Verhaltensänderungen und modifizierten Einstellungen folgen. Dies sind konkret:

- Einzelgespräche mit ausgebildeten Experten
- Workshops mit Verhaltenstrainings und Erfahrungsaustausch
- Beizug von Coaches zur Begleitung des Veränderungsprozesses

Der Entwicklungs- und Veränderungsbedarf und die Bereitschaft oder Anlage einer 360-Grad-Beurteilung ist von Fall zu Fall unterschiedlich. Wichtig ist, dass 360-Grad-Beurteilungen konstruktiv sind, der individuellen Persönlichkeit des Beurteilten gerecht werden und die Person individuelle, konkrete und situationsbezogene Rückmeldungen erhält.

Anwendungsbereiche beim Beurteilten und Unternehmen

Anwenden und einsetzen lassen sich diese Rückmeldungen in verschiedenen Bereichen:

- Veränderung von Arbeitsbeziehungen und Teamkonstellationen
- Verbesserung der Kommunikation und Gesprächskultur
- Verbesserung der Kritikfähigkeit und Veränderungsbereitschaft
- Mehr Mut zu Emotionen und Feedback im Alltagsverhalten
- Erhöhung der Performance und Sozialkompetenz allgemein

Erfolgsfaktoren

Um den Erfolg des 360-Grad-Feedback-Prozesses zu gewährleisten, sind einige Erfolgsfaktoren zu berücksichtigen. So ist es notwendig, dass

- eine klare Definition der Ziele und der Rahmenbedingungen für die Implementierung des 360-Grad-Feedback-Systems erfolgt
- Es müssen klare und messbare Leistungsanforderungen aus den Unternehmenszielen abgeleitet werden können

- die Mitarbeiter müssen in den gesamten Prozess eingebunden werden, um die Akzeptanz des Systems im Unternehmen zu sichern und den auch persönlichen Nutzen zu erkennen
- ein rechtzeitiger und kontinuierlicher Dialog über das Vorgehen und die Ziele geführt wird
- ein vertrauliches und anonymes Feedback gewährleistet wird (Anonymisierung der Einzelbeurteilungen, vertrauliche individuelle Feedbackgespräche)
- der Erhebungs- und Feedbackprozess rasch abgewickelt wird, um Entwicklungsmassnahmen abzuleiten
- Entwicklungsprogramme implementiert und konkrete Massnahmen realisiert werden

Weitere Beurteilungsformen in Kürze

Es ist wichtig, dass eine systematische Mitarbeiterbeurteilung sich nicht lediglich in einer gross angelegten Beurteilung ein Mal pro Jahr erschöpft, sondern von unterjährigen Zwischenmassnahmen wie Mitarbeitergesprächen und Feedbackgesprächen begleitet wird. Dies ist für die Früherkennung von Problemen, zur rollenden Korrektur und Neuausrichtung und für die dem Mitarbeiter mehr Sicherheit vermittelnde Standortbestimmung von grosser Bedeutung. Einige der zahlreichen Möglichkeiten werden nachfolgend kurz vorgestellt.

Regelmässige Feedback-Gespräche

Diese sind nebst dem eigentlichen Beurteilungsinstrument ohnehin wichtige, in den Führungsalltag gehörende Aktivitäten. Ein Feedbackgespräch kann monatlich stattfinden, d.h. institutionalisiert oder spontan sein, ganzheitlich erfolgen oder nur einen Teilaspekt von Verhalten und Leistung betreffen. Es müssen zudem nicht immer Einzelgespräche, sondern es können durchaus auch Teambesprechungen sein.

Leistungsbeobachtungen und Qualitätsanalysen

Je nach Funktion, Tätigkeiten und Aufgaben sind Leistungs- und Qualitätsprotokollierungen ebenso geeignet und können ein faktischer Beleg für spätere Mitarbeiterbeurteilungen sein. Solche Leistungs- und Qualitätsprotokollierungen müssen nicht unbedingt gross angelegte Aktionen mit mehrseitigen Formularen sein, sondern können durchaus ganz pragmatisch einfach einige Notizen, Beobachtungen, Kundenzitate oder ähnliches enthalten.

Überblick zu Beurteilungsinstrumenten						
Beurteilungsinstrument	Einführen ja/nein	Häufigkeit	Priorität	In Betracht ziehen	Mitarbeitergruppen	Eigenes Kriterium
Klassische jährliche Mitarbeiterbeurteilung						
Zielvereinbarungsgespräche						
360-Grad-Beurteilung						
Feedback-Gespräche						
Projektabschlussgespräche						
Kurzbeurteilungen abgeschlossener Aufgaben						
Leistungs- und Qualitätskontrollen						
Erörterung von Personalentwicklungsmassnahmen						
Erfahrungsaustausch in Workshops oder Teams						
Coaching mit Beurteilungsperspektive						

Einführung mit Konzept und Zielsetzungen

Je nach Stand der Dinge sind hier mehr oder weniger umfassende Vorarbeiten zu leisten. Bei der Einführung einer Mitarbeiterbeurteilung darf der Zeitaufwand nicht unterschätzt werden. Der Einbezug aller Mitarbeitenden und die Mitwirkung der Geschäftsleitung sind unbedingt notwendig. Es kann hierfür eine Projektgruppe gebildet werden, welche am besten von der Personalabteilung geleitet und koordiniert wird. Die Akzeptanz aller Beteiligten ist von entscheidender Bedeutung und kann nur durch deren Einbezug, aktive Mitarbeit, permanente Information und ausnahmslose Transparenz sichergestellt werden.

Erstellung oder Aktualisierung des Merkmalkatalogs

Der Merkmalkatalog (oder je nach Beurteilungssystem die Zielvereinbarungen) ist der zentrale Bestandteil für den Befragungsbogen und ist zu unterteilen in Leistungs- und Verhaltensmerkmale. Hier ist wiederum eine Abstimmung mit Linienvorgesetzten und der Geschäftsleitung und eine klare Formulierung übergeordneter Ziele wichtig. Auch die Gewichtung der Merkmale, die Individualisierung und der gewünschte Grad der Standardisierung müssen zur Sprache kommen.

Abstimmung mit der Geschäftsleitung und Linienvorgesetzten

Ist der Katalog erstellt, sollte er von der Geschäftsleitung abgesegnet werden. Die Aufgabe der Vorgesetzten ist es, aus deren Führungspraxis wichtige Ergänzungen vorzunehmen, auf eventuelle Probleme und auf notwendige Individualisierungen hinzuweisen. Auch die Verantwortlichkeiten, Aufgaben und Kompetenzen bei der Durchführung sollten klar geplant und aufgeteilt und eine Anlaufstelle, vorzugsweise die Projektleitung, bestimmt werden.

Information der Mitarbeiter

Hier ist eine persönliche Informationsveranstaltung zu empfehlen, welche den geplanten Mitarbeiterbeurteilungen das notwendige Gewicht gibt. Ziel sollte es sein, Vorurteile und Bedenken auszuräumen und sich der konstruktiven Mitarbeit aller sicher zu sein.

Eine abschliessende Frage- und Antwortrunde soll die letzten Zweifel beseitigen. Konkrete Massnahmen und Resultate aus dem letzten Jahr verhelfen zu zusätzlicher Glaubwürdigkeit. Mögliche Themen einer solchen Veranstaltung sind auch auf dem nachfolgenden Arbeitsblatt ersichtlich, das zugleich als Planungshilfsmittel verwendet werden kann:

- Gründe für die Mitarbeiterbeurteilungen
- Die Bedeutung für die Geschäftsleitung
- Die Zielsetzungen
- Die Vorgehensweise und der Ablauf
- Die "Spielregeln"
- Beteiligte Personen und Anlaufstellen
- Die Termine und Etappen
- Der Nutzen für die Mitarbeiter
- Information und Schlussveranstaltung

Es kann von Nutzen sein, Rückblendungen der Mitarbeiterbeurteilungen vom letzten Jahr vorzunehmen und auf die konkreten und positiven Veränderungen und Massnahmen hinzuweisen. Dies motiviert zusätzlich und erhöht die Glaubwürdigkeit nicht anhand von schönen Absichtserklärungen, sondern effektiv getroffenen Massnahmen und Verbesserungen. Dies können sein:

- Beispiele getroffener Schulungsmassnahmen und daraus resultierender Verbesserungen
- Beförderungen und/oder Versetzungen in Schlüsselpositionen
- Neue Herausforderungen und Aufgaben im angestammten Job
- Interessante Fachausbildungen und Schulungen
- Entdeckung neuer Stärken und Talente und deren Nutzung im Interesse des Mitarbeiters und Unternehmens
- Generelle Neuerungen und Verbesserungen anhand von Kritiken und Anregungen aus Mitarbeiterbeurteilungen

Gut organisierte und allen bekannte Informationen und Informationsquellen sind für eine erfolgreiche Durchführung einer Mitarbeiterbeurteilung von grosser Bedeutung. Nur bei genauen und verständlichen Informationen, jederzeit erbrachten Hilfestellungen und umfassenden Hintergrundinformationen kann man sich der aktiven Teilnahme der Mitarbeiter und der notwendigen Qualität der Resultate sicher sein. Dabei sollte man sich aller vorhandenen Medien und Informationsinstrumente – vom E-Mail über schriftliche Instruktionen bis zum persönlichen Einzelgespräch – bedienen. Als konkrete Massnahmen empfehlen sich:

- Eröffnungs- und Abschluss-Veranstaltungen für alle Mitarbeiter
- Schriftliche Zusammenfassung Vorgehen und "Spielregeln"

- Persönliche Einzel-, Team-, Vor- und Nachgespräche
- Genaue Instruktionen auf dem Beurteilungsbogen
- Während der Beurteilungsphase jederzeit zugängliche Anlaufstelle
- Questions & Answers im Intranet oder Informationen per E-Mail
- Zwischen- und Abschlussbericht in der Hauszeitung
- Einladung an alle Teilnehmenden mit Terminfahrplan

Anschliessend an die Informationsveranstaltung erfolgt am besten eine schriftliche Einladung, bei der insbesondere die Termine, die Ziele, die zu erledigenden Aufgaben und die wichtigsten Instruktionen nochmals zusammengefasst werden.

Eigenbeurteilungen

Sind Eigenbeurteilungen im Konzept enthalten, sollten die Erklärungen und Hilfestellungen besonders genau und gut organisiert sein. Eigenbeurteilungen sollten nur in einem kurzen zeitlichen Abstand zur Beurteilung durch den Vorgesetzten erfolgen. Dafür sollte genügend, aber nicht zu viel Zeit gegeben werden. Die Gründe sollten klar aufgezeigt werden (Fairness, Einbezug, Objektivität) und dann aber in der Vorgesetztenbeurteilung auch einfliessen und eine Beurteilungsänderung möglich machen.

Eigentliche Mitarbeiterbeurteilungen

Hier geht es um die Beurteilung des Mitarbeiters durch den Vorgesetzten. Je gründlicher, häufiger und systematischer

- Stellenbeschreibungen
- Zwischenzeugnisse
- Anforderungsprofile
- Memos und Notizen aus Mitarbeitergesprächen
- Memos und Notizen aus generellen Beobachtungen
- Initiativen, Vorschläge und Neuerungen
- Resultate von Leistungsmessungen und -kontrollen
- Kommentare von Kunden, Lieferanten und Mitarbeitenden
- Resultate aus vorangegangenen Beurteilungen

während des Jahres gemacht werden, desto objektiver, fundierter, ganzheitlicher und ergiebiger fällt die Beurteilung aus. Wichtig ist dabei, sich nicht zu sehr auf einzelne Vorfälle oder zu enge Zeiträume zu konzentrieren und auch Meinungen und Beobachtungen anderer einzuholen.

Persönliche Gespräche mit einzelnen Mitarbeitern

Diese sollten nach einem genauen Zeitplan und natürlich völlig ungestört stattfinden. Wichtig sind ein strukturierter Ablauf und genauer Zeitplan und eine auf Respekt basierende Atmosphäre, die unbedingte Dialogbereitschaft und eine beidseitig gute Vorbereitung. Belege und Arbeitsproben können unter Umständen zur Objektivität beitragen und gewisse Beurteilungspunkte verständlicher und besser nachvollziehbar machen.

Auswertungen und Analysen

Diese sind sowohl in skalierter wie auch in verbaler Form vorzunehmen. Als Hilfsmittel können einfache tabellarische Übersichten, Excel-Vorlagen oder eigens dafür vorgesehene spezialisierte Softwareprogramme dienen. Das Ziel einer Analyse und Auswertung ist eine objektive Beurteilungsgrundlage für gezielte Personalentwicklungs-Massnahmen.

Erstellung des Massnahmenplans

Die Erstellung des Massnahmenplans erfolgt im Idealfall aufgrund der eigentlichen Mitarbeiterbeurteilung, des persönlichen Gesprächs mit diesem nach der Beurteilung und mit seinem Vorgesetzten, nach einer gründlichen Analyse und Auswertung und auf die Bedürfnisse des Unternehmens und Mitarbeiters ausgerichtet. Es geht dabei darum, für die Zielerreichungen Hilfestellung zu leisten, Defizite und Schwächen zu reduzieren und zu beseitigen und die Leistungsfähigkeit des Mitarbeiters insgesamt zu verbessern und weiterzuentwickeln. Im Allgemeinen dürfte es sich dabei um Schulungs- und Weiterbildungsmassnahmen im Rahmen der Personalentwicklung handeln.

Solche Bildungsmassnahmen können am oder ausserhalb des Arbeitsplatzes stattfinden. Die Frage, ob eine Weiterbildung am (*Training-on-the-job*) oder ausserhalb des Arbeitsplatzes (*Training-off-the-job*) vorgenommen wird, ist eine Grundsatzentscheidung. In der Praxis wird die Bildung am Arbeitsplatz gewöhnlich bevorzugt, da die Verknüpfung von praktischen und "live" anfallenden Tätigkeiten mit dem Training und dem Praxistransfer einhergeht und damit die Lernmotivation stark fördert. Geht es aber um die Vermittlung grosser Mengen neuen Wissens oder werden grundsätzliche Verhaltensweisen trainiert, hat die Bildung ausserhalb des Arbeitsplatzes klare Vorzüge.

Fragen zur Eruierung der Weiterbildungsbedürfnisse	
Welches sind Ihre drei wichtigsten persönlichen Ziele?	
Welches sind Ihre drei wichtigsten beruflichen Ziele?	
Was hält Sie am meisten davon ab, diese zu erreichen?	
Was würde Sie am meisten unterstützen, diese Ziele zu erreichen?	
Was machen Sie bei Ihrer Arbeit besonders gern?	
Welchen Stellenwert hat Ihr Beruf in Ihrem Leben?	
Wie wichtig ist Ihnen die berufliche Weiterentwicklung?	
Wie würde Ihr Traumjob bei uns genau aussehen?	
Welches sind Ihre drei besonderen Stärken?	
Welches sind Ihre drei besonderen Schwächen?	
Bei welchen Aufgaben können Sie Ihre Talente bei uns einsetzen?	
Was fehlt Ihnen bei Ihrem Job, um noch besser zu sein?	
Wo sehen Sie sich bei uns in einem Jahr?	
Wo sehen Sie sich bei uns in drei und in fünf Jahren?	
Welche Funktion finden Sie bei uns die erstrebenswerteste?	
Weshalb ist es gerade diese, was macht sie für Sie so interessant?	
Lernen Sie lieber allein oder in der Gruppe?	
Welches war das Seminar, das Sie am interessantesten fanden?	
Warum war dies so – in Bezug auf Lernmethoden, Trainer und Inhalte?	
Mögen Sie das Lernen mittels Internet und Computer?	
Welches sind Ihre bevorzugten Lerninstrumente und –methoden?	
Welches ist Ihre Traumausbildung - und weshalb ist es diese?	
Reizt Sie eine Führungsaufgabe, und wenn ja, weshalb?	
Welche Persönlichkeitsmerkmale finden Sie für Ihren Job wichtig?	

Besprechung mit Linienvorgesetzten

Je nach Betriebsgrösse und Organisation können Einzel- oder Ressortbesprechungen stattfinden. Es geht darum, die für die einzelnen Abteilungen zentral wichtigen Erkenntnisse – zur Hauptsache die Kernstärken und Hauptdefizite in Bezug auf die Abteilungs- und Unternehmensziele – zu erörtern. Weitere Themen sind der Massnahmenplan und die Vorbereitung des Abschlussberichtes an die Geschäftsleitung. Teilweise können auch Themen der nachfolgenden Übersicht behandelt werden. Es ist klar, dass bei solchen Besprechungen auch Massnahmen mit weitergehenden Konsequenzen zur Sprache kommen wie

- Versetzungen in Abteilungen oder Niederlassungen
- Geeignetere oder gar gewünschte neue Aufgaben
- Funktionswechsel
- Kündigungen
- Verwarnungen
- Beförderungen
- Job Enrichments
- Job Enlargements
- Projektgruppenbildungen bzw. Entscheidungen zur personellen Zusammensetzung
- Taskforce-Aufnahmeentscheidungen
- Kadernachwuchs-Vorentscheidungen
- Aufnahme in Förderprogramme
- Vorentscheidungen von Nachfolgefragen
- Änderungen in oder Neubesetzung von Schlüsselpositionen

Die Phasen einer Mitarbeiterbeurteilungs-Durchführung	
Einführung	Bei Einführung Erstellung eines Konzeptes mit den Zielsetzungen inkl. Einbettung in das Gesamt-HR-Konzept des Unternehmens.
Merkmalkatalog Zielvereinbarungen	Erstellung oder Aktualisierung des Merkmalskatalogs nach aktuellen Kompetenzanforderungen bzw. Formulierung der Unternehmensziele.
Abstimmung mit GL	Sämtliche Massnahmen mit der Geschäftsleitung, Personalabteilung und dem Linienvorgesetzten abstimmen.
Information der Mitarbeiter	Ablauf, Ziele, Ansprechpartner, Neuerungen, Pflichten, Einbezug der Mitarbeiter.
Einladung	an alle Teilnehmenden mit Terminfahrplan, Zuständigkeiten und Aufgaben.
Eigenbeurteilungen	Wenn vorgesehen, instruieren und aushändigen und Implementierung erklären.
Eigentliche Mitarbeiterbeurteilungen	Persönliche Gespräche mit einzelnen Mitarbeitern als Kernaktivität mit Vorbereitung, Beurteilungsgespräch und Massnahmengespräch.
Auswertungen und Analysen	Leistung und Verhalten, grafisch, verbal und mit numerischen Bewertungen auswerten.
Erstellung des Massnahmenplans	Massnahmen gemeinsam mit Mitarbeiter besprechen und begründen und schriftlich mit Terminen und Aufgaben festhalten.
Besprechung mit Linienvorgesetzten	Personalabteilung und/oder Geschäftsleitung ziehen Bilanz und informieren über Eindrücke, Ablauf und mehr.
Bericht an die Geschäftsleitung	Zusammenfassung des obigen Schrittes mit wichtigsten Aussagen und Auswertungen vor allem auch betr. Kompetenzenstand der Belegschaft insgesamt.
Verbesserungskatalog	Personalabteilung und Kaderleute erstellen Verbesserungskatalog für nächste MA-Beurteilung.
Abschlussveranstaltung	Information an alle Mitarbeitenden mit Massnahmen-Vorstellung.

Ablauf und Zuständigkeiten bei Mitarbeiterbeurteilungen	Alle Beteiligten	Linienvorgesetzte	Personalabteilung	Geschäftsleitung
Einführung mit Konzept und Zielsetzungen	X	X	X	X
Erstellung oder Aktualisierung des Merkmalkatalogs		X	X	
Abstimmung mit der Geschäftsleitung/Linienvorgesetzten			X	X
Information der Mitarbeiter	X			
Eigenbeurteilungen durch Mitarbeiter	X			
Eigentliche Mitarbeiterbeurteilungen		X		
Persönliche Gespräche mit einzelnen Mitarbeitern zur schriftlich vorliegenden Beurteilung		X		
Auswertungen und Analysen		X	X	
Erstellung des Massnahmenplans		X	X	
Bericht an die Geschäftsleitung		X	X	
Besprechung der Resultate und Erkenntnisse mit Linienvorgesetzten		X	X	
Verbesserungskatalog für nächste MA-Beurteilung			X	
Information an alle Mitarbeitenden mit Massnahmen	X			
Kommentare und Begründungen				

Das Beurteilungsgespräch

Das Beurteilungsgespräch soll den Mitarbeiter konkret informieren, wie der Vorgesetzte den Mitarbeiter fachlich, persönlich und leistungsmässig beurteilt und welche Stärken und Schwächen vorhanden sind. Bei einem Beurteilungsgespräch wird auch dem Mitarbeiter die Möglichkeit gegeben, sich über den Vorgesetzten (Aufwärtsqualifikation), das Unternehmen und seine Aufgaben zu äussern.

Es gehört zu den Aufgaben eines Beurteilungsgespräches, auch heikle und persönliche Probleme anzugehen und das Vertrauensverhältnis zum Thema zu machen. Nach dem Beurteilungsgespräch sollte der Vorgesetze das Gespräch nochmals zusammenfassen und dabei vom Mitarbeiter Feedback einholen, ob die zentralen Punkte korrekt verstanden und interpretiert wurden. Beurteilungsgespräche können auch Zielvereinbarungen enthalten oder Weiterbildungs- und Fördermassnahmen bewirken. Auf jeden Fall empfehlenswert sind Protokolle oder Massnahmen-Kataloge, damit Beurteilungsgespräche auch einen verpflichtenderen Charakter bekommen.

Aufgaben eines Beurteilungsgespräches

Ein ganzheitlich geführtes Beurteilungsgespräch geht über die eigentliche Beurteilung hinaus und umfasst weitere, im Interesse einer effizienten und zielgerichteten Zusammenarbeit wichtigen Aspekte. Es sind dies:

Standortbestimmung

Hier werden wichtige Punkte der Zusammenarbeit und der Stand der Dinge generell besprochen. Es geht auch um die Beseitigung oder Klärung abweichender Meinungen und eventueller Probleme, welche die eigentliche Beurteilung direkt oder indirekt beeinflussen könnten, wie etwa Beziehungsprobleme oder unterschiedliche Prioritäten der Leistungsbewertung während des Jahres.

Bestätigung und Anerkennung

Äusserst wichtig ist in einem konstruktiven Gespräch die Bestätigung erreichter Ziele und guter Leistungen, ehrlich und konkret ausgesprochene Anerkennung und aufrichtiges Lob auch im alltäglichen Verhalten. Dies schafft nicht nur eine positive Grundlage und erhöht die Kritikbereitschaft, sondern zeugt von einem auf Respekt basierenden Menschenbild.

Kritik und Beziehungsverbesserung

Unausgesprochene Probleme auf der Beziehungsebene dürfen auf keinen Fall ausgeklammert werden. Sie belasten ansonsten das Beurteilungsgespräch, behindern die Objektivität und schmälern die Vertrauensbasis. Ein solches klärendes Gespräch kann sogar separat stattfinden und durchaus nicht nur Gegenstand von Problemen, sondern auch Verbesserungsmöglichkeiten und Ideen neuer Zusammenarbeitsformen sein.

Klärung von Unklarheiten

Unklare Vorstellungen, Erwartungshaltungen, Beurteilungsziele, Motive, Ziele und so weiter verunsichern gegenseitig und können Beurteilungen sogar verfälschen. Das offene Ansprechen von Unklarheiten auf der Leistungs-, Verhaltens- und Beziehungsebene sind vom Beurteiler und Beurteilten aus daher besonders wichtig.

Vereinbarungen gezielter Förderung

Obwohl an anderer Stelle bereits erwähnt, hier nochmals: Die gezielte, auf Defiziten und Stärken beruhende und systematische, auf die Bedürfnisse von Mitarbeiter, Vorgesetzten und Unternehmen eingehende Planung von Personalentwicklungsmassnahmen ist eines der Hauptziele der Mitarbeiterbeurteilung.

Der nachfolgende ABC-Ablauf zeigt eine einfache, aber praxisbewährte Struktur, um einen roten Faden zu haben und sich jederzeit auf die wirklich wichtigen Aspekte zu konzentrieren, um sich nicht in Details zu verlieren.

Kommunikationsregeln der Leistungsbeurteilung

Soll-Ist-Abweichung klar kommunizieren

Beispiele, messbare Fakten, konkrete Vorfälle und dergleichen sollten klar kommuniziert werden, und zwar zum Beispiel im Fehlverhalten und im gewünschten Verhalten oder in einer mangelnden Leistung und wie sich diese bemerkbar macht und in der klaren Erwartung einer genügenden Leistung. Dabei kann es sich z.B. auch um quantitative und qualitative Zielsetzungen von Projekten oder Teilaufgaben handeln.

Beschreiben statt bewerten

Damit Sie den Mitarbeiter erreichen, müssen Sie sein Verhalten oder konkrete Leistungen ebenso wie deren Auswirkungen möglichst genau beschreiben. Je präziser und detaillierter Ihre Beschreibung ist, desto weniger ist der Partner auf Spekulationen angewiesen, und desto klarer wird sein Bild von dem fraglichen Verhalten und seinen Folgen.

Stellenwert und die Bedeutung der Leistung unterstreichen

Die Bedeutung einer Leistung – für den Mitarbeiter selber, das Team, die Abteilung und das Unternehmen – muss einem Mitarbeiter absolut klar sein und er muss die Zusammenhänge erkennen. Denn damit kann das Verantwortungsbewusstsein und die Tragweite von Fehlern und deren Konsequenzen erhöht werden und die Bedeutung der eigenen Tätigkeit wird auf motivierende Art gesteigert.

Standortbestimmung oder Beurteilung

Zu einer fairen Beurteilung zählt, dass der Mitarbeiter vorab die Kriterien genau kennt, nach denen er beurteilt wird, da er die Möglichkeit haben muss, sein Handeln auf diese Kriterien auszurichten. Dies kann er nur dann, wenn ihm die Kriterien schon zu Beginn des Beurteilungszeitraums bekannt sind und ihm diese auch im Leistungs- und Verhaltenszusammenhang absolut klar und deren Relevanz für ihn nachvollziehbar sind.

Konkrete Kritik anhand von Beispielen

Bei Kritikgesprächen tragen Fakten, Arbeitsbeispiele, konkrete Vorfälle oder Verhaltensweisen, wenn möglich messbare Unterlagen oder Auswirkungen auf Personen und Unternehmen zur Sachlichkeit und Konkretisierung bei. Entschärfen Sie Konflikt- oder Kritikgespräche mit folgender Einleitung: *"Ich habe gestern vom Vorfall XY erfahren – dies hat mich sehr beschäftigt. Zuerst aber möchte ich dazu Ihre Meinung und Ihre Sicht der Dinge erfahren, damit ich ein faires und objektives Urteil fällen kann."*.

Gesprächsabschluss: Messbare und konkrete Vereinbarungen

Beenden Sie ein Beurteilungsgespräch immer mit konkreten Zielen, Massnahmen-Vereinbarungen, Terminen und bieten Sie konkrete Hilfestellungen an. *"Wir müssen diese Leistungsdefizite gemeinsam beseitigen – ich möchte Ihnen dabei auch helfen. Wo oder wie könnte ich Sie dabei am besten unterstützen?"*. Es kann bei der konkreten Besprechung und Entscheidung von Massnahmen vorteilhaft sein, direkte Vorgesetzte, Personalfachleute, Abteilungskollegen, Moderatoren usw. miteinzubeziehen oder dies in der Schlussphase bei der Massnahmenabklärung zu tun.

Nicht den Menschen, sondern die Leistung beurteilen

Eine wichtige Grundregel für die Beurteilung lautet, dass nicht der Mensch beurteilt wird, sondern immer nur seine Leistung und sein Verhalten. Eine Beurteilung des Menschen steht weder dem Vorgesetzten noch dem Unternehmen zu. Die Beurteilung hat sich auf die

Aspekte zu beschränken, für die ein Mitarbeiter eingestellt ist und entlöhnt wird.

Die Kritik muss den Glauben an die Verbesserung enthalten

Wenn dies gelingt, sind die Akzeptanz einer Kritik und die Chancen einer Leistungsverbesserung um vieles höher, da der damit zum Ausdruck kommende Glaube an die Fähigkeiten des Mitarbeiters und seine Bereitschaft zur Leistungsverbesserung auch den Ehrgeiz anspricht. Ist also beispielsweise die Termineinhaltung ein häufiges Problem, so ist die Aussage "*Sie müssen sich bewusst sein, dass Ihre Terminverspätungen in der Spedition oft zu Stress führen. Da Sie aber auf Ihrem Gebiet ein routinierter Experte sind und ja auch die neue Software hervorragend beherrschen, sollten Sie diese Schwäche eigentlich problemlos beheben können*".

Was ist veränderbar und was nicht

Dies ist eine zentrale Überlegung, die wesentlich zu konstruktiven Beurteilungsgesprächen beiträgt. Nicht veränderbare Mängel können wegen fehlender Ausbildung bestehen (ohne Buchhaltungsgrundlagen kann eine Sekretärin sich auch in einfachen Buchungen nicht verbessern) oder durch stark ausgeprägte Persönlichkeitseigenschaften (ein eher chaotischer, sich auf das "big picture" orientierender Mitarbeiter kann sehr kreativ sein, aber wesentlich mehr Mühe haben, Detailfehler in Statistiken festzustellen).

Wichtige Verhaltensregeln für Kritikgespräche auf einen Blick	
Vorzüge mit Mängeln kombinieren	Der Einstieg in ein kritisches Feedback sollte zunächst die Vorzüge des Mitarbeiters benennen, bevor man mit dem "negativen Feedback", bzw. dem Kritikgegenstand beginnt. Wichtig dabei ist, dass Sie möglichst die Mängel mit Vorzügen kombinieren, die aber nicht aufgesetzt, sondern in einem glaubwürdigen logischen Zusammenhang mit der Kritik stehen müssen.
Keine Spekulationen und Unterstellungen	Objektivität, verschiedene Stanpunkte, Sichtweisen des Mitarbeiters, Klarheit, wer dies weshalb wie genau sieht oder gar nur interpretiert, sind für eine konstruktive Gesprächsbasis wichtig.
Wertfreie Schilderung der Situation	Beim kritischen Feedback sollten Sie verdeutlichen, dass Sie nicht den Mitarbeiter als Person, sondern sein Verhalten als Problem verstehen. Konzentrieren Sie sich bei der Schilderung des problemverursachenden Verhaltens deshalb lediglich auf die sachliche Schilderung der Situation.
Lösung vom Mitarbeiter erarbeiten lassen	Erarbeiten Sie gemeinsam mit Ihrem Mitarbeiter, welches Verhalten ideal ist und in welchem Ausmass er diesem Ideal schon entspricht. Fordern Sie dabei Ihren Mitarbeiter auf, eigene Lösungen zu nennen. Diese haben eine wesentlich grössere Chance, dass sie später vom Mitarbeiter akzeptiert und umgesetzt werden.
Erwartungen und Ziele nennen	Kommunizieren Sie im Gespräch mit Ihrem Mitarbeiter deutlich Ihre Ziele und Erwartungen aus dem Blickwinkel aller Beteiligten (Unternehmen, Abteilung, Vorgesetzter, betroffener Mitarbeiter). Ihm muss klar sein, welche Erwartungen Sie an ihn haben und wie das korrigierte Verhalten der Zukunft sein soll. Wesentlich ist hierbei auch das Verständnis für die positiven Auswirkungen für den Mitarbeiter, welche die Zielerreichung bzw. die Verhaltensänderungen mit sich bringen.
Positiver Gesprächsabschluss	Wenn Ziel und Termin zum kritischen Feedback festgelegt sind, sollten Sie das Gespräch zügig beenden. Wichtig ist, dass Sie jetzt nichts von der Kritik zurücknehmen und dennoch mit einem "Lichtblick" das Gespräch abschliessen. Wichtig ist hierbei, glaubwürdig zu signalisieren, dass Sie an die Fähigkeiten des Mitarbeiters zur Lösung des Problems glauben und in ihn Vertrauen haben.

Objektivitätsminderungen bei der Beurteilung

Eine möglichst grosse Objektivität und unvoreingenommene Haltung gegenüber dem Mitarbeiter bei der Leistungsbeurteilung ist von grösster Bedeutung. Das beste System versagt, wenn Vorurteile und Emotionen die Objektivität einschränken und eine Beurteilung gar verfälschen. Es gibt aber teilweise unbewusste und psychologisch begründete Verhaltensweisen, welche die Objektivität trüben oder gar gefährden. Einige besonders häufige finden Sie nachfolgend:

Wahrnehmungsfehler

Menschliche Wahrnehmung erfolgt immer selektiv, nimmt nur einen Ausschnitt der Realität wahr und geht durch einen oft verfälschenden und wenig objektiven Filter. Vorurteile, Sympathien, eigene Wertvorstellungen, Generation, Alter, moralische oder charakterliche Gemeinsamkeiten, Geschlecht und so fort sind Faktoren, welche die Wahrnehmung beeinflussen und eine negative Wirkung auf die Objektivität haben können. Ausschliessen kann man diese nie ganz, aber allein schon deren Bewusstsein und kritische Auseinandersetzung mit möglichen Filtern wirkt einer unfairen, unsachlichen Beurteilung entgegen.

Tendenz zur Mitte

Sind Personen in einer schriftlichen Beurteilung unsicher oder verstehen den Sachverhalt nicht, neigen sie zur Mitte oder zu einer "Standardnote". "Dort kann ich am wenigsten falsch machen!", ist in etwa die Überlegung und Beruhigung des schlechten Gewissens. Dieser Effekt zeigt sich auch in vielen wissenschaftlichen Untersuchungen bei Einstellungsbefragungen: Je unsicherer die Einschätzungen des Befragten - um so grösser die Tendenz zur Mitte. Die mittlere Note erhält so zwei Bedeutungen. Zum einen, dieses Leistungsmerkmal hat eine mittlere Ausprägung, zum anderen "Ich als Beurteiler bin mir nicht ganz sicher in meiner Einschätzung".

Der erste Eindruck

Der Mensch trifft in der Regel innerhalb weniger Sekunden eine Einschätzung über Sympathie oder Antipathie des Gegenübers. Personen, die uns sympathischer sind, treten wir wohlgesinnter entgegen, wobei in der Regel diese Freundlichkeit dann auch erwidert wird. So kann der erste Eindruck schnell zu einer "sich selbst erfüllenden Prophezeiung" werden. Personen mit "ähnlichen Merkmalen" (z.B. gleicher Dialekt oder gleiche Weltanschauung) erhalten einen Sympathiebonus.

Selbstbezug

Eine Führungskraft, die sich selbst sehr um ein genaues Arbeiten bemüht und zum Perfektionismus neigt, wird aller Voraussicht nach auch an Mitarbeiter bei einer Beurteilung einen engen auf diesen Bereich fokussierten Massstab anlegen. Ein Beispiel: Die eigene Einschätzung "Ich bin effizient und produktiv" kann schnell zu der Einstellung führen: "Effizienter und produktiver als ich kann keiner sein", d.h. die beste Note steht nur der Führungskraft zu.

Der Halo-Effekt

Ein besonderes Merkmal und oft auch eine besondere Fähigkeit überstrahlt alle anderen. Zum Beispiel die Kleidung, das selbstsichere Auftreten oder die Wortgewandtheit beeindrucken einen Beurteiler so stark und übermässig, dass er zu einer differenzierten Beurteilung einzelner Leistungsaspekte nicht mehr oder nur beschränkt in der Lage ist.

Im Rahmen der Personalbeurteilung kann dieses auch eine Einzelleistung sein, die derartig herausragt, dass sie bei der Einschätzung der Gesamtleistung die Objektivität verfälschen kann. Besonders Einzelleistungen, die sich innerhalb eines Betriebes weit herumgesprochen haben, überblenden die Gesamtleistung.

Stimmungseffekt

Persönliche Stimmungslagen beeinflussen die Beurteilung. Gut gelaunte Menschen erinnern sich vor allem an positive Leistungssituationen aus der Vergangenheit, wie die Ergebnisse von Gedächtnisexperimenten bestätigen. Bei guter Stimmung neigt der Mensch dazu, alles "durch die rosarote Brille zu betrachten". Er nimmt die Welt – und dies kann eben auch eine Mitarbeiterbeurteilung sein – so wahr, dass seine gute Laune erhalten bleibt.

Konkurrenzängste

Bei besonders fähigen und talentierten Mitarbeitern können Konkurrenzängste zu besonders strengen oder gar verfälschten Bewertungen und Meinungen führen, was übrigens ohne weiteres auch unbewusst ablaufen kann. In solchen Situationen ist ein permanentes kritisches Hinterfragen eine Hilfe.

Bezugspersoneneffekt

Hier tendiert man dazu, sich an den Meinungen und Ansichten anderer zu orientieren und deren Beurteilungen, namentlich von nächst höheren Vorgesetzten oder "Star-Mitarbeitern", zu übernehmen. Es braucht Courage, um allenfalls im Extremfall gegenteilige Meinungen zu vertreten und eigenständige Beurteilungen und ein gutes Urteilsvermögen mit Vertrauen in die Richtigkeit der eigenen Meinung.

Kontakteffekt

Je häufiger man jemanden trifft und je intensiver der Kontakt ist, desto positiver, unsachlicher und weiter von der effektiven Leistung entfernt wird beurteilt. Dies wurde in psychologischen Experimentreihen nachgewiesen.

Der Beurteilungsbogen

Ein strukturierter, sog. gebundener Beurteilungsbogen hat die Vorteile der Konzentration auf wenige relevante Bereiche und ermöglicht die objektive Vergleichbarkeit, z.B. bei der Evaluation von Massnahmen. Auch statistische Werte und unternehmensspezifische Datenaufbereitungen sind dadurch möglich und können wertvolle Unterlagen für Anforderungsprofile und Potentialbeurteilungen auf anderen organisatorischen Ebenen sein.

Je nach Handhabung wird ein solcher Bogen vom Vorgesetzten allein ausgefüllt oder mit dem Beurteilten zusammen. Eine vorgängige Eigenbeurteilung des Mitarbeitenden und anschliessende Besprechung mit der Sichtweise des Vorgesetzten ist eine weitere Möglichkeit.

Die nachfolgenden Beurteilungsbögen sind für die Praxis einsetzbar. Der erstere eignet sich für eine PE-spezifische Nutzung, während die weiteren eine mehr leistungsorientierte Ausrichtung aufweisen.

Beachten Sie, dass die einzelnen Bögen teilweise Auszüge sind und diese mit weiteren Beurteilungsmerkmalen aus dem Buch oder aus Ihrer eigenen Unternehmenspraxis auf der CD-ROM angepasst oder erweitert werden können.

Beurteilungsbogen mit Beurteilungsbausteinen

Die folgenden Vorlagen geben Anregungen zum Aufbau, zu Bewertungsstufen und Definitionen von Leistungsmerkmalen.

Muster eines Mitarbeiterbeurteilungsbogens	
Personalien	
Datum:	Stellenbezeichnung:
Name MitarbeiterIn:	
Abteilung:	Eintrittsdatum:
Vorgesetzter:	
Telefon intern:	E-Mail:
Beurteilungsanlass und Name Beurteiler:	
Alter und Dauer Betriebszugehörigkeit:	
Eintrittsdatum und Funktion und Stellung bei Eintritt:	
Grundausbildung und evtl. Fachausbildung:	
Funktion und Stellung:	
Kommentar und Bemerkungen:	

Beurteilungsmassstab		
A	*sehr gut*	in Qualität, Leistung und Engagement weit über dem Durchschnitt
B	*gut*	in Leistung und Qualität
C	*zufriedenstellend*	entspricht den Anforderungen
D	*ungenügend*	in zu vielen wichtigen Punkten deutlich unter den Erwartungen

Aufgaben gemäss Stellenbeschreibung
Hauptaufgaben
Nebenaufgaben
Eventuelle Verantwortung und Kompetenzen

Qualitative Leistung

Leistungsmerkmal	***Resultatqualität***
Umschreibung	Entspricht die Arbeitsleistung den Abteilungs- und Unternehmenszielen und den spezifischen Anforderungen der Auftragssituation und des Vorgesetzten?
Beurteilungskriterien	Arbeitsproben, Kundenurteile, Protokolle, Reports von Qualitätsstichproben
Zielkontext	Ausschussquote unter 5%, Funktionsgarantie im ersten Gebrauchsjahr, führend in Materialbeschaffenheit
Stellenwert	❑ sehr hoch ❑ hoch ❑ mittel ❑ gering
Skalierung	❍ hervorragend ❍ gut ❍ genügend/zufriedenstellend ❍ verbesserungsbedürftig ❍ unbrauchbar
Verbale Beurteilung	

Leistungsmerkmal	***Produktivität***
Umschreibung	Entspricht die Produktivität den Termin- und Wirtschaftlichkeitsanforderungen?
Beurteilungskriterien	Berichte, Rapporte, IT-Auswertungen
Zielkontext	Siehe Beilage
Stellenwert	❑ sehr hoch ❑ hoch ❑ mittel ❑ gering
Skalierung	❍ hervorragend ❍ gut ❍ genügend/zufriedenstellend ❍ verbesserungsbedürftig ❍ unbrauchbar
Verbale Beurteilung	

Leistungsmerkmal	***Serviceorientierung***
Umschreibung	Wird das Interesse des Kunden bezüglich Individualität, Qualität und Schnelligkeit nach Serviceleistungen berücksichtigt?
Beurteilungskriterien	Kundenurteile, Protokolle.
Zielkontext	Verbesserung der Servicequalität, kürzere Wartezeiten und eine genauere Qualitätskontrolle
Stellenwert	❑ sehr hoch ❑ hoch ❑ mittel ❑ gering
Skalierung	❍ hervorragend ❍ gut ❍ genügend/zufriedenstellend ❍ verbesserungsbedürftig ❍ unbrauchbar
Verbale Beurteilung	

Leistungsmerkmal	***Schriftliches Ausdruckvermögen***
Umschreibung	Sind die Beiträge und Konzepte sprachlich, substantiell, und qualitativ gesehen zielgruppengerecht?
Beurteilungskriterien	Arbeitsproben, Feedback
Zielkontext	Redaktionelle Richtlinien
Stellenwert	❑ sehr hoch ❑ hoch ❑ mittel ❑ gering
Skalierung	❍ hervorragend ❍ gut ❍ genügend/zufriedenstellend ❍ verbesserungsbedürftig ❍ unbrauchbar
Verbale Beurteilung	

Leistungsmerkmal	***Verarbeitungsqualität***
Umschreibung	Entspricht das Produkt den von der Qualitätskontrolle vorgegebenen Mess- und Zielwerten?
Beurteilungskriterien	Reports, Qualitätsproben
Zielkontext	Gemäss neuen Anforderungen an die generelle Produktqualität bes. gegenüber Konkurrenzschwächen
Stellenwert	❑ sehr hoch ❑ hoch ❑ mittel ❑ gering
Skalierung	❍ hervorragend ❍ gut ❍ genügend/zufriedenstellend ❍ verbesserungsbedürftig ❍ unbrauchbar
Verbale Beurteilung	

Quantitative Leistung

Leistungsmerkmal	***Pensum***
Umschreibung	Entspricht die Herstellungsmenge den wirtschaftlich notwendigen und von der GL verabschiedeten Vorgaben
Beurteilungskriterien	Rapporte, IT-Statistiken
Zielkontext	Neue Qualitätsstandards und Branchennormen
Stellenwert	❑ sehr hoch ❑ hoch ❑ mittel ❑ gering
Skalierung	❍ hervorragend ❍ gut ❍ genügend/zufriedenstellend ❍ verbesserungsbedürftig ❍ unbrauchbar
Verbale Beurteilung	

Internes und externes Verhalten

Leistungsmerkmal	***Kundenfreundlichkeit***
Umschreibung	Entspricht die Kundenfreundlichkeit den im Leitbild verankerten Anforderungen und Erwartungen?
Beurteilungskriterien	Kundenurteile, Protokolle.
Zielkontext	Optimierung des Marktauftrittes in Kommunikation, Corporate Identity und Kundenservice
Stellenwert	❑ sehr hoch ❑ hoch ❑ mittel ❑ gering
Skalierung	❍ hervorragend ❍ gut ❍ genügend/zufriedenstellend ❍ verbesserungsbedürftig ❍ unbrauchbar
Verbale Beurteilung	

Mitarbeiterführung und Teamverhalten

Leistungsmerkmal	***Kommunikation***
Umschreibung	Kommuniziert die Führungskraft angemessen, rechtzeitig, verständlich, vollständig und motivierend?
Beurteilungskriterien	Memos, Korrespondenz, E-Mails
Zielkontext	Verbesserung der generellen Führungsqualifikationen gemäss Defiziten der Kaderbeurteilungen
Stellenwert	❑ sehr hoch ❑ hoch ❑ mittel ❑ gering
Skalierung	❍ hervorragend ❍ gut ❍ genügend/zufriedenstellend ❍ verbesserungsbedürftig ❍ unbrauchbar
Verbale Beurteilung	

Zielvereinbarungen

Zielvereinbarungen und Zielvereinbarungsgespräche haben sich als modernes und wichtiges Führungs- und Beurteilungsinstrument etabliert. Zielvereinbarungen sind bei der internen Kommunikation oft eine Orientierungshilfe und können helfen, Prioritäten zu setzen und konstante, verständliche Begründungen zu geben. Zielvereinbarungen erfordern aber nebst einem kommunikativen Umfeld und einer ausgereiften Gesprächskultur in hohem Masse eine mitarbeiterfreundliche und partnerschaftliche Führungs- und Unternehmenskultur. Fehlt diese oder ist sie nicht genügend ausgeprägt, kann dieses Instrument mehr Schaden anrichten als Vorteile bringen.

Stellenwert und Bedeutung von Zielvereinbarungen

Zielvereinbarungen und Zielvereinbarungsgespräche sind ein modernes und wichtiges Führungs- und Beurteilungsinstrument. Die Zielvereinbarung orientiert sich an quantitativ und qualitativ vereinbarten Zielen, während die merkmalsorientierte Vorgehensweise bestimmte Leistungs- und Verhaltenskriterien heranzieht. Die Zielvereinbarung bezieht Mitarbeitende aktiv in das Unternehmensgeschehen ein und beteiligt sie direkt am Zielfindungsprozess. Der Mitarbeiter bekommt so Frei- und Gestaltungsräume, um die Ziele des Unternehmens mit umzusetzen, was eine starke Motivationswirkung und Identifikation mit dem Unternehmen zur Folge hat.

Die Vorteile von Zielvereinbarungen

Das Instrument der Zielvereinbarung dient letztlich dazu, eine Ausrichtung auf den Gesamterfolg des Unternehmens auf eine verpflichtende und partnerschaftliche Art und Weise zu erreichen. Der Mitarbeiter wird über die Zielsetzung des Unternehmens informiert und gleichzeitig dazu angehalten, seinen persönlichen Beitrag zum Unternehmenserfolg zu leisten.

Im Zentrum stehen dabei die folgenden Erfolgsfaktoren:

Motivation

Zielvereinbarungen können zur Motivation und Leistungsoptimierung beitragen, da der Mitarbeiter zu Partizipation und Verantwortungsübernahme angehalten wird. Der Mitarbeiter wird in die Unternehmensprozesse integriert, seine Vorschläge werden diskutiert und seine Bedürfnisse berücksichtigt. Da er für seine Ergebnisse selbst verantwortlich ist, steigert dies die Eigenverantwortlichkeit.

Kommunikation

Der Vorgesetzte würdigt im Gespräch die persönlichen Leistungen des Mitarbeiters. Dies führt in der Regel auch zu einer verbesserten Kommunikation und Zusammenarbeit. Eine Basis für gegenseitiges Feedback wird geschaffen.

Personalplanung

Die Zielvereinbarung kann als Eckpfeiler einer qualitativen Personalplanung dienen: Die Vorgehensweise der Mitarbeiter kann sowohl bei der Zielvereinbarung als auch bei der Umsetzung der Ziele Aufschluss über die Stärken, Defizite und Lernfelder der Beteiligten geben.

Weiterentwicklung

Hinzu kommt, dass auch die soziale oder fachliche Weiterentwicklung als Zielvereinbarung formuliert wird. Dementsprechend kann z.B. die Weiterbildung des Einzelnen sowohl das Ziel selbst sein, welches verfolgt wird, als auch der Weg dahin, d.h. Weiterbildung erfolgt durch die konsequente Umsetzung der Ziele.

Ergebnisorientierung

Zielvereinbarungen zeigen eine feste, klare Richtung auf und sind nicht mehr auf Tätigkeitsteile und Aufgaben, sondern auf gemeinsam definierte Resultate und Ergebnisse ausgerichtet. Der höhere Wirkungsgrad und weniger Routineverhalten verbessern die Leistungsqualität.

Selbststeuerung

Wird regelmässig Feedback gegeben und sind die Ziele klar, ist die Selbstkontrolle und Selbststeuerung die Folge. So erhöhen Ziele den Tätigkeits- und Entscheidungsspielraum und damit auch die Verantwortungsbereitschaft und die Verantwortungsverpflichtung.

Man sollte sich einigen Nachteilen und stark ins Gewicht fallenden Erschwernissen von Zielvereinbarungen allerdings auch bewusst sein. So läuft man Gefahr, durch die Fokussierung auf gerade aktuelle Ziele eine ganzheitliche Mitarbeiterbeurteilung zu vernachlässigen. Die strikte Zielausrichtung führt des weiteren dazu, tendenziell eher nur quantitative und messbare Ziele heranzuziehen, was den Beurteilungsfokus zusätzlich schmälert und die effektive Qualitätsausrichtung reduzieren kann. Die Ansprüche an Vorgesetzte bezüglich Kommunikations- und Sozialkompetenzen sind ausserordentlich hoch und genügen daher den Anforderungen nicht immer. Die partnerschaftliche, den Mitarbeiter als Mitunternehmer sehende Grundhaltung ist wohl ein gut klingender Bestandteil vieler moderner Leitbilder, doch als ehrlicher und verinnerlichter Führungsstil ist sie in der Praxis bei weitem nicht in dem Masse anzutreffen, in dem dies für die Philosophie der Zielvereinbarung effektiv notwendig wäre. Die nachfolgende Tabelle zeigt als Einstieg den Ablauf und die Systematik von Zielvereinbarungen in einer Übersicht.

Systematik und Ablauf einer Zielvereinbarung	
Schritt	**Aktivität**
Ziele-Eruierung	Die Ziele und deren Gründe für den Mitarbeiter, die Abteilung und das Unternehmen werden eingehend besprochen und müssen verständlich, motivierend und nachvollziehbar sein.
Zielvereinbarung	Zwischen dem Vorgesetzten und dem Mitarbeiter werden drei bis maximal fünf Ziele vereinbart, die möglichst mess- und quantifizierbar sind, aber dennoch weiche Faktoren (Kreativität, Kundenfreundlichkeit, Identifikation) enthalten.
Termine zur Erfolgskontrolle	Standortbestimmungen und Zwischenkontrollen, beispielsweise pro Quartal, stellen die Zielerreichung und das frühzeitige Erkennen von Problemen sicher.
Unterstützende Massnahmen festlegen	Unterstützende Massnahmen motivieren und helfen bei der Zielerreichung. Dies können zum Beispiel fehlende Arbeitshilfsmittel, Weiterbildungsmassnahmen aber auch notwendige Freiräume und Entscheidungskompetenzen sein.
Überprüfung der Zielerreichung	Nach Ablauf eines Jahres werden die Quantität und Qualität der Zielerreichung auf Mitarbeiter, Abteilungs- und Unternehmensebene analysiert und in eigens dafür vorgesehenen Zielerreichungsgesprächen besprochen.
Defizite und deren Ursachen eruieren	Das Erkennen von Defiziten bei Nichterreichung ist natürlich von entscheidender Bedeutung.
Massnahmenplan zur Beseitigung von Defiziten	Ein Massnahmenplan mit Terminen, Kosten und Verpflichtungen garantiert die notwendigen Schritte zur Beseitigung der Defizite.

Anforderungen an Ziele

Ziele sollten spezifischen Kriterien und Anforderungen folgen, um Wirkung zu haben. Dies ist auch deshalb wichtig, weil Zielvereinbarungen eine Messgrundlage für die Mitarbeiterbeurteilung sind. Können Mitarbeiter sich an klaren Zielen orientieren, wissen sie jederzeit, woran sie gemessen werden und was man von ihnen erwartet, was wiederum eine gewisse Selbstkontrolle und Selbsteinschätzung gestattet. Damit Ziele diese Wirkung aber entfalten können, müssen sie folgende Charakteristiken aufweisen. Ziele sollten

- spezifisch, möglichst präzise, verständlich sein und umsetzbare Handlungsanweisungen enthalten
- konstruktiv und positiv formuliert werden
- messbar sein, weil nur messbare Ziele auch überprüfbar und motivierend sind
- fordernd und fördernd sein, denn je anfordernder ein Ziel ist, desto grösser die Herausforderung
- realistisch und terminlich schriftlich festgehalten werden und gebunden sein, so wird der Verpflichtungscharakter verstärkt

Quantitative Ziele sind tendenziell meistens objektive, qualitative Ziele eher subjektive, was die Messbarkeit betrifft. Ziele nur wegen ihrer einfacheren Messbarkeit vorzuziehen ist letztlich ein falscher Blickwinkel, weil nicht die Zielart und deren Objektivität, sondern die Relevanz eines Zieles als Beitrag zur Wertschöpfung und Konkurrenzfähigkeit des Unternehmens im Vordergrund stehen sollte.

Es geht vielmehr darum, qualitative Ziele sehr konkret, anschaulich und motivierend zu setzen und deren Messbarkeit und Erfolgskontrolle auf einer objektiven Ebene – zum Beispiel unter Einbezug mehrerer Personen aus verschiedenen Blickwinkeln oder der 360-Grad-Methode – sicherzustellen. Zudem lassen sich vielfach auch für qualitative Ziele zumindest teilweise quantitative, durchaus messbare Faktoren heranziehen. So kann die Kundenfeundlichkeit in einem Call Center zum Beispiel aufgrund von E-Mail- und Korrespondenz-Feedbacks von Kunden, Häufigkeit des Nachfragens nach einer bestimmten Call Center-Mitarbeiterin, mit Testkunden-Anrufen und Auswertungen aus Workshops und Videotrainings durchaus gemessen und objektiviert werden. Die nachfolgende Tabelle zeigt einige konkrete Beispiele quantitativer und qualitativer Ziele aus der betrieblichen Praxis:

Quantitative Ziele	Qualitative Ziele
Fehlerzahl	Kundenfreundlichkeit bei Reklamationen
Ausschussquote	Mitarbeitergesprächsqualität
Anzahl Kundenreklamationen	Kreativität in Problemlösungen
Abschlüsse/Umsatz/Reingewinn	Engagement bei Projektarbeiten
Anzahl eingehaltener Termine	Identifikation mit dem Unternehmen
Anteil Neukunden	Qualität der Verkaufsargumentation
Anzahl Diplomabschlüsse	Effizienz im Umgang mit dem Internet

Stellenwert von Zielvereinbarungen und Zielarten

Zielvereinbarungen nehmen im Zusammenhang mit Beurteilungssystemen in Unternehmen einen wichtigen Platz ein. Die Zielvereinbarung wird oft auch im Rahmen eines Beratungs-, Förder- oder Jahresgesprächs eingesetzt. Vorgesetzter und Mitarbeiter legen qualitative und quantitative Ziele gemeinsam fest, stellen in regelmässigen Abständen (meist einmal pro Jahr) den Zielerreichungsgrad fest und vereinbaren gemeinsam Personalentwicklungs-Massnahmen.

Die Ergebnisse dieser Feedback-Gespräche können auch Eingang in das Beurteilungssystem finden und in die Ergebnisbewertung bei Qualifikationen. Wichtig ist, dass Mitarbeiter in regelmässigen Abständen Feedback darüber erhalten, ob und wie gut sie ihre Ziele erreicht haben.

Eine mitarbeiterorientierte und moderne Personalentwicklung wird aber auch Persönlichkeitsziele einbeziehen, die im Interesse der Person des Mitarbeitenden festgelegt werden. Dies können Massnahmen im Rahmen einer Persönlichkeitsentfaltung sein oder sie können der Steigerung der Arbeits-Sinngebung dienen.

Häufige Fehler in der Praxis

Wird Zielvereinbarung nebenbei und als Folge einer Direktive realisiert, verkommt sie zu einer Alibiübung mit gravierenden Fehlern und Mängeln. Gründe für Mängel können aber auch fehlendes Verständnis und lückenhafte oder fehlende Schulung sein. Die meisten und verhängnisvollsten Fehler sind in der Unternehmenspraxis die folgenden:

Fehlende Zielrelevanz

Es werden banale Ziele formuliert, die keinen Einfluss auf den Unternehmenserfolg und die Wertschöpfung haben und in keiner Weise relevant sind. So ist mehr Sauberkeit und Ordnung in Büroräumen sicher erstrebenswert, aber niemals ein relevantes Ziel gegenüber dem, die Servicequalität für Kunden in diesen und jenen Punkte zu optimieren.

Unklare, vage Zielsetzungen

Taugliche Ziele zu formulieren, ist anspruchsvoll. Leider werden oft Ziele gesetzt, die keine Substanz, keine Handlungsaufforderung, keine Zuständigkeiten und keine Messgrössen enthalten. Auch hier ein Beispiel: *"Wir wollen die Kommunikation verbessern"*, ist äusserst vage und allgemein gehalten. Das Ziel hingegen, *"Wir wollen die Kommunikation mit unseren Kunden in den Bereichen Werbung, Service und Call Center-Kontakte klarer, kundenfreundlicher und moderner handhaben und bis Mitte Jahr unter Beizug einer spezialisierten Agentur erreicht haben"*, ist wohl einiges klarer und griffiger.

Vereinbarung als Farce

Etwas vereinbaren heisst, dies gemeinsam im Dialog und unter Einbezug des Mitarbeiters und dem Eingehen auf seine Bedürfnisse und Wünsche zu tun. Verharren Führungskräfte aber dennoch im autoritären Stil, Ziele aufzuzwingen und zu kommandieren, wird dem Zielvereinbarungssystem die Substanz und der Kern entzogen.

Fehlende Kontrolle und kein Feedback

Wird das Erreichen von Teilzielen nicht gewürdigt, finden keine Zwischengespräche mit Feedback statt oder bestehen keine Erfolgskontrollen zur Sicherstellung der Zielerreichung oder fehlen notwendige Hilfsmittel, werden Mitarbeiter verunsichert und Ziele verlieren ihre Attraktivität. Vor allem wichtig: Zielerreichungen würdigen, konkretes Lob aussprechen und Erfolge ab und zu feiern oder mit Aufmerksamkeiten anerkennen!

Risiken der Verknüpfung mit dem Gehalt

Von einer Verknüpfung von Zielvereinbarungen mit Gehaltsfragen ist abzuraten. Die Gefahr ist gross, dass Mitarbeiter im Gespräch über Ziele ihre gesamte Gesprächstaktik auf ihren finanziellen Vorteil ausrichten und beispielsweise dazu tendieren, Ziele "herunterhandeln" und Kritik nicht mehr sachlich sondern als Lohnbegründung betrachten. Sie werden ihre Ausgangssituation mit düsteren Farben malen, vorwiegend Argumente vorbringen, die die Zielerreichung erschweren und verunmöglichen und unbeeinflussbare Hindernisse ausführlich darlegen. Zudem stösst man vor allem bei Zielen auf Widerstand, die zwar persönlich reizvoll und für das Unternehmen wichtig sind, denen aber das Risiko anhaftet, vielleicht nicht erreichbar zu sein. So werden wertvolle Entwicklungschancen gefährdet.

Auch für die Führungskraft wird die Situation bei Zielvereinbarungen heikel: Auf der einen Seite würde er gern mit seinem Mitarbeiter ein Ziel entwickeln, das dieser begeistert anpackt, muss aber gleichzeitig Aspekte im Auge behalten, die mit dem Ziel und seiner Bedeutung gar nichts zu tun haben; nämlich die Lohnkurve seines Mitarbeiters und die Auswirkungen auf das Gehaltsgefüge im Unternehmen insgesamt. Es ist empfehlenswert, den Zielvereinbarungsprozess vom bereits bestehenden Vergütungssystem loszulösen und zu trennen. Zielvereinbarungsgespräche können um einige Monate versetzt zu Lohnverhandlungen geführt werden. Es sollte hervorgehoben und klar gemacht werden, dass es keinen unmittelbaren Zusammenhang gibt zwischen den vereinbarten Zielen einerseits und den Ergebnisvorgaben andererseits, die Grundlage eines Erfolgsanteils sind.

Keine Verankerung in der Unternehmensführung
Schlägt die Unternehmensführung keine klare Strategie ein oder versteht sie es nicht, Ziele und Prioritäten zu setzen und klar zu kommunizieren, wird die Zielvereinbarung geschwächt. Auch das Vorleben im Führungsstil gegenüber dem Kader ist eine Frage der Glaubwürdigkeit und Konsequenz und ebenfalls von Bedeutung.

Die Qualität der Zielfindung und Zielbestimmung

Die Zielqualität, d.h. die ganzheitlichen Anforderungen und Voraussetzungen an die Wirksamkeit von Zielen und weitere Faktoren im Umfeld ist für die Motivationswirkung äusserst wichtig. Das NLP – ein Konzept für Kommunikation und Veränderung –, bietet diesem Aspekt der Zielorientierung auf eine sehr systematische und ganzheitliche Weise Beachtung. Man spricht dabei auch von wohlgeformten Zielen oder einem "Wellformed Outcome". Es handelt sich dabei um:

- Verwirklichte und angesprochene Werte
- Gefühle und Vorstellungen bei Zielerreichung
- Bewusstmachung eventueller negativer Konsequenzen
- Die zur Zielerreichung notwendigen Fähigkeiten
- Abschluss-Check, d.h. die Gründe zum Anpacken der Ziele

Die verwirklichten und angesprochenen Werte

Im Privatbereich gibt es bestimmte Wertvorstellungen und Glaubenssätze, die einen grossen Einfluss auf das Handeln und Denken haben. Dies können Harmonie, Liebesbedürfnis, Schönheit, Spass und weitere Grundwerte sein. Bei der Leistungserbringung in der Berufs- und Arbeitswelt gibt es diese Werte oder Handlungsmotivatoren ebenfalls. Es können zum Beispiel Prestige, Erfolg, Anerkennung, Persönlichkeitsentwicklung, Kreativität sein. Bei Zielsetzungen ist es daher wichtig, die Werte eines Mitarbeiters zu kennen, ihn darauf anzusprechen und gemeinsam herauszufinden, welche Werte und Glaubenssätze er bei welchen Zielen verwirklichen kann und welche Bedeutung und Motivationskraft diese haben oder allenfalls nicht haben.

Gefühle und Vorstellungen bei Zielerreichung

Hier geht es darum, sich über die Gefühle und das Befinden bei der Zielerreichung klare Vorstellungen machen zu können und diese im Bewusstsein und Unterbewusstsein zu verankern. Somit wird eine starke emotionale und motivierende Wirkung erzielt und aus kalten Prozentwerten entstehen erstrebenswerte Bilder und Vorstellungen, welche ein Ziel lebendig und attraktiv machen. Wiederum ein Beispiel: Geht es darum, bei einem Product Manager Ziele bezüglich Innovationskraft zu setzen, können mit ihm Situationen wie Anerkennung im Team und bei der Geschäftsleitung, sein Stolz ein neues Produkt in Händen halten zu können, die Vorstellung, dass Kunden ihn begeistert anrufen und gratulieren und das schöne Erlebnis, etwas von bleibendem Wert erschaffen zu haben, besprochen werden.

Bewusstmachung eventueller negativer Konsequenzen

Genauso sollten mögliche negative Konsequenzen zur Sprache kommen, d.h. sorgfältig geprüft werden, ob kommende Veränderungen mit der Person und ihrem Umfeld verträglich und ökologisch sind. Im Falle der Zielvereinbarung können oder müssen also Aspekte wie mögliche zahlreiche Überstunden, die Beeinträchtigung des Privatlebens, die Folgen eines Scheiterns auf die Psyche und das Selbstvertrauen oder die finanziellen Risiken bedacht und angesprochen werden.

Die zur Zielerreichung notwendigen Fähigkeiten

Im NLP spricht man von Ressourcen, also Fähigkeiten, Know-how, Stärken, Talenten und Kräften, die helfen, ein Ziel zu erreichen. Dabei wird nach positiven Referenzerlebnissen und –erfahrungen gesucht, wie z.B. frühere Erfolge bei ähnlichen Aufgabenstellungen und den damals bewiesenen Stärken. Solche Überlegungen stärken das Selbstvertrauen des Mitarbeiters, stellen sicher, dass die Voraussetzungen für die Zielerreichung nebst den Arbeitshilfsmitteln auch im persönlichen Bereich gegeben sind und machen klar, welche Fähigkeiten und Kenntnisse für welche Ziele genau benötigt werden bzw. von Vorteil sind.

Checkliste zur Vorbereitung auf Zielvereinbarungsgespräche	
Welche Ziele gelten für Abteilung/Unternehmen?	
Welches sind die persönlichen Zielvorstellungen?	
Können Teilziele schon bei der Zielvereinbarung bestimmt werden?	
Können Mitarbeiter die Ziele für ihre Bereiche nachvollziehen und verstehen?	
Welche Fachkenntnisse sind für die Zielerreichung Voraussetzung?	
In welcher Form und finden Gespräche zum Stand der Zielerreichung statt?	
Durch welche Massnahmen unterstützt die Führungskraft die Zielerreichung?	
Wie muss der Arbeitsplatz mit welchen Arbeitsinstrumente ausgestattet sein?	
Welche technischen Systeme sind zusätzlich notwendig?	
Mit welchen Methoden und Strategien kann das Ziel erreicht werden?	
Welche Zwischenschritte bzw. Teilziele sind notwendig?	
Wer muss in welcher Form eingebunden werden?	
Wann und in welcher Form wird Rückmeldung und Unterstützung angeboten?	
Wie bzw. woran kann festgestellt werden, inwieweit ein Ziel erreicht wurde?	
Welche Quantität/Qualität soll die Zielerreichung aufweisen?	
Welche Informationsquellen lassen eine Aussage über die Zielerreichung zu?	
Welche Kosten dürfen anfallen?	
Welche Ecktermine sind zu beachten?	
Welche neuen Entwicklungen und Anforderungen sind gesondert zu erklären?	
Welche eventuellen Chancen, Gefahren und Probleme müssen betr. Zielerreichung angesprochen werden?	
Kriterien	*Rückblickend*
Aufgaben	Was gefällt / bzw. gefällt mir an meinen Aufgaben nicht?
Fähigkeiten und Talente	Kann ich meine Talente und Fähigkeiten bei der derzeitigen Tätigkeit voll einsetzen?
Berufliche Ziele	Wie stufe ich selbst die Qualität und den Grad meiner Zielerreichung ein?
Laufbahn-Ziele	Was entspricht meinen Laufbahn-Vorstellungen,was nicht?
Weiterentwicklung	Wie sehe ich mich und meine beruflichen Weiterentwicklungsmöglichkeiten heute?

Gesprächsanforderungen

Der Mitarbeiter sollte selber die Ist-Situation beurteilen können. Ein Monolog seitens des Vorgesetzten, was alles falsch gelaufen ist und nicht erreicht wurde, demotiviert, zerstört das Selbstvertrauen und nimmt dem Gespräch jede konstruktive Grundlage. Mit Hilfe des Vorgesetzten sollte der Mitarbeiter - vorgängig mit einer schriftlichen Vorbereitung und genügend Zeit und Hilfe - versuchen, seine eigenen Ziele zu formulieren. Hierfür müssen natürlich Hintergründe, Erklärungen, Diskussionen und sehr gute Informationen zu den übergelagerten Abteilungs- und Unternehmenszielen vorhanden sein. Sofortige einseitige Lösungsvorschläge bei Zielerreichungsproblemen vom Vorgesetzten sind zu vermeiden, solche des Mitarbeiters stärken seine Eingebundenheit, die Akzeptanz und signalisieren das Vertrauen in seine Fähigkeiten und Kompetenzen.

Bei Nichterreichung der Ziele dürfen auf keinen Fall Repressalien angedroht werden. Es ist im Gegenteil die Motivation für die Zielerreichung und die Zuversicht, dass dies der Fall sein wird, anzustreben. Hier allerdings voreilig Versprechungen wie Beförderungen und Lohnerhöhungen zu machen, kann ebenso verfehlt sein.

Gesprächseinstieg

Schon beim Einstieg in das Gespräch sollte der Mitarbeiter das Gefühl bekommen, ernst genommen und als gleichwertiger Gesprächspartner akzeptiert zu werden. Deshalb kann der Einstieg in das Gespräch dem Mitarbeiter überlassen werden, damit er von Anfang an erkennt, dass ein Dialog und kein Monolog des Vorgesetzten geführt wird. Die Aufforderung, alles kritisch hinterfragen und beurteilen zu können und andere Meinungen zu äussern, ist wichtig. Wann immer möglich sollte zu Beginn eine positive Gesamtbeurteilung vorgenommen werden, um das Selbstvertrauen des Mitarbeiters zu stärken und eine konstruktive Atmosphäre zu erzeugen.

Wichtig während des ganzen Gesprächs ist, dass die Redezeiten in etwa gleich verteilt sind. Als Vorgesetzter sollte man dem Mitarbeiter aktiv zuhören und immer wieder Zusammenfassungen des vom Mitarbeiter Gesagten liefern. Selbstverständlich sollten während des Gesprächs keine Telefonate oder sonstigen Störungen auftreten.

Zielerreichungsbeurteilung

Dieser Teil des Gesprächs dient dem Rückblick über das vergangene Jahr: Welche Ziele wurden letztes Jahr vereinbart, sind sie erreicht worden? Wenn sie nicht erreicht wurden, was sind die Ursachen dafür? Die Gründe sind sehr sorgfältig abzuklären. Diese können zum Beispiel sein:

- ungenügende oder fehlende Arbeitshilfsmittel
- fehlende Vorgesetztenunterstützung
- unklare, intransparente Zielsetzungen
- fehlendes Wissen oder ungenügende Fertigkeiten
- von aussen gegebene, nicht beeinflussbare Gründe
- veränderte Umstände nach der damaligen Zielvereinbarung

Wichtig sind auch Fragen nach Unter- bzw. Überforderung des Mitarbeiters und wie die Zusammenarbeit beispielsweise mittels neuer Arbeitshilfsmittel oder sonstiger Fördermassnahmen und anderer Personalentwicklungsmassnahmen verbessert werden könnte.

Massnahmen zur Beseitigung von Defiziten

Die sorgfältige Analyse der Zielabweichungsgründe, die ja grösstenteils auch die neu zu setzenden Ziele betreffen, sollte dann die Basis für gezielte Massnahmen sein. Mit einigen Bemerkungen wie "Da helfen dann wohl zwei bis drei Seminare und ich schaue gelegentlich bei Ihnen rein, wie's läuft" ist dies natürlich nicht getan. Fehlt hier die Systematik und die Umsetzungsbereitschaft, ist das Scheitern von Zielvereinbarungen oft vorprogrammiert. Die Massnahmen sollten vielmehr in einem zweiten Gespräch separat erarbeitet werden, Termine und Aufgaben schriftlich festgehalten und zum Beispiel Schulungsmassnahmen mit Fachleuten aus der Personalabteilung und PC-Unterstützung mit IT-Experten besprochen werden.

Ziele des Mitarbeiters und des Unternehmens

Im nun folgenden Teil hat der Mitarbeiter Gelegenheit, seine Vorstellungen für das nächste Jahr mitzuteilen. Idealerweise wurden ihm eine Woche vor dem Gespräch die Unternehmensziele erklärt, so dass er sich auf das Gespräch vorbereitet hat und nun darstellen kann, wie er persönlich diese Ziele bei seiner Arbeit umsetzen könnte.

Diese Phase des Gespräches sollte von einer sachlichen, von gegenseitigem Verständnis und Kritikbereitschaft geprägten aber auch von Leistungswillen und Motivation gekennzeichneten Stimmung erfolgen. Eine schriftliche Zielvereinbarung mit der Wirkung eines Vertrages und effektiven Commitments ist sehr zu empfehlen, da damit auch psychologisch der Verpflichtungscharakter und die Bedeutung der Zielvereinbarung erkennbar sind.

Fördermassnahme nach einer Zielvereinbarung

Ersteller: Roland Kohler
Datum: 12.11.20XY
MitarbeiterIn: Susanne Müller

Betreff: **Fördermassnahme MA-Kommunikation**

Anlässlich unseres Beurteilungs- und Zielvereinbarungsgesprächs vom <Datum> sind Frau Müller und ich übereingekommen, dass sie im Mai/Juni nächsten Jahres an einem Seminar zur Kommunikation in der Mitarbeiterführung teilnimmt. Frau Müller und ich konkretisieren unsere Anforderungen an ein solches Seminar aufgrund der Resultate und Bedürfnisse aus der Mitarbeiterbeurteilung. Das geeignete Seminar wird dann gemeinsam von uns mit der Personalabteilung zusammen evaluiert.

Ziel dieser Massnahme ist es, Frau Müller für die Mitarbeiterführung mehr Sicherheit und Techniken zu vermitteln, damit sie ihre Kommunikation nächstes Jahr optimieren und im grösser werdenden Team sicherer anwenden und einsetzen kann.

Der Vorgesetzte
Die Mitarbeiterin
z.K. Personalleitung

Umgang mit Meinungsverschiedenheiten

Es kann Situationen geben, wo eine gravierende Meinungsverschiedenheit betreffend Nichterreichbarkeit eines Ziels aus Sicht des Mitarbeiters in einem Gespräch bestehen bleibt. In einer solchen Situation autoritäre "Kommandoentscheide" zu fällen, ist unangebracht und kontraproduktiv.

Grundsätzlich sollte dies – wenn beim Mitarbeiter aus einer verständlichen und konstruktiven Grundhaltung mit klarer Leistungsbereitschaft und einem erkennbaren Leistungswillen heraus erklärbar – respektiert werden. Ein Überdenken der Situation, das Sammeln von Fakten, das Prüfen von neuen Möglichkeiten und eine gegenseitige Kompromissbereitschaft in einem dann später erfolgenden Gespräch macht die Partnerschaftlichkeit von Zielvereinbarungen glaubwürdig und erhöht die Zielerreichungswahrscheinlichkeit erheblich. Ein Ziel, das vom Mitarbeiter nicht akzeptiert und im schlimmsten Fall gar sabotiert wird, wird niemals erreicht werden können. Um Meinungsverschiedenheiten und Akzeptanzprobleme beseitigen oder deren Aufkommen verhindern zu können, sind folgende Vorkehrungen und Massnahmen hilfreich:

Mustervorlage einer schriftlichen Zielvereinbarung

Name des Mitarbeiters:	Roland Lendmeier
Abteilung:	Service Center
Funktion:	Servicemitarbeiter
Vorgesetzter:	Martin Felmer
Datum:	12.12.20XY

Ausgangslage

Unser Unternehmen hat sich für dieses Jahr ambitiöse Ziele gesteckt. Um diese zu erreichen, ist die Leistung jedes einzelnen Mitarbeiters darauf auszurichten und auf die Gesamtzielsetzung herunterzubrechen. Dies wird mit der hier vorliegenden schriftlichen Zielvereinbarung gemacht, die ein verbindliches Führungsinstrument für Mitarbeiter und Vorgesetzten darstellt.

Unternehmens- und Abteilungsziele

Die von der Geschäftsleitung formulierten und nachfolgend auf unsere Abteilung heruntergebrochenen Ziele lauten wie folgt:

1. Steigerung der Kundenfreundlichkeit und Servicekompetenz
2. Hauptwachstum von 20-30% im Bereich der Serviceleistungen
3. Sicherstellung der technologischen Kompetenzen und Marktführerschaft
4. Kompetenzsteigerung aller Mitarbeiter durch gezielte Personalentwicklung

Für unsere Abteilung heisst dies das Ergreifen konkreter Massnahmen zur Erreichung der oben genannten Ziele. Die Grundlage dieser Zielvereinbarung sind GL- und Abteilungsbesprechungen, eine umfassende Mitarbeiterbeurteilung und eine bereits bestehende Grobplanung von Personalentwicklungsmassnahmen.

Vereinbarte Ziele

Quantitative Ziele

- Das Service-Team wird um zwei Personen verstärkt. Dadurch wird die Serviceauftragszeit pro Serviceauftrag für Herrn Lendmeier um 20-30% erhöht.
- Die Erstnutzung der Helpline-Anforderungsquote soll durch bessere und umfangreichere Kundeninstruktionen um 25% reduziert werden
- Pro Quartal werden zwei Tage für Weiterbildungsmassnahmen und Training on the Job-Aktivitäten reserviert
- Serviceaufträge für Fremdprodukte mit Bezug zu unseren Produkten und Systemen sollen neu 25% des generierten Serviceumsatzes ausmachen.

Qualitative Ziele

- Individuelle Kundenhilfestellungen, zusätzliche Instruktionen, Kurzdemonstrationen und ähnliche geplante Massnahmen sind Ziele, welche die Qualität der Serviceleistungen erhöhen sollen.
- Das Ziel der Schulungsmassnahmen ist die Erhöhung der technischen Kompetenz, Aktualität des Know-hows. Das Ziel ist eine erhöhte Kompe-

tenz auch in der Fehlerdiagnose, in Serviceaufträgen für Fremdprodukte und in wichtigen Spezialgebieten von Grosskunden.

- Herr Lendmeier ist bis Mitte des Jahres in der Lage, bei 80% der Fremdprodukte Service- und Wartungsarbeiten selbständig und lückenlos auszuführen und somit zum Service-Mehrumsatz beizutragen.
- Ein weiteres Ziel ist, durch die Schulungsmassnahmen und die erhöhten Serviceauftragszeiten bei den Kunden mit umfassenden Ist-Analysen Gesamtsystemberatungen erbringen zu können, die die Möglichkeit von Produkterweiterungen aus unserem Hause und Optimierungen im Interesse einer Produktivitätssteigerung beim Kunden ermöglichen.

Zwischenkontrollen und Zielerreichungsgespräch

Die Ziele werden quartalsweise immer am letzten Arbeitstag eines endenden Quartals besprochen und deren Erreichungsgrad kontrolliert.

Es werden die eventuellen Gründe für Abweichungen eruiert und Massnahmen zu deren Behebung oder - wenn die Situation es erfordert - für die Korrektur der Zielsetzungen an neue Umstände vorgenommen. Eine Messlatte sind auch Vergleiche mit den Zielerreichungen anderer Mitarbeiter des Service Center-Teams. Das Zielerreichungsgespräch findet bei der nächsten Mitarbeiterbeurteilung statt.

Instrumente und Hilfsmittel

Zur Sicherstellung der Zielerreichungen stehen folgende Instrumente und Hilfsmittel zur Verfügung bzw. werden die jeweiligen Investitionen getätigt. Da die Schulungsmassnahmen noch in Planung sind, sind sie hier nicht aufgeführt.

- Erweitertes und aktualisiertes Dokumentationsmaterial
- Zugriff auf erweiterte Know-how Database mit neuen Notebooks
- Zwei Fachzeitschriften-Abonnements und Fachliteratur-Budget
- Leistungsfähige Zeitplanungs-Software mit Groupware-Anschluss

Vereinbarung

Durch ihre Unterschrift bestätigen nachfolgend Vorgesetzter und Mitarbeiter die Kenntnisnahme dieser Zielvereinbarung und verpflichten sich, zu deren Erreichung und Einhaltung nach besten Kräften beizutragen.

Der Vorgesetzte: ....

Datum: ....

Der/Die MitarbeiterIn ....

Datum: ....

Stichwortverzeichnis

A

Ä

A

B

C

D

E

F

G

H

I

K

M

N

O

P

Q

R

S

T

U

V

W

Z

Informationen zum Praxium-Verlagsprogramm

Mehr Informationen und das aktuelle Programm mit Zusatzinformationen finden Sie im Internet unter:

www.praxium.ch

Arbeitshandbuch für die Zeugniserstellung

Speziell für Schweizer Betriebe entwickelt - Mit zahlreichen Textbausteinen und Formulierungshilfen - Über 90 von A-Z ausformulierte Musterzeugnisse, inklusive Formulare, Checklisten und Arbeitsblätter. Inkl. CD-ROM mit sämtlichen Musterzeugnissen, Textbausteinen und Formulierungshilfen für die effiziente Zeugniserstellung und individuelle Anpassung am PC.

Für Personalleiter, Personalzuständige, Geschäftsführer, Vorgesetzte

wirft das Erstellen von Zeugnissen oft viele Fragen auf: Rechtliche Unklarheiten, Fragen zur Formulierung und zum korrekten Aufbau, Handhabung von Codierungen, problematische Formulierungen, um nur einige Beispiele zu nennen. In solchen und mehr Situationen steht Ihnen dieser neue Praxis-Ratgeber zur Seite.

Dieses Arbeitshandbuch gibt praktische Hilfestellung

zum stil- und rechtssicheren Verfassen von Zeugnissen. Im Mittelpunkt stehen Musterzeugnisse, Beispielstexte, Formulierungshilfen und Textbausteine in den unterschiedlichsten Varianten für viele Berufsgruppen, Leistungsstufen, Hierarchieebenen, Tätigkeiten und Branchen. Zur Sprache kommen besonders auch Formulierungshilfen zu problematischen Leistungs- und Verhaltensbeurteilungen für viele Situationen.

Zahlreiche Mustervorlagen und Hilfsmittel

wie tabellarische Übersichten, Formulare, Checklisten, Zusammenfassungen, Schnellanleitungen auf einen Blick, wichtige Merkpunkte und mehr verstärken die Praxisausrichtung und machen das Buch auch zu einem jederzeit nutzbaren Nachschlagewerk und Ratgeber. Administrative Hilfsmittel und Vorlagen erleichtern Ihnen die Zeugniserstellung zusätzlich.

Autor: Martin Tschumi, ISBN: 978-3-9522712-0-9, 316 Seiten, gebunden, Preis CHF 69.- / € 46.-

Zu beziehen bei Ihrem Buchhändler oder online bei www.hrmbooks.ch

Lexikon für das Personalwesen

Wichtige Fachbegriffe aus dem Personalwesen – inklusive Praxistipps und Arbeitsrechtsinformationen.

Was ist ein Sabbatical? Was ist bei Kündigungsfristen zu beachten? Was umfasst flexible Arbeitszeit alles? Was versteht man genau unter Fluktuation?

Wie andere Managementbereiche ist auch der Personal-Fachjargon einem starken Wandel unterworfen. Der Einfluss des Englischen, neue Trends und der zunehmende Stellenwert des Human Resource Managements sind einige Gründe. Mit diesem Lexikon ist man über neue Trends informiert, kann gezielt Wissenslücken füllen oder einen schnellen und aktuellen Überblick zu einem bestimmten Fachgebiet gewinnen. Besonders auch mit den zahlreichen arbeitsrechtlichen Kurzinformationen stiftet dieses Lexikon einen zusätzlichen Nutzen.

Von einem Schweizer Autor für Schweizer Betriebe

Ob es um Arbeitsrecht, Sozialversicherung, Verbände oder gesetzliche Bestimmungen geht – dieses Lexikon ist auf Schweizer Verhältnisse ausgerichtet und für Schweizer Betriebe und Berufsleute geschrieben.

Inklusive Praxisbeispiele, Merkpunkte und Webquellen

Über die Definition der Fachbegriffe hinaus wird oft auch Praxiswissen in Kürze vermittelt. Dies können Kriterien, Abläufe, Vorgehensweisen, Auszüge aus Studien, Fallbeispiele, Merkpunkte usw. sein. Zu wichtigen Themen findet man interessante Websitequellen, die das Gesagte vertiefen.

Aktualität und Arbeitsrecht

Die Aktualität und Relevanz der Begriffe steht durch die starke Berücksichtigung von Trends, neuen Entwicklungen und modernem Sprachgebrauch besonders im Vordergrund. Über 100 arbeitsrechtliche Informationen zu Themen wie Kündigung, Überstunden, Lohnfortzahlung und aktuellen Schwerpunktthemen wie Arbeitszeitmodelle, Personalentwicklung, Sozialversicherungen und mehr wurden besonders berücksichtigt.

Autor: Martin Tschumi, ISBN: 978-3-9522712-1-6, 288 Seiten, gebunden, Preis CHF 74.- /€ 47.50

Zu beziehen bei Ihrem Buchhändler oder online bei www.hrmbooks.ch

Musterbriefe und Musterreglemente für das Personalwesen

Diese für Schweizer Betriebe von einem Schweizer Autor verfassten Musterbriefe und Musterreglemente sind Ihnen in allen Bereichen der Personalkommunikation mit Formulierungshilfen und Briefideen von der Anrede bis zur Grussformel mit fertig ausformulierten Mustertexten behilflich.

Inkl. CD-ROM mit sämtlichen Musterbriefen, Reglementen und Mitteilungen, Textbausteinen und Formulierungshilfen für die effiziente Brieferstellung und individuelle Anpassung am PC.

Eine Auswahl der Briefthemen:

Korrespondenz mit Bewerbern, Briefe und Mitteilungen zur Mitarbeitereinführung, persönliche Mitarbeiter-Korrespondenz (Kondolenzbriefe, Jubiläum, Geburtstag, Mitarbeiterbegrüssung, Genesungswünsche und mehr), Anerkennungs- und Beförderungsbriefe, rechtssichere Kündigungsbriefe aus verschiedenen Gründen (Fehlverhalten, betriebsbedingte Gründe, mangelnde Leistung, ordentliche Kündigung und mehr), Ermahnungsbriefe zu häufigen und heiklen Situationen, interne Betriebsmitteilungen und Reglemente (Administratives, Qualifikation, Bekanntmachungen, Reorganisation, Arbeitszeiten, personelle Veränderungen und mehr), Musterzeugnisse zu unterschiedlichen Zeugnistypen.

Ihr Nutzen geht weit über die Formulierungshilfen hinaus

Mit diesem Buch profitieren Sie auch von aktuellem Praxiswissen, Rechtsinformationen und vielen Anregungen und Ideen zum Personalwesen allgemein. Zum Beispiel, was ein Welcome Package für einen Mitarbeiter beinhalten kann, in einem Reglement die Informationen zum Einbezug aller Aspekte einer Arbeitszeitflexibilisierung oder rechtliche Klarheit, wenn es um die Begründung einer Kündigungsandrohung geht. Auch aktuelle Themen wie Internet und Arbeitszeitflexibilisierung kommen zur Sprache.

Autor: Martin Tschumi, ISBN: 978-3-9522712-2-3, 284 Seiten, gebunden,
Preis CHF 69.- /€ 46.-

Zu beziehen bei Ihrem Buchhändler oder online bei www.hrmbooks.ch

Formulare und Mustervorlagen für die erfolgreiche Personalpraxis

Über 200 Arbeitsblätter zu praxisrelevanten Personalthemen von Zeugnissen über Stellenbeschreibungen und Mitarbeiterbefragungen bis zur Personalgewinnung

Seinen Führungsstil auf Motivationswirkung hin überprüfen - die Zeugniserstellung mit einem Formular optimieren und vereinfachen – Mitarbeiterbefragung durchführen – die Einführung eines neuen Mitarbeiters organisieren – ein Leistungs- oder Zielvereinbarungsgespräch vorbereiten – E-Learning-Angebote auf Qualität prüfen – die Lohnentwicklung analysieren – gezielte Fragen zur Eruierung des Weiterbildungsbedarfs... . Dies sind nur einige Beispiele wichtiger Aufgaben im Personalalltag. Zur effizienten und zeitsparenden Erledigung von über 250 Personalaufgaben dieser Art verhilft Ihnen dieser Ratgeber.

Thematische Vielfalt

Besondere Beachtung wird in diesem Handbuch einer breiten und praxisrelevanten Themenpalette geschenkt. Die Arbeitsblätter und Formulare stammen aus den Bereichen Personalbeschaffung, Arbeitszeugnisse, Mitarbeitereinführung, Stellenbeschreibungen, betriebliche Aus- und Weiterbildung, Mitarbeiterbefragungen und Mitarbeiterbeurteilungen, Mitarbeiterführung und Personaladministration.

Einige Beispiele aus den über 200 Vorlagen

Formular zur strukturierten Schritt-für-Schritt-Erstellung von Zeugnissen. Formular für die Beurteilung von Mitarbeiterleistungen. A-Z-Einführungsprogramm für neue Mitarbeiter. Fragebögen und Auswertungsblätter für Mitarbeitergespräche. Personalentwicklungs-Planungsraster mit Beispielen. Merkblatt für erfolgreiches und effizientes Lernen. Stellenbeschreibungen in unterschiedlichen Darstellungen. Formular und Fragebogen zur Gehaltsfestlegung und zu Lohnveränderungen. Klar strukturiertes und ausführliches Zielvereinbarungs-Formular. Muster eines Massnahmenplan zur Ermöglichung von Zielerreichungen. Mustervorlage für Mitarbeiter-Motivations-Checkups.

Alle Vorlagen auch auf CD-ROM

Alle Formulare und Arbeitsblätter können auf der beiliegenden CD-ROM in Wordvorlagen einfach und schnell angepasst und auf die individuellen Bedürfnisse ausgerichtet werden.

Autor: Martin Tschumi, ISBN: 978-3-9522958-7-8, 258 Seiten, gebunden,
Preis CHF 69.- / € 46.-

Zu beziehen bei Ihrem Buchhändler oder online bei www.hrmbooks.ch

Leitfaden für erfolgreiche Mitarbeitergespräche und Mitarbeiterbeurteilungen

Von A-Z ausformulierte Mitarbeiter-Mustergespräche aus der Personalpraxis mit Formularen auch zur Mitarbeiterbeurteilung – inkl. CD-ROM.

Mit diesem neuen, für Schweizer Verhältnisse verfassten Buch können Sie Mitarbeitergespräche schnell vorbereiten und auch in heiklen Situationen mit mehr Sicherheit argumentieren. Das Buch umfasst Mitarbeitergespräche UND die Mitarbeiterbeurteilung zugleich mit CD-ROM und weist folgende überzeugende Vorzüge auf:

- Moderne zeitgemässe Themen wie Projektgratulation, Internetmissbrauch, Burnout usw.
- Zahlreiche Motivationsgespräche wie Dankeschön-Gespräche für Vorschlag, besonderen Einsatz, Diplomabschlüsse usw. mit konkreten Anerkennungs- und Motivationsideen.
- Heikle Konfliktgespräche wie Vorgesetztenprobleme, Kündigungen, sexuelle Belästigung, fehlende Führungsqualitäten, innere Kündigung, Alkoholismus und mehr kommen zur Sprache.
- Dutzende von Gesprächstipps mit konkreten Beispielen: Die besten Fragen, gehemmte Mitarbeiter aktivieren, Vielredner stoppen und neueste Erkenntnisse zu Konfliktgesprächen.
- Viele Formulierungsideen für deutliche, klare, harte, unmissverständliche Standpunkte.
- Kündigungsgespräche und Kündigungsandrohungen aus mehreren Gründen (Leistung, Führungsmängel, Fehlverhalten, wirtschaftliche Gründe usw.) werden ebenfalls angegangen.
- Arbeitsrechtliche Informationen (Datenschutz, Kündigung, Freistellung, Kündigungsandrohung, Arbeitszeiten usw.) geben zusätzliche Gesprächs- und Rechtssicherheit.
- Über 25 sofort einsetzbare Formulare für die Mitarbeiterbeurteilung und Mitarbeitergespräche. Sämtliche Formulare, Gespräche und Gesprächsbausteine sind auch auf CD-ROM enthalten.

Autor: M. De Micheli, ISBN: 978-3-9522712-5-4, 332 Seiten, gebunden,
Preis CHF 69.-/€ 46.-

Zu beziehen bei Ihrem Buchhändler oder online bei www.hrmbooks.ch

Mit den besten Interviewfragen die besten Mitarbeiter gewinnen

Ein Kompass für professionelle Interviews und sicherere Einstellungsentscheidungen – inkl. CD-ROM mit allen Interviewfragen zur individuellen Selektion, als Auswertungs-Frageliste zum Einsatz in Ihren Interviews und mit allen Formularen.

Kandidateninterviews gehören zu den wichtigsten Instrumenten der Personalauswahl. Dabei gehören taktisch kluge Fragen zu den wichtigsten Kommunikationstechniken. Mit Fragen führt man ein Bewerberinterview systematisch und erhöht die Chance, die wirklich wichtigen Informationen und einen möglichst zutreffenden Eindruck der Persönlichkeit zu gewinnen.

Zahlreiche Themenfelder

Alle Fragen werden kommentiert und bieten konkrete Interpretationshilfen Die Auswahl an Themenfeldern reicht von Fragen zum Lebenslauf bis zu Fragen für Kaderangehörige und diverse Funktionen. Beispiele: Verhältnis zum vorherigen Arbeitgeber, Lohnerwartungen, Arbeitszeugnisse, Motivation, Selbstbewusstsein, Belastbarkeit, Leistungsvermögen und mehr.

Interviewtechniken und Hintergrundwissen

Auch rund um das Thema Kandidateninterviews bietet das Buch erfolgserprobtes Praxiswissen zu Interviewtechniken, Verhaltensweisen von Kandidaten, Tipps zum Umgang mit schwierigen Kandidaten und die verschiedenen Arten, Zwecke und Ziele von Interviewfragen.

Inklusive Formulare und Arbeitsblätter

Diese erleichtern den Ablauf und die Auswertung von Interviews zusätzlich. Beispiele: Dossier-Beurteilung als Interview-Grundlage, Beurteilungsformular zu Persönlichkeitsfaktoren, Grobvergleich von Kandidaten, Muster zur Begründung einer Einstellungsentscheidung, Formular zur systematischen Auswertung eines Vorstellungsgespräches und mehr.

Autor: Arthur Schneider, ISBN: 978-3-9522712-7-8, 210 Seiten, gebunden
Preis CHF 59.- / € 39.-

Zu beziehen bei Ihrem Buchhändler oder online bei www.hrmbooks.ch

Handbuch für die erfolgreiche Personalrekrutierung

Gezielte und systematische Personalrekrutierung mit vielen Mustervorlagen und Handlungsanleitungen und Excel-Tools und allen Vorlagen auch auf CD-ROM.

Die besten Mitarbeiter einstellen - ein zentraler Erfolgsfaktor für jedes Unternehmen. Wie man vorgeht, welche Instrumente es gibt und worauf man achten muss, um die Besten zu gewinnen, verrät dieses Buch äusserst praxisnah. Erhöhte Ansprüche von Arbeitnehmern, die Intensivierung des Arbeitsmarktwettbewerbs und hohe Kosten von Fehlbesetzungen machen eine professionelle Personalgewinnung immer wichtiger.

Kompaktinformationen zur modernen Personalrekrutierung

Die besten Mitarbeiter einstellen - ein zentraler Erfolgsfaktor für jedes Unternehmen. Wie man vorgeht, welche Instrumente es gibt und worauf man achten muss, um die Besten zu gewinnen, verrät dieses Buch praxisnah.

Von der Stellenanzeige bis zum Einstellungsentscheid

Von der attraktiven Stellenanzeige über Bewerbungsmanagement und Kandidateninterviews bis zum Einstellungsentscheid werden alle praxisrelevanten Phasen der Personalrekrutierung behandelt, wie z.B. Datenschutz, Referenzeinholung, Interviewtechniken und die Chancen der Online-Rekrutierung.

Mustervorlagen, Übersichtstafeln und Handlungsanleitungen

Welches sind die besten Interviewfragen, wie sichtet man Bewerbungsdossiers ganzheitlich, wie erstellt man aussagekräftige Anforderungsprofile, wie gelingt die Mitarbeitereinführung, wie hilft ein Stellensuchplan, wie gewinnt man mehr Sicherheit bei Einstellungsentscheidungen - dies sind nur einige wenige Beispiele der behandelten Themen und Fragen.

Autor: Markus Sommerhalder, ISBN: 978-3-9522712-8-5, 296 Seiten, gebunden, Preis CHF 69.- / € 46.-

Zu beziehen bei Ihrem Buchhändler oder über www.hrmbooks.ch

Handbuch zum Personalmanagement

Modernes Personalmanagement aus der Praxis für die Praxis – mit zahlreichen Excel-Tools auf CD-ROM und vielen weiteren Mustervorlagen und Arbeitshilfen.

Modernes Personalmanagement ist die aktive Gestaltung der Beziehung zu Mitarbeitenden eines Unternehmens. Dieses Buch ist ein Ideen- und Praxisratgeber mit Konzentration auf das Wesentliche. Von der Personalplanung über die Personalentwicklung und das Arbeitsrecht bis zu Lohn- und Austrittsfragen wird ein breites Spektrum relevanter Personalthemen behandelt. Das Buch vermittelt auch fundierte Handlungskonzepte, gibt Anregungen und möchte ebenso für wichtige Trends des modernen Personalmanagements sensibilisieren.

Lehrmittel, Nachschlagewerk und Praxisratgeber

Der Titel ist Lehrmittel, Nachschlagewerk und Praxisratgeber in einem und damit vielseitig verwendbar. Der Fokus auf Praxisbedürfnisse mit vielen Arbeitshilfsmitteln wie Checklisten und Vorlagen ermöglicht eine sofortige Umsetzung in der Betriebspraxis. Online-Zusatzleistungen und eine reichhaltige Sammlung von Excel-Tools auf der CD-ROM gestatten, das Buch zudem auf und mit mehreren Medienplattformen kombiniert zu nutzen.

Das gesamte praxisrelevante Themenspektrum

Der Titel ist Lehrmittel, Nachschlagewerk und Praxisratgeber in einem und damit vielseitig verwendbar. Personalplanung, -gewinnung, –führung und –entwicklung sowie Arbeitszeugnisse, Arbeitsrecht, Salärwesen, Mitarbeiterkommunikation, Sozialversicherungen, Kündigungs-Management und HR-Kennziffern sind die Themen.

Mustervorlagen, Übersichtstafeln und Handlungsanleitungen

Salärberechnungs-Vorlagen, arbeitsrechtliche Fallbeispiele und Rechtsprechungen, Musterarbeitszeugnisse, Stellenbeschreibungen, wichtige HR-Kennziffern, Stolpersteine bei Kündigungsfragen, Beurteilung von Führungsqualitäten sind nur einige wenige Beispiele von Dutzenden von Tools und Arbeitshilfen.

Autor: Martin Tschumi, ISBN: 978-3-9522958-0-9, 364 Seiten, gebunden, Preis CHF 69.- / € 46.-

Zu beziehen bei Ihrem Buchhändler oder über www.hrmbooks.ch

Praxisratgeber zur Personalentwicklung

Personalentwicklung umfasst eine systematische Förderung und Weiterbildung von Mitarbeitenden. Darauf sind Unternehmen je länger desto mehr angewiesen – und entsprechend aktuell und wichtig ist das Thema.

Wen sollen wir wo und wie weiterbilden? Was macht einen wirklich guten Trainer aus? Wie stellen wir sicher, dass Gelerntes in der Praxis auch angewendet wird? Dieses Buch beantwortet diese und viele Fragen mehr auf praxisnahe und anschauliche Weise mit vielen Beispielen.

Das gesamte praxisrelevante Themenspektrum

Von der Bedarfsermittlung über die Umsetzung bis zur Erfolgskontrolle werden praxisrelevante Themen behandelt. Die Vielfalt und Kombination der Lernmethoden, wirkungsvolle Wissensvermittlung, Qualitätsbeurteilung von Seminaranbietern, das E-Learning, Schulungskonzepte und weitere Praxiserfahrungen aus Unternehmen sind einige Beispiele.

Mustervorlagen, Fallbeispiele, Handlungsanleitungen

Vom Muster einer Weiterbildungs-Vereinbarung über Konzepte und Planungsbeispiele zu Personalentwicklungs-Massnahmen bis hin zu Qualitätsprüfungshilfen für die Evaluation von Schulungsanbietern enthält das Buch zahlreiche sofort umsetzbare Vorlagen und Ideen für die erfolgreiche Praxisanwendung.

Plus Mehrwert auf CD-ROM

- Sämtliche Vorlagen aus dem Buch
- Ein Musterkonzept zur Personalentwicklung
- Excel-Tools zur PE-Planung und Analyse
- Eine fertig gestaltete Powerpoint-Präsentation

kommen hinzu und machen das Buch noch umsetzungsfreundlicher.

Autor: Martin Tschumi, ISBN: 978-3-9522958-1-6, 284 Seiten, gebunden, Preis CHF 69.- / € 46.-

Zu beziehen bei Ihrem Buchhändler oder über www.hrmbooks.ch

Systematische Mitarbeiterbeurteilungen und Zielvereinbarungen

Von der Planung über die Durchführung bis zur Auswertung mit vielen Arbeitshilfen und Mustervorlagen inkl. Beurteilungsrastern, Mustergesprächen, Mitarbeiter-Beurteilungsbögen und Formulierungsbeispiele.

Mitarbeiterbeurteilung – aus der Praxis für die Praxis

In diesem Buch werden die für die Beurteilungspraxis relevanten Themen fokussiert: Methoden, Planung, Durchführung, Beurteilungskriterien, -raster, -formulierungen, Auswertungen und Beurteilungs-Mustergespräche. Ein ausführlicher Fragen- und Antworten-Katalog führt schnell zu den wesentlichen Kernthemen und häufigen Fragen aus der Praxis.

Zahlreiche Arbeitshilfen und Beurteilungsbögen

Das Schwergewicht liegt auf Vorlagen, Praxiserfahrungen und Musterbeispielen, um Beurteilungssysteme individuell optimieren und übernehmen zu können. Vor allem die in Zielsetzung, Darstellung und Ausführlichkeit unterschiedlichen Varianten von Beurteilungsbögen und Bewertungsverfahren leisten wertvolle Hilfe für die schnelle Übernahme in die Praxis.

Inklusive Zielvereinbarungen

Zielvereinbarungen gewinnen als zukunftsgerichtetes Beurteilungsinstrument immer mehr an Bedeutung. Auch hier stehen Mustervorlagen und Handlungskonzepte mit praxiserprobtem Know-how im Vordergrund.

CD-ROM-Mehrwert mit Excel-Tools

Zahlreiche Excel-Tools und Dutzende von Vorlagen aus dem Buch auf CD-ROM erhöhen den Nutzwert zusätzlich und vereinfachen die Umsetzung. Beurteilungs-Auswertungen mit Grafiken, Mitarbeiterbeurteilungs-Tools und Anforderungsprofilen sind einige Beispiele.

Nachhaltige und wirksame Mitarbeitermotivation

Motivations- und Führungsprinzipien und konkrete Motivationsideen inklusive Mitarbeitergespräche und Kommunikations- und Verhaltensregeln zur Motivationssteigerung von Mitarbeitern.

Mitarbeitermotivation – wichtiger denn je

Ob es um Führung, Unternehmenskulturen oder Spitzenleistungen geht – die Bedeutung der Motivation steht zu Recht immer öfter im Mittelpunkt des Personalmanagements. Verändernde Ansprüche und ein neues Arbeitsverständnis erfordern auf zahlreichen Ebenen zahlreiche Aktivitäten.

Aus der Praxis für die Praxis

Konkrete Anregungen, unkonventionelle Ideen, Anleitungen zu motivierendem Führungsverhalten und praxiserprobte Handlungsgrundsätze und Erfahrungswerte aus der Unternehmenspraxis zeichnen dieses Buch aus. In vielen sofort umsetzbaren Fallbeispielen erhält man Anregungen, erfährt Neues aus der Motivationsforschung und kann Ideen in die Führungs- und Personalpraxis übernehmen, eigene Situationen prüfen, sein Verhalten hinterfragen und vieles mehr. Übersichtstafeln zeigen auf einen Blick, worauf es ankommt und was für die Motivationspraxis besonders wichtig ist.

Ganzheitlich und gut umsetzbar

Die Motivation wird ganzheitlich auf Persönlichkeits-, Führungs-, Arbeitsinhalts- und Unternehmensebene behandelt, was erheblich zur Verständlichkeit und Praxisnähe beiträgt. In "Merkpunkten für die Praxis" kann man kompaktes Know-how sofort nutzen und erfährt auf einen Blick das Wesentliche. Neue Erkenntnisse aus Psychologie und Forschung sowie Kernaussagen von Experten fliessen ebenso in dieses Buch wie Resultate aus Studien und Untersuchungen.

Alle Vorlagen auch auf CD-ROM

Zahlreiche Vorlagen aus dem Buch wie Formulare, Merkblätter, Check-, Prüfungs- und Umsetzungslisten sowie Übersichtstafeln auf CD-ROM erhöhen den Nutzwert zusätzlich und vereinfachen die Umsetzung in die betriebliche Praxis.

Autor: M. De Micheli, ISBN: 978-3-9522958-3-0, 368 Seiten, gebunden,
Preis CHF 69.- / € 46.-

Zu beziehen bei Ihrem Buchhändler oder online bei www.hrmbooks.ch

Die 600 wichtigsten Fragen und Antworten zum Personalmanagement

Die 600 Fragen und Antworten fassen das Wichtigste rund um das Personalmanagement auf kompakte und lesefreundliche Weise zusammen, verhelfen zu neuen Erkenntnissen, fokussieren wichtige Aspekte eines Themas und geben Orientierungshilfen zu neuen Trends. Der Anhang mit über 40 Arbeitsblättern rundet das Buch ab. Das Themenspektrum:

Arbeitspsychologie	Mitarbeiterführung	Sozialversicherungen
Arbeitszeugnisse	Lohnwesen	Coaching
Mitarbeiterbeurteilung	HR-Kennziffern	Personalgewinnung
Arbeitsrecht	Arbeitszeitmodelle	Austritt/Kündigungen

Einige Beispiele der über 600 Fragen:

Worauf ist bei einer Lebenslaufanalyse besonders zu achten?
Soll man Mitarbeiterbeurteilungen mit Lohngesprächen verknüpfen?
Muss ein Zwischenzeugnis vom Arbeitnehmer begründet werden?
Was zeichnet eine sozial kompetente Führungskraft aus?
Was ist bei der Einführung flexibler Arbeitszeiten wichtig?
Wie kann man Burnout Symptome erkennen?
Welche Inhalte dürfen Referenzauskünfte betreffen?
Was ist bei erfolgsorientierter Vergütung wichtig?
Wann ist eine fristlose Kündigung zulässig?
Was umfasst eine Stellenbeschreibung?
Was zeichnet motivierendes Führungsverhalten aus?
Wie wird Kritik und Negatives in einem Zeugnis angegangen?
Wie berechnet man Ferienansprüche und Ferienanteile?
Was motiviert Mitarbeiter nach neuesten Erkenntnissen am meisten?
Was beinhaltet ein aktives Konfliktmanagement?

Autor: Roland Krismer , ISBN: 978-3-9522958-4-7, 333 Seiten, gebunden, Preis CHF 69.- / € 46.-

Zu beziehen bei Ihrem Buchhändler oder online bei www.hrmbooks.ch

Mit den besten Stellenanzeigen die besten Mitarbeiter gewinnen

Stellenanzeigen attraktiv, wirksam und charakteristisch formulieren. Praxisinformationen rund um Stellenanzeigen.

In diesem Buch erfahren Sie, wie eine Stellenanzeige strukturiert ist, welche Funktionen sie erfüllt, welches die wichtigsten Informationen sind und wie man die richtigen Bewerbergruppen anspricht. Auch die Wahl von Print- und Online-Medien, die Besonderheiten von Online-Anzeigen und Anforderungen an Personal-Websites kommen zur Sprache.

Zahlreiche Textbausteine für attraktive Formulierungen

Im Mittelpunkt steht eine grosse Auswahl an Formulierungsideen für eine gezielte und attraktive Ansprache. Mit den fertig formulierten Textbausteinen können Sie einfach und schnell treffende Formulierungen übernehmen und so ein Stelleninserat stil- und sprachsicher verfassen. Die Textbausteine enthalten eigenständige und unkonventionelle Formulierungsideen, um die wirklich gewünschten und qualifizierten Bewerber anzusprechen. Darüber hinaus hebt man sich auch von der teilweise uniformen Anzeigensprache anderer Stellenanzeigen ab und positioniert die ausgeschriebene Stelle und das Unternehmen klar. Die Bausteine sind unterteilt in Berufsgruppen und Funktionen und Anzeigenelemente wie Headline, Arbeitgeber-Informationen, Stellenbeschreibung, Anforderungsprofil, Stellennutzen, Kontaktnahme und mehr.

Alle Arbeitshilfen auch auf CD-ROM – inkl. Excel-Tools

Diverse Exceltools zur Planung, Analyse und Verwaltung von Anzeigen helfen Zeit sparen und Fehler vermeiden: Einige Beispiele: Mediaplan für Personalsuche, Berechnung von Stellenanzeigenkosten, Budgetierung von Rekrutierungskosten und ein Formular zur Aufgabe von Stellenanzeigen. Alle Formulare, Arbeitshilfen und Textbausteine des Buches sind ebenfalls auf der CD-ROM enthalten.

Autor: Thomas Widmer, ISBN 978-3-9522958-5-4, 236 Seiten, gebunden,
Preis: CHF 48.- / € 32.-

Zu beziehen bei Ihrem Buchhändler oder online bei www.hrmbooks.ch

HRM Office: Tools für das Personalwesen

Der Werkzeugkoffer für erfolgreiche Personalarbeit. Mustervorlagen, Planungshilfen, Analyseinstrumente und Berechnungen im Buch und auf CD-ROM.

Zahlreiche Tools und Mustervorlagen sowohl im Buch als auch auf CD-ROM bilden einen unverzichtbaren "HR-Werkzeugkoffer". Nicht nur lesen, sondern auch anwenden - das ist die Devise dieses Buches.

Zahlreiche Mustervorlagen

Zahlreiche Mustervorlagen wie Arbeitszeugnisse, Formulare, Stellenbeschreibungen und Musterbriefe erleichtern das Formulieren wichtiger Dokumente – im Buch und auf CD-ROM zur individuellen Anpassung.

Inklusive CD-ROM

Im Buch das Wissen – auf der CD-ROM die Vorlagen zur PC-Bearbeitung: Zahlreiche Tools und Mustervorlagen sowohl im Buch wie auch auf CD-ROM bilden ein wertvolles und in der täglichen HR-Praxis einsetzbares Instrumentarium. Nicht nur lesen, sondern auch damit arbeiten und anwenden - das ist die Devise dieses Buches.

Von Planungen über Berechnungen bis zu Analysen

Kernstück des Buches bilden zahlreiche Analyse-, Planungs- und Verwaltungstools zu wichtigen Personalaufgaben wie Planungen, Berechnungen, Kontrollen und Analysen, Stellenbeschreibungen, Arbeitszeugnissen und Musterbriefe auf die Mithilfe der Software MS Excel und MS Word direkt zugegriffen werden kann.

Mustervorlagen, Fallbeispiele, Handlungsanleitungen

Personal-Kennziffern, Lohnberechnungstools, Kandidatenvergleiche, Mitarbeiterbefragungen, Absenzenanalysen, Anforderungsprofile, Überstundenerfassungen, Personalbedarfsplanung und Lohnerhöhungsberechnungen sind einige Beispiele.

Autor: Arthur Schneider, ISBN: 978-3-9522712-9-2, 252 Seiten, gebunden, Preis CHF 69.- / € 46.-

Zu beziehen bei Ihrem Buchhändler oder über www.hrmbooks.ch

Bewerber-Mustergespräche für erfolgreiche Interviews

Interviews mit ausformulierten Mustergesprächen sicher und zielorientiert führen.

Interviews sind ein zentrales Instrument der Personalauswahl. Es geht darum, von Kandidaten einen persönlichen Eindruck und wichtige Informationen zu gewinnen und deren Kompetenzen ganzheitlich und realistisch einschätzen zu können.

Bewerber-Mustergespräche für erfolgreiche Interviews

Dabei assistiert Sie dieser Praxisleitfaden mit von A-Z ausformulierten Muster-Bewerbergesprächen. Sie geben zu vielen Interviewarten und Gesprächsphasen Anregungen für geschickte und adäquate Formulierungen und Gesprächsführungen. Die zahlreichen Bewerbergespräche geben somit mehr Sicherheit beim Interviewaufbau, viele Anregungen zu Formulierungen, Ideen für gewinnbringende und dialogfördernde Fragen und Reaktionsmöglichkeiten auf Bewerberfragen und -antworten. Gesprächsbausteine für diverse Interviewsituationen und ein Anhang mit Interviewfragen runden die Mustergespräche ab.

Inklusive Zusatz-Know-how

Hintergrundinformationen vermitteln weiteres Rüstzeug für gewinnbringende Interviews. Die Themen reichen vom Umgang mit problematischen Bewerber-Charakteren über rechtliche Aspekte rund um das Bewerber-Interview bis zu praxisbewährten Interviewtechniken und Verhaltensweisen.

Inklusive Arbeitshilfen und Formulare

Zahlreiche Arbeitshilfsmittel und Formulare sind bei der Organisation, der Administration und bei der Entscheidungsfindung behilflich – und auch auf CD-ROM enthalten. Beispiele: Interview-Vorbereitungsblätter, Terminplan, Bewertungsbogen für Kandidatenbeurteilung, tabellarische Muster-Stellenbeschreibung und mehr.